Hartwig Wittenbrink

Kurzfristige Erfolgsplanung und Erfolgskontrolle mit Betriebsmodellen

Betriebswirtschaftlicher Verlag Dr. Th. Gabler · Wiesbaden

Hartwig Wittenbrink

Kurzfristige Erfolgsplanung und Erfolgskontrolle mit Betriebsmodellen

Bochumer Beiträge
zur Unternehmungsführung und
Unternehmensforschung

Herausgegeben von

Prof. Dr. Hans Besters
Prof. Dr. Walther Busse von Colbe
Prof. Dr. Werner Engelhardt
Prof. Dr. Arno Jaeger
Prof. Dr. Gert Laßmann
Prof. Dr. Marcus Lutter
Prof. Dr. Rolf Wartmann

Band 10

Institut für Unternehmungsführung
und Unternehmensforschung
der Ruhr-Universität Bochum

Hartwig Wittenbrink

Kurzfristige Erfolgsplanung und Erfolgskontrolle mit Betriebsmodellen

Betriebswirtschaftlicher Verlag Dr. Th. Gabler · Wiesbaden

ISBN-13: 978-3-409-34181-3   e-ISBN-13: 978-3-322-87938-7
DOI: 10.1007/978-3-322-87938-7

Geleitwort der Herausgeber

In der betriebswirtschaftlichen Literatur finden sich viele Arbeiten über Methoden zur optimalen Lenkung von Betrieben und ganzen Unternehmen in kurz- und mittelfristigen Zeiträumen. Neben vorwiegend erkenntnistheoretischen und verbalen Betrachtungen im Rahmen der Produktionstheorie werden ausgebaute mathematische Modelle vorgestellt. Arbeiten, die darüber hinaus auch die praktische Anwendbarkeit betrachten (Fragen der Datenbeschaffung, der Organisation, der Programmierung usw.) oder gar tatsächlich installierte Modelle betreffen, gibt es erheblich weniger. Zu dieser Gruppe zählt die Untersuchung von Wittenbrink.

Aufbauend auf einem vorgegebenen Grundkonzept wird ein Modell vorgestellt, das für einen Walzwerksbetrieb entwickelt und zur Anwendung gebracht worden ist. Die Kosten- und Erlösrechnung wird zu einem Instrument der Produktions- und Absatzplanung sowie -kontrolle für die recht komplexen Betriebsbedingungen ausgestaltet. Konzeption und Ausführung des zugrunde liegenden Betriebsmodells sind derart gestaltet, daß es in ein umfassendes Modell des Gesamtunternehmens integriert werden kann.

Der Hauptteil der Arbeit gliedert sich in zwei Abschnitte: Im ersten wird das Modell dargestellt, im zweiten wird die Anwendung erläutert. Das Modell selbst besteht aus zwei weitgehend selbständigen Teilen, dem Kostenmodell und dem Absatzmodell, wobei letzteres nur in den Grundzügen behandelt wird.

Wesentliches Merkmal des Kostenmodells ist, daß die Mengen- und Zeitfunktionen sehr weitgehend der originären Betriebsstruktur angenähert sind. Die entsprechenden "Richtfunktionen" erfassen vor allem den "Verbrauch" von Werkstoffen, Betriebszeiten und Verarbeitungskosten. Die Abbildung der originären Betriebsstruktur ist die Voraussetzung dafür, daß die Koeffizienten der Richtfunktionen "up to date" gehalten und Strukturänderungen - Einbau oder Streichen von Kostenarten, Produkten, Einflußgrößen usw. -, wie sie bei einem "lebenden" Betrieb ständig auftreten, an den Originalfunktionen kontrolliert durchgeführt werden können. Erst nachdem das Modell - bzw. allgemein: ein Modell - in seiner originären Struktur aufgebaut ist, sind theoretische Überlegungen am Platz, Überlegungen betreffend die Umformung des Modells sowie seine Anwendung auf die drei Aufgabenkreise Kalkulation, Planung und Kontrolle.

Die Auseinandersetzung mit bekannten Kostenrechnungssystemen erfolgt hinsichtlich des Zutreffens der Prämissen, womit die Anwendbarkeit angesprochen ist, hinsichtlich des strukturellen Aufbaues und damit der Möglichkeit der Handhabung, und schließlich hinsichtlich der Aussagekraft, besonders auch für die Zwecke der Planung. Dabei wird herausgestellt, daß der Periodenerfolg eines ganzen Absatz- und Produktionsprogramms, d. h. der Erfolg in einem abgegrenzten Zeitraum (z. B. Quartal) und nicht stückbezogene Erfolgs- oder Kostengrößen als wesentliche Entscheidungsgrundlage zu dienen haben. Weiter zeigt sich, daß mit dem vorgestellten Modell eine vollständige Primärkostenrechnung, Kostenträgerkalkulation und innerbetriebliche Leistungsverrechnung durchgeführt werden kann, wenn bestimmte Aktions- bzw. Dispositionsgrößen bewertet werden. Damit aber sind die Erfordernisse, wie sie aus Rechnungswesen und Planung erwachsen, durch das vorgestellte Modell als integriertes Gesamtsystem gleichermaßen abgedeckt.

Die Arbeit ist zweifach von Bedeutung: Sie weist theoretisch neue Wege, und sie betrifft ein durchgeführtes Projekt. Sie führt den in der Buchreihe des Instituts für Unternehmungsführung und Unternehmensforschung durch die Veröffentlichung von R. Franke (Bd. 9) und H. Niebling (Bd. 12) eingeschlagenen Weg fort.

R. Wartmann   G. Laßmann

Inhaltsverzeichnis

A. Einleitung

  I. Problemstellung 15

    1. Zielsetzung 15

    2. Modellanforderungen und Modellabgrenzung 16

      21. Anforderungen an ein Periodenerfolgs-Rechenmodell . . . 16

      22. Abgrenzung zu vergleichbaren Systemen der Kosten- und Erlösrechnung 19

        221. (Grenz- und flexible) Plankostenrechnung 20

        222. Deckungsbeitragsrechnung nach Riebel 24

        223. Periodenerfolgs-Rechenmodelle 35

  II. Gang der Untersuchung 39

B. Hauptteil

  I. Aufbau des Modells 40

    1. Betriebsstruktur (Kostenmodell) 40

      11. Vorbemerkungen 40

      12. Produktionsprozeß 41

      13. Originäre Betriebsstruktur 42

        131. Grundkomponenten der Betriebsstruktur 42

        132. Werkstoffrechnung 46

        133. Leistungsrechnung 54

          1331. Zeitbilanz der benötigten Betriebszeit 55

          1332. Leistungsfunktionen zur Ermittlung der benötigten Betriebszeit 56

          1333. Zeitbilanz der verfügbaren Betriebszeit 70

          1334. Zeitbilanz und Kapazitätsschlupf 71

        134. Verarbeitungskostenrechnung 72

          1341. Technologisch begründeter Kostengüterverbrauch 74

          1342. Dispositionsbestimmter Kostengüterverbrauch . 78

          1343. Kalkulatorisch festgelegter Kostengüterverbrauch 83

        135. Mathematisches Modell der „Originären Betriebsstruktur" 92

14. Zusammenfassung der Ergebnisse 93

2. Absatzstruktur (Erlösmodell) 95
   21. Vorbemerkungen 95
   22. Absatzprozeß 99
   23. Originäre Absatzstruktur 100
      231. Grundkomponenten der Absatzstruktur 100
      232. Absatzmengenrechnung 101
         2321. Statistische Prognosen 101
         2322. Verkäuferbefragungen 104
      233. Erlösarten-, Erlösstellen-, Erlösträgerrechnung 106
      234. Mathematisches Modell der „Originären Absatz-
           struktur" 111
   24. Zusammenfassung der Ergebnisse 111

3. Integrierte Betriebs- und Absatzstruktur (Periodenerfolgs-
   Rechenmodell) 113

II. Anwendungen des Modells 115

1. Kalkulationsrechnung 116
   11. Inhalt der Kalkulationsrechnung 116
   12. Originäre Betriebsstruktur mit zugerechneten Kostenarten,
      Einsatz-, Rest- und Ausfallstoffen 117
   13. Konzentrierte Betriebsstruktur mit zugerechneten Kosten-
      arten, Einsatz-, Rest- und Ausfallstoffen 124
   14. Konzentrierte Betriebsstruktur mit Kostenanalyse und
      Vollkostenrechnung 127
   15. Integrierte Betriebs- und Absatzstruktur mit Erfolgsanalyse
      und Fabrikateerfolgsrechnung 132
   16. Zusammenfassung der Ergebnisse 137

2. Planungsrechnung 138
   21. Inhalt der Planungsrechnung 138
   22. Programmplanung als Planungsaufgabe 139
      221. Nebenbedingungen der Programmplanung 140
         2211. Absatzbedingung 141
         2212. Einsatzbedingung 142
         2213. Losgrößenbedingung 142
         2214. Kapazitätsbedingung 143
      222. Optimierungsrechnung 145
      223. Ermittlungsrechnung 149
         2231. Alternative Erzeugnisprogramme 151
         2232. Alternative Losgrößen 153
         2233. Alternative Kostengüterpreise 154
         2234. Alternative Verkaufspreise 154
      224. Planung von Fertiglagerbeständen 155
         2241. Grundsätzliche Fragen der Bestandsbewertung 156

2242. Modellerweiterungen für

22421. einperiodische Rechnungen 158

22422. mehrperiodische Rechnungen 160

2243. Fallbeschreibung und Lösungsmöglichkeiten . . 163

23. Zusammenfassung der Ergebnisse 169

3. Kontroll- und Dokumentationsrechnung 170

31. Inhalt der Kontroll- und Dokumentationsrechnung 170

32. Betriebliche Kontrolle (Kostenkontrolle) 172

321. Periodische Kontrollrechnung 172

322. Operative Kontrollrechnung 181

33. Absatzbezogene Kontrolle (Erlöskontrolle) 182

331. Periodische Kontrollrechnung 182

332. Operative Kontrollrechnung 188

34. Erfolgskontrolle 189

35. Zusammenfassung der Ergebnisse 192

C. Schluß
Zusammenfassung der wichtigsten Ergebnisse und Ausblick 193

Literaturverzeichnis 199

Anhang I
Abkürzungsverzeichnis 208
Erläuterungen 215

Anhang II
Bilder 220
Schemata 236

Abbildungsverzeichnis

Bild

1 Stofffluß des Feinstahlwalzwerkes 220

2 Bauplan und Kaliberaufteilung der Walzen für Kaliberfolge
32,7—40 mm Rundstahl 221

3 Adjustagebetrieb — Einsatzmatrix,
Walzbetriebe — Einsatzmatrix . . . . — . . 222

4 Adjustagebetrieb — Rest- und Ausfallstoffmatrix,
Walzbetrieb — Rest- und Ausfallstoffmatrix . . . . — . . 223

5 Adjustagebetrieb — Arbeitsgangzeitmatrix,
Walzzeitmatrix 224

6 Verschleißmatrix,
Walzenausnutzungsvektor 225

7 Einbauzeitmatrix,
Umbauzeitmatrix,
Korrektur-Umbauzeitmatrix 226

8 Umstellzeitmatrix,
Drehzeitmatrix,
Preisvektor Walzenkosten 227

9 Verarbeitungskostenmatrix Stoßofen 228

10 Verarbeitungskostenmatrix Walzenstraße 229

11 Verarbeitungskostenmatrix Scherenanlage 230

12 Verarbeitungskostenmatrix Walzendreherei 231

13 Verarbeitungskostenmatrix Armaturenwerkstatt 232

14 Verarbeitungskostenmatrix Gem. Betriebskosten 233

15 Kosteneinfluß der Walzlosgröße f. Kaliberfolge 32,7—40 mm
Rundstahl 234

16 Kosteneinfluß der Walzlosgröße für Kaliberfolge
19,1 × 3,2—20 × 3 mm Winkelstahl 235

Schema

I Originäre Betriebsstruktur 236

II Originäre Betriebsstruktur (mit zugerechneten Kostenarten,
Einsatz-, Rest- und Ausfallstoffen) 237

III Konzentrierte Betriebsstruktur 238

IV Konzentrierte Betriebsstruktur (mit zugerechneten Kostenarten, Einsatz-, Rest- und Ausfallstoffen) 238

V Konzentrierte Betriebsstruktur (mit Kostenanalyse) 239

VI   Konzentrierte Betriebsstruktur (pnh ersetzt) 240
VII   Vollkostensystem 240
VIII   Teilkonzentrierte Betriebsstruktur (für betriebliche Abwei-
         chungsanalyse) 241
IX   System der betrieblichen Abweichungsanalyse (Richt/Ist-
         und Norm/Ist-Vergleich) 241
X   Originäre Absatzstruktur 242
XI   Konzentrierte Absatzstruktur 242
XII   System der Absatzorientierten Abweichungsanalyse (Richt/
         Ist-Vergleich) 242
XIII a   Integrierte Betriebs- und Absatzstruktur (originär) 243
XIII b   Integrierte Betriebs- und Absatzstruktur (mit zugerechneten
         Kostenarten, Einsatz-, Rest- und Ausfallstoffen unter Be-
         rücksichtigung ganzzahliger Walzlose) 244
XIII c   Integrierte Betriebs- und Absatzstruktur 245
XIV   Integrierte Betriebs- u. Absatzstruktur (mit Erfolgsanalyse) 245
XV   Fabrikateerfolgssystem 245
XVI   Strukturmatrix für Optimierungsrechnungen (ohne Los-
         größenbedingungen) 246
XVII   Strukturmatrix für Optimierungsrechnungen (mit Los-
         größenbedingungen) 246
XVIII   Strukturmatrix für Optimierungsrechnungen bei Mehr-
         periodenplanung (mit Losgrößen- und Lagerbedingungen) . 247

A. Einleitung

I. Problemstellung

1. Zielsetzung

Dem betrieblichen Rechnungswesen kommt mit der Kosten- und Erlösrechnung die Aufgabe zu, Unterlagen für die Planung, Dokumentation und Kontrolle des Erfolges, sowie seiner Komponenten Kosten und Erlöse als wichtige Zielgrößen unternehmerischen Handelns bereitzustellen. In diesem Zusammenhang wäre es unzweckmäßig, für die Erfüllung der einzelnen Teilaufgaben verschiedene auf die jeweilige Zwecksetzung gerichtete Rechensysteme zu entwickeln. Erstrebenswert ist vielmehr ein System, das die Verwirklichung der genannten Zielsetzung aus einem in sich geschlossenen Modellansatz im Sinne einer Grundrechnung ermöglicht (1).

Das Ziel der vorliegenden Untersuchung ist, ein solches System für die Zwecke der kurzfristigen Planung, Dokumentation und Kontrolle eines bestehenden Betriebes der Sorten- und Massenfertigung - eines Feinstahlwalzwerkes - aufzubauen und rechenbar zu machen (2). Hierbei sind neben dem Grundsatz eines einheitlichen Rechenmodells weitere Anforderungen zu berücksichtigen, die sich einerseits aus den Erkenntnissen neuerer methodischer Ansätze für die Weiterentwicklung der Kosten- und Erlösrechnung zu einem praktikablen Planungsinstrument, andererseits aus dem Bestreben ergeben, dieses Betriebsmodell in ein umfassendes Gesamtunternehmensmodell integrieren zu können. Darüber hinaus bedarf es einer Abgrenzung zu anderen Problemen, auf die im Rahmen dieser Arbeit lediglich hingewiesen wird.

---

1) Vgl. Laßmann, G., Die Kosten- und Erlösrechnung als Instrument der Planung und Kontrolle in Industriebetrieben, Düsseldorf 1968, S. 14; im folgenden zitiert als: Die Kosten- und Erlösrechnung ...; sowie den dort angegebenen Hinweis auf Schmalenbach, E., Kostenrechnung und Preispolitik, 7. Aufl., Köln und Opladen 1956, S. 280.

2) Dieses Betriebsmodell für ein Feinstahlwalzwerk wird in der hier dargestellten Form seit längerem als integrierter Bestandteil des Kostenrechnungssystems eines Großunternehmens der Eisen- und Stahlindustrie für Planungs- und Kontrollrechnungen eingesetzt. Die in dieser Untersuchung veröffentlichten Daten wurden wegen ihrer unternehmensspezifischen Bedeutung z. T. abgewandelt, ohne dadurch ihre Aussagekraft für die hier verfolgten Ziele einzuschränken.

2. Modellanforderung und Modellabgrenzung

21. Anforderungen an ein Periodenerfolgs-Rechenmodell

In neueren Untersuchungen zur Kosten- und Erlösrechnung wird anhand empirischen Datenmaterials aufgezeigt, daß stückbezogene Einzelrechnungen in Form von Kostenträgerkosten, Nettoerlösen, Fabrikateerfolgen und Deckungsbeiträgen keine ausreichenden Entscheidungshilfen für die Unternehmensleitung bei der Lösung planerischer Probleme sein können (3). Die Gründe hierfür sind einmal in der mit ihnen zwangsläufig verbundenen Schlüsselung von Gemeinkosten und nicht zurechenbaren Erlösen zu sehen, zum anderen in den zum Teil wirklichkeitsfernen Annahmen über Produktions- und Absatzbedingungen der Betriebe, um zu einfachen auf die Erzeugniseinheit bezogenen Kosten- und Erlösfunktionen zu gelangen (4). In der Wirklichkeit stellen sich diese Bedingungen jedoch komplizierter und als Einflußfaktoren für den Entscheidungsprozeß gewichtiger dar als sie durch Rechnungen dieser Art wiedergegeben werden. - "An die Stelle von isolierten Einzelrechnungen in Form der Stück-Kostenrechnung und Stück-Erfolgsrechnung sollte eine periodenbezogene Simultanrechnung treten, die das Gesamtunternehmen (bzw. eigenständige Teile einer Unternehmung) vom Beschaffungsmarkt bis zum Absatzmarkt erfaßt. Für den Unternehmer

---

3)   Vgl. Laßmann, G., Die Kosten- und Erlösrechnung ..., a. a. O., S. 54 ff., S. 72 ff.; Wartmann, R., Methoden der kurzfristigen Produktions- und Kostenplanung, Manuskript der Vorlesung für das Fach Unternehmensforschung vom WS 1969/70 und SS 1970 an der Ruhr-Universität Bochum; Wartmann, R., Kopineck, H.-J., Hanisch, W., Funktionales Arbeiten in Kostenrechnung und Planung mit Hilfe von Matrizen, in: Archiv für das Eisenhüttenwesen, 31. Jg. (1960), S. 441/50; Franke, R., Betriebsmodelle, in: Bochumer Beiträge zur Unternehmungsführung und Unternehmensforschung, hrsg. von Besters, H., Busse von Colbe, W., Jaeger, A., Laßmann, G., Schubert, W., Wartmann, R., Institut für Unternehmungsführung und Unternehmensforschung der Ruhr-Universität Bochum, Düsseldorf 1972.

4)   So werden z. B. in der (Grenz- und flexiblen) Plankostenrechnung bei der Herleitung der (Grenz-)Plankostensätze in bestimmter Hinsicht festgelegte Substitutionsverhältnisse für austauschbare Produktionsfaktoren zugrunde gelegt, intervallfixe Kostenverläufe auf der Basis durchschnittlicher Losgrößen linearisiert usw. Vgl. die ausführliche Abgrenzung auf S. 20 f.

sind die Gesamterfolge ganzer Abrechnungsperioden bedeutsam und
nicht die weitgehend fiktiven Erfolge einzelner Erzeugnisse ("Stück-
erfolge") und Aufträge. Kurzfristige Vorschaurechnungen sollten
daher unmittelbar auf den Periodenerfolg ausgerichtet sein" (5).
Für die eingangs gestellte Aufgabe bedeutet dies, "ein mathematisches System von Funktionen aufzubauen, das alle wesentlichen Ko-
sten- und Erlösabhängigkeiten eines Betriebes erfaßt und alternative Handlungs- bzw. Entscheidungsmöglichkeiten in einem Unternehmen im Hinblick auf ihre Auswirkungen auf den kurzfristigen
Periodenerfolg berechenbar macht" (6). Die innere Struktur des so
konzipierten "Periodenerfolgs-Rechenmodells" (7) wird von den allgemeinen Komponenten Beschaffungspreise, Kostengüterarten, Erzeugnisprogramm und sonstige Einflußgrößen, sowie Verkaufspreise
bestimmt, deren Einwirkungen auf den Periodenerfolg getrennt zu erfassen sind. Erzeugnisbezogenen Rechnungen kommt bei dieser Konzeption lediglich die Bedeutung zu, "zusätzliche Informationen für
die Preisbildung, sowie Unterlagen für die Bewertung von Halb- und
Fertigfabrikaten" (8) zu liefern.

Aus der Sicht des Verbundes des untersuchten Betriebes mit anderen Betrieben des Gesamtunternehmens wird deutlich, daß sich sein
Geschehen nicht allein aus den eigenen Bedingungen bestimmt, sondern zusätzlich vom Produktions- und Absatzverhalten der im Produktionsprozeß vor- und nachgeschalteten Betriebe beeinflußt
wird (9). Deshalb wird letztlich anzustreben sein, alle inner- und

---

5)   Vgl. Laßmann, G., Die Kosten- und Erlösrechnung ... , S.
70. In der fehlenden Zurechenbarkeit von Periodengemeinkosten und -erlösen auf Periodenabschnitte (Abrechnungsperioden) liegen allerdings Schwierigkeiten der Periodenabgrenzung und damit auch der Ermittlung des Periodenerfolges begründet. Auf diese Problematik wird an anderer Stelle noch
ausführlich eingegangen, vgl. dazu insbesondere S. 25 f.

6)   Ebenda, S. 13/14.

7)   Ebenda, S. 14.

8)   Vgl. Laßmann, G., Die Kosten- und Erlösrechnung ... , a.
a.O., S. 70. Entsprechend der Trennung in periodenbezogene
und stückbezogene Rechnungen unterscheidet Laßmann bei der
Anwendung des Periodenerfolgs-Rechenmodells für die Planung, Dokumentation und Kontrolle "Primäre Zielgrößen" -
wie z. B. periodenbezogene Erfolge, Erlöse, Kosten, Erfolgs-,
Erlös- und Kostenabweichungen usw. - und "Sekundäre Zielgrößen" - wie z. B. stückbezogene Erfolge, Erlöse, Kosten
usw.; ebenda, S. 38 ff.

9)   Hier sind beispielhaft Hochofen- und Stahlwerke, Block- und
Halbzeugstraßen als in einem Hüttenwerk dem Feinstahlwalz-

zwischenbetrieblichen Verflechtungen in einem Gesamtunternehmensmodell zu erfassen. Der formale Aufbau des Rechenmodells sollte daher so erfolgen, daß es Bestandteil eines solchen Gesamtmodells werden kann.

In einer Reihe von theoretischen und auch empirischen Untersuchungen sind von mehreren Autoren Matrizenmodelle als adäquate Darstellungsform für Probleme der Produktions- und Kostenplanung am Beispiel von ein- und mehrstufigen, teilweise komplizierte Verflechtungsstrukturen aufweisenden Betrieben dargestellt worden (10). Diese Arbeiten bauen auf der Methode der Input-Output-Analyse auf, indem sie die technologischen und ökonomischen Bedingungen von Betrieben unter Berücksichtigung ihres gegenseitigen Leistungsverbundes als Strukturmodelle abbilden und diese miteinander verknüpfen. Ein nach dieser Grundkonzeption aufgebautes Rechenmodell würde somit die Voraussetzungen für die Integration in ein umfassendes Gesamtunternehmensmodell erfüllen.

Die Matrizenrechnung schränkt zwar die Auswahl der in ein Modell eingehenden Funktionen auf solche ein, die der Linearitätsbedingung genügen, jedoch kann dieser Nachteil an der Stelle des Rechenmodells, an der nichtlineare (11) Funktionen auftreten, durch zusätzliche Rechenschritte überwunden werden.

---

werk vorgeschaltete Betriebe, die Drahtverfeinerung als nachgeschalteter Betrieb zu nennen.

10) Neben den bereits erwähnten Untersuchungen von Laßmann, Wartmann und Franke seien aus der Vielzahl der Veröffentlichungen hervorgehoben: Kloock, J., Betriebswirtschaftliche Input-Output-Modelle, Wiesbaden 1969; Meyhak, H., Simultane Gesamtplanung im mehrstufigen Mehrproduktunternehmen, Wiesbaden 1970; Neuefeind, B., Betriebswirtschaftliche Produktions- und Kostenmodelle für die chemische Industrie, Diss. Köln 1968; Pichler, O., Kostenrechnung und Matrizenkalkül, in: Ablauf- und Planungsforschung, 2. Jg. (1961), Heft 3/4, S. 29/46; Schuhmann, W., Integriertes Rechenmodell zur Planung und Analyse des Betriebserfolges, in: Festschrift für H. Münstermann, Wiesbaden 1969, S. 31/70; Steinecke, V., Einflußgrößenrechnung zur Kostenplanung eines kontinuierlichen Feinstahlwalzwerkes mit Matrizen, in: Stahl und Eisen, 82. Jg. (1962), S. 155/65; Vogel, F., Betriebliche Strukturbilanzen und Strukturanalysen, Würzburg - Wien 1969.

11) Im Zusammenhang mit dem Problem ganzzahliger Walzlose sind hier intervallfixe Kostenverläufe gemeint, vgl. Bilder 15, 16, Anhang II.

Die Berücksichtigung mehrerer Teilperioden in Planungs- und Kontrollrechnungen verlangt eine Abgrenzung des Modells zu den Mehrperiodenmodellen der dynamischen Theorie (12). Das hier aufzubauende Modell wird als statisches, determiniertes Ein-(Monats-)Periodenmodell entworfen. Die im Zusammenhang mit der dynamischen Produktionsplanung (13) auftretenden Fragen des zeitlichen Vollzuges der Produktion, der Abstimmung der Fertigungszeiten zwischen den Bearbeitungsstufen und den Absatzterminen sind nicht Gegenstand der Betrachtung. Sie werden als in einer Vorstufe der Planung vorgegeben betrachtet. Das Rechenmodell wird durch die Verknüpfung mehrerer Periodenmodelle lediglich zu einem komparativ-statischen Modellansatz für die Zwecke der Mehrperiodenplanung erweitert.

22. Abgrenzung zu vergleichbaren Systemen der Kosten- und Erlösrechnung

Nach diesen mehr allgemeinen Ausführungen über die Anforderungen an Periodenerfolgs-Rechenmodelle soll in den folgenden Abschnitten das hier zu entwickelnde Rechenmodell hinsichtlich seiner Konzeption und seines Aufbaus eingehender zu den Systemen der Kosten- und Erlösrechnung abgegrenzt werden, denen ähnliche Zielsetzungen wie die hier verfolgten zugrunde liegen.

In diesen Vergleich werden zunächst die Systeme der (Grenz- und flexiblen) Plankostenrechnung und die Deckungsbeitragsrechnung nach Riebel einbezogen. Die Aufgabenstellung dieser Rechnungssysteme richtet sich ebenfalls darauf, die Kosten- und Erlösdaten in der Form zu erfassen und aufzubereiten, daß sie im Sinne einer Grundrechnung für die laufenden Entscheidungs- und Kontrollrechnungen verwendet werden können (14). Unterschiede ergeben sich

---

12) Vgl. Kilger, W., Planungsrechnung und Entscheidungsmodelle des Operations Research, in: Unternehmensplanung als Instrument der Unternehmensführung, AGPLAN Bd. 9, Wiesbaden 1965, S. 55/75.

13) Zur Abgrenzung des Begriffs 'Produktionsplanung' vgl. Gutenberg, E., Grundlagen der Betriebswirtschaftslehre, Bd. I, Die Produktion, 11. Aufl., Berlin-Heidelberg-New York 1965, S. 148.

14) Auf Systeme, deren Betonung auf der Dokumentations- und Kontrollrechnung liegt - wie z. B. die traditionelle Ist-, Normal-, (starre) Plankostenrechnung usw. -, wird bei diesem Vergleich nicht eingegangen; vgl. hierzu die ausführliche Abgrenzung bei Kilger, W., Flexible Plankostenrechnung, 3. Aufl., Köln und

jedoch im Zusammenhang mit der Frage, welche Ziel- bzw. Entscheidungsgrößen für die Erfüllung der genannten Rechnungszwecke verwendet werden und welche Folgerungen sich aus der Verwendung dieser Größen für die rechnerische Durchführung von Planungs- und Kontrollrechnungen ableiten.

Der von Laßmann und Wartmann beschrittene Weg, für die Betriebe der Eisen- und Stahlindustrie Betriebsmodelle (Periodenerfolgs-Rechenmodelle) zu entwickeln, gibt weiter Anlaß zu prüfen, wie das in dieser Untersuchung für ein Feinstahlwalzwerk aufzustellende Betriebsmodell in diesen Entwicklungsprozeß einzuordnen ist. Vor allem sollen in dieser Abgrenzung auch die Unterschiede bzw. Erweiterungen aufgezeigt werden, die im Vergleich mit bereits entwickelten und anwendungsreif gestalteten Betriebsmodellen genannt werden können.

221. (Grenz- und flexible) Plankostenrechnung

In der (Grenz-)Plankostenrechnung (15) werden zur Lösung von Entscheidungsproblemen stückbezogene Größen in Form von Grenzkosten und Deckungsbeiträgen herangezogen. Entscheidungskriterien für die wirtschaftliche Beurteilung von Wahlmöglichkeiten - z. B. die Beurteilung alternativer Erzeugnisprogramme - ist auch hier der mit der jeweiligen Alternative erzielbare Planerfolg. Die Ermittlung (16) dieser Größe erfolgt allerdings in der Weise, daß zu-

---

    Opladen 1967, S. 36 ff., S. 53 ff.; Laßmann, G., Die Kosten- und Erlösrechnung ..., S. 54 ff.

15)   Zur Entwicklungsgeschichte der Grenzplankostenrechnung vgl. insbesondere Kilger, W., Flexible Plankostenrechnung, a. a. O., S. 98 ff.; und die dort angegebene Literatur. Als eine besondere Form der Plankostenrechnung wird die Richtkostenrechnung angesehen, die in der Eisen- und Stahlindustrie verbreitet Anwendung findet; vgl. dazu insbesondere Scholler, W., Eckhold, H. G., Wirtschaftliche Betriebsführung mit Hilfe der Richtkostenrechnung, in: Stahl und Eisen, 86. Jg. (1966), S. 8/16; Waldschmidt, J., Grundzüge eines auf Kostenbeeinflussung ausgerichteten Richtkostensystems, in: Stahl und Eisen, 87. Jg. (1967), S. 737/45.

16)   Je nach Art der Problemstellung werden hierbei die Verfahren der mathematischen Programmierung angewendet. Ihr Einsatz wird dann erforderlich, wenn Engpaßsituationen bei mehreren Produktionsfaktoren auftreten. Die im Zusammenhang mit der optimalen Programmplanung auf der Basis geplanter Grenzkosten auftretenden Fragen werden von Kilger eingehend er-

nächst die Deckungsbeiträge der geplanten Erzeugnismengen aufsummiert und hiernach von diesem Betrag die den Erzeugnissen
nicht zurechenbaren Kosten (Periodengemeinkosten) abgezogen werden. Diese Vorgehensweise unterscheidet sich von der Methode in
dieser Untersuchung, den Periodenerfolg als Differenz zwischen den
periodenbezogenen Erlösen und Kosten zu ermitteln. Letztere ist -
was dann im einzelnen zu zeigen sein wird - damit zu begründen,
daß für einen Teil des Kostengüterverzehrs (z. B. losabhängige
Werksgeräte-, Umbau- und Umstellkosten, Sortenwechselkosten
usw.) keine direkt oder indirekt proportionalen Abhängigkeiten von
den Erzeugnissen bestehen, die als Voraussetzung für eine verursachungsgerechte Kostenkalkulation angesehen werden müssen (17).

Für den Aufbau des Kostenmodells leitet sich daraus die Schlußfolgerung ab, die Kostenabhängigkeiten in ihrer originären Form zu
erfassen und rechnerisch abzubilden. Hinsichtlich der Erfassung
der losabhängigen Kosten bedeutet dies beispielsweise, als - neben
den Erzeugnismengen - zusätzliche Kosteneinflußgröße die 'Anzahl
der Walzlose' zu berücksichtigen. Im Unterschied hierzu werden in
der (Grenz- und flexiblen) Plankostenrechnung losabhängige Kosten
bei der Ermittlung der (Grenz-)Plankostensätze auf der Basis geplanter Losgrößen und Auftragszusammensetzungen (18) zum Zwecke
eines direkten Bezuges zu den Erzeugnissen geschlüsselt. Auf diese
Weise werden aus - in bezug auf den Losgrößeneinfluß - zur Erzeug-
nismengenvariation nicht-linearen Kostenabhängigkeiten lineare Kostenfunktionen, die eine wesentliche Prämisse (19) im System der
Grenzplankostenrechnung darstellen. In bezug auf solche Planungs-
und Kontrollaufgaben, die spezielle Losgrößenuntersuchungen zum
Inhalt haben, führt die Verwendung der so ermittelten Grenzkosten-
sätze zu folgenden Nachteilen.

Zunächst kann festgestellt werden, daß Grenzkosten sich nur in den
Fällen eindeutig bestimmen lassen, in denen die losabhängigen Kosten nur für ein einzelnes Erzeugnis anfallen. Sobald dieser Kosten-

---

örtert; vgl. Kilger, W., Flexible Plankostenrechnung, a. a. O.,
S. 673 ff.; Vgl. auch in dieser Arbeit S. 145 f.

17) Vgl. hierzu S. 72 f., S. 93 f., S. 120/122.

18) Vgl. hierzu Kilger, W., Flexible Plankostenrechnung, a. a. O.,
S. 451/52; Scholler, W., Eckhold, H. G., Wirtschaftliche Betriebsführung mit Hilfe der Richtkostenrechnung, a. a. O., S.
11. Zur Gegenüberstellung intervallfixer und proportionali-
sierter Kostenverläufe vgl. auch die Bilder 15, 16, in Anhang
II.

19) Vgl. Kilger, W., Flexible Plankostenrechnung, a. a. O., S.
140.

güterverbrauch für mehrere Erzeugnisse entsteht - für eine Erzeugnisgruppe oder ein Gruppenlos entsprechend den Produktionsbedingungen des hier untersuchten Betriebes -, ist die auf Erzeugnisse bezogene Grenzkostenermittlung nach dem Verursachungsprinzip nicht mehr möglich, da in diesem Fall die losabhängigen Kosten nur dem Gruppenlos als Ganzem zugerechnet werden können. Eine Verteilung der losabhängigen Kosten auf der Grundlage einer geplanten qualitativen und quantitativen Erzeugniszusammensetzung wäre dagegen mit Ungenauigkeiten behaftet, die zu falschen Schlußfolgerungen bei Planungsüberlegungen führen können. Abgesehen von diesen bei Gruppenlosen bestehenden Zurechnungsproblemen spricht folgende grundsätzliche Überlegung gegen ein Proportionalisierung losabhängiger Kosten. Sollen beispielsweise die Kostenauswirkungen alternativer Losgrößen im voraus berechnet werden, so ist dies in der Grenzplankostenrechnung nur mit Hilfe von Sonderrechnungen in Form neuer Plankalkulationen möglich, da sich mit jeder Losgrößenveränderung unterschiedliche Grenzkosten ergeben. Dies ist damit zu begründen, daß den Grenzkosten nur eine spezielle, der jeweils disponierten Losgröße entsprechende Betriebssituation zugrunde liegt. Auf die Notwendigkeit zusätzlicher Rechnungen weist auch Kilger hin, wenn er im Falle "variabler Seriengrößen" vorschlägt, "einer Kostenstelle nicht nur einen, sondern mehrere lineare Kostenverläufe vorzugeben, die jeweils von verschiedenen Einflußgrößen abhängig sind" (20). "Für Entscheidungsprobleme, die zu nicht-linearen Kostenverläufen oder zu Kostensprüngen führen, reicht naturgemäß die normale Ausgestaltungsform der Grenzplankostenrechnung nicht aus. In diesen Fällen sind vielmehr Sonderrechnungen erforderlich" (21). Diese Feststellung muß vor allem für die Bestimmung optimaler Losgrößen gelten, auf deren Grundlage die Grenzkosten in der Regel vorgegeben werden (22). Bestimmungsgrößen für die Losgrößenberechnung sind nämlich u. a. die losfixen Kosten (23). Die Grenzkosten im Sinne der Grenzplankostenrechnung sind dagegen erst nach der Optimierungsrechnung determiniert.

Derartige Sonderrechnungen lassen sich umgehen, wenn der Losgrößeneinfluß - wie hier gezeigt werden soll (24) - funktional getrennt

---

20) Vgl. Kilger, W., Flexible Plankostenrechnung, a.a.O., S. 141.

21) Ebenda, S. 166.

22) Ebenda, S. 532.

23) Vgl. hierzu die klassischen Losgrößenformeln bei Gutenberg, E., Die Produktion, a.a.O., S. 203 f.; und die dort angegebene Literatur; vgl. auch in dieser Arbeit S. 160 f.

24) Vgl. dazu S. 61 f., S. 72 f.

erfaßt wird. Planungsrechnungen lassen sich dann für beliebige Losgrößen innerhalb des gleichen Rechensystems durchführen, d. h. ohne den für die Grenzplankostenrechnung notwendigen zusätzlichen Rechenaufwand für Neukalkulationen. Damit werden auch Kontrollrechnungen aussagefähiger, da in den auf diese Weise ermittelten Plankosten die Produktions- und Kostenstruktur flexibler und deshalb wirklichkeitsnäher wiedergegeben wird, als dies mit insoweit starren Grenzkostenvorgaben möglich ist.

Die für Feinstahlwalzwerke - und schlechthin für Profilwalzwerke - typische Losgrößenproblematik macht die begrenzte Aussagefähigkeit stückbezogener Grenzkosten- und Deckungsbeitragsrechnungen für Entscheidungsprobleme deutlich. Innerhalb der Eisen- und Stahlindustrie lassen sich darüber hinaus andere Gründe anführen. In diesem Zusammenhang seien vor allem die speziellen Produktionsbedingungen von Hochofen- und Stahlwerken erwähnt. Hier sind es die vornehmlich im Bereich des Produktionsfaktors "Werkstoffe" bestehenden Substitutionsmöglichkeiten (25), deren kostenmäßige Auswirkungen hinsichtlich der Durchrechnung von Planalternativen durch Grenzkosten nicht erschöpfend erfaßt werden, da diese nur für in ganz bestimmter Hinsicht festgelegte Faktorsubstitutionsverhältnisse Gültigkeit haben. Wahlmöglichkeiten beim Einsatz von Produktionsfaktoren können ebenso für Walzwerke bestehen. So ist es in einigen Fällen möglich, bestimmte Stahlqualitäten von verschiedenen Stahlwerken zu beziehen. Die nach unterschiedlichen Gießarten und Blockformaten hergestellten Qualitäten bedingen beim Einsatz in den betreffenden Walzwerken andersartige Walzvorgänge, die sich auf die Betriebsleistung (z. B. andere Walz-, Nutzungsneben- und Unterbrechungszeiten) und deswegen auch auf die Höhe der Verarbeitungskosten (z. B. Werksgeräte-, Brennstoff- und Energieverbräuche) auswirken. Je nach Einsatzverhältnis ergeben sich für die Walzerzeugnisse auch hier andere produktbezogene Grenzkosten, die durch Preis- und Verarbeitungskostenunterschiede bei den Einsatzgütern zustande kommen.

Es zeigt sich hiernach, daß die Grenzplankostenrechnung weder für das untersuchte Feinstahlwalzwerk noch für andere Betriebe der Eisen- und Stahlindustrie - wie auch allgemein für Betriebe mit ähnlichen Produktionsbedingungen - das geeignete Kostenrechnungsverfahren darstellt, um die dort vorkommenden Produktionsbedingungen

---

25) So bestehen für Hochofenwerke Wahlmöglichkeiten beim Einsatz verschiedener Erzsorten. In Stahlwerken ist in bestimmten Grenzen das Roheisen-Schrott-Verhältnis frei variierbar; vgl. hierzu auch die empirischen Kostenuntersuchungen von Franke, R., Betriebsmodelle, a.a.O., S. 82 f., S. 106 f.

in der für Planungs- und Kontrollrechnungen erforderlichen Weise
zu erfassen. Hierbei ist hervorzuheben, daß die Richtigkeit der erzeugnisbezogenen Grenzkostenermittlung in den Fällen in Frage gestellt werden muß, in denen eine verursachungsgerechte Zurechnung des Kostengüterverbrauches in Ermangelung geeigneter Zurechnungskriterien nicht möglich ist (z. B. bei gruppenlosabhängigen
Kosten). Aus diesem Grunde soll in dieser Arbeit ein Rechenmodell
dargestellt werden, das nicht stückbezogene, sondern auf mehrere
Einflußgrößen bezogene Erfolgsgrößen als Zielgrößen von Entscheidungsrechnungen verwendet. Diese werden in einem Funktionssy-
stem erfaßt, dessen Einflußgrößen periodenbezogen in Form abhängiger bzw. unabhängiger Variabler abgegrenzt sind und das somit
eine simultane Quantifizierung der wichtigsten kurzfristigen Kosten-
und Erlöswirkungen ermöglicht.

Dieses "Periodenerfolgs-Rechenmodell" ist ein mehrzweckorientiertes Grundrechnungssystem, das allen wesentlichen Anforderungen der Kosten- und Erlösrechnung aus kurzfristigen Planungs- und
Kontrollaufgaben gerecht wird. Kalkulationsrechnungen, die mit diesem System ebenfalls durchgeführt werden können, kommt nur insofern Bedeutung zu, als hiermit ganz spezielle Zwecke (z. B. Bestandsbewertung, Preiskalkulation bei öffentlichen Aufträgen usw.)
verfolgt werden.

222. Deckungsbeitragsrechnung nach Riebel

Das Problem der verursachungsgerechten Erfassung von Kosten und
Erlösen ist wie in dieser Untersuchung auch bei Riebel Ausgangspunkt für die Konzeption seines Systems der Kosten- und Erlösrechnung, das sich im Hinblick auf die darin verwendeten Ziel- bzw.
Entscheidungsgrößen als eine spezifische Form der Deckungsbeitragsrechnung darstellt. Die grundsätzlichen Überlegungen, die Riebel diesem Problem entgegenbringt, legen es nahe, hierauf näher
einzugehen.

Den gesamten Komplex der Zurechenbarkeit zerlegt Riebel in zwei
Teile: die sach- und zeitbezogene Zurechenbarkeit von Kosten und
Erlösen (26). Auf der Kostenseite ist diese Unterscheidung gleichbedeutend mit der Frage der Zurechenbarkeit leistungsverbundener
variabler "echter" Gemeinkosten (27) auf die Leistungseinheiten

---

26)   Vgl. Riebel, P., Deckungsbeitragsrechnung, in: HWR, hrsg.
       von Kosiol, E., Stuttgart 1970, Sp. 386-387.
27)   Vgl. Riebel, P., Kosten und Preise verbundener Produktion,
       Substitutionskonkurrenz und verbundener Nachfrage, Opladen
       1971, S. 26 f.; im folgenden zitiert als: Kosten und Preise ...

bzw. der Periodisierung von Bereitschaftskosten (Periodengemeinkosten) (28) auf Periodenabschnitte (Kalenderzeiträume). Auf der
Erlösseite ist hierunter die Zurechenbarkeit bedarfs- und nachfra-
geverbundener Erlöse (29) auf die Leistungseinheiten bzw. von Erlösen mit zeitlichem Absatzverbund (30) auf Periodenabschnitte (Kalenderzeiträume) zu verstehen. In die folgende Abgrenzung werden
in erster Linie die kostenrechnerischen Probleme einbezogen, da
hier das Schwergewicht der vorliegenden empirischen Untersuchung
liegt (31).

Hinsichtlich der Ermittlung technologisch begründeter Kostenabhängigkeiten bzw. der (sachbezogenen) Zurechenbarkeit der Herstellkosten auf die Leistungseinheiten kommt Riebel zu dem Ergebnis,
daß lediglich die Stoff- und Energiekosten, "soweit sie sich proportional zur Ausbringensmenge verhalten, eindeutig zugerechnet werden können" (32). Davon ausgenommen sind diejenigen Stoff- und
Energiekosten, "die unabhängig von der Losgröße, Chargengröße
und der Größe anderer Produktionsportionen entstehen" (32). Dagegen zählen zu den zurechenbaren Kosten der Leistungseinheiten
auch diejenigen Hilfs- und Energiestoffe, die als "unechte Gemeinkosten" bei den Kostenstellen erfaßt werden. "vorausgesetzt, daß
hierfür Schlüssel gefunden werden, die mit dem 'durchschlagenden'
Einflußfaktor eng korrelieren" (32).

Die Frage der zeitbezogenen Zurechenbarkeit von Kosten geht über
das Problem der Bestimmung rein mengenspezifischer Abhängigkeiten des Kostengüterverbrauches hinaus. Hiermit wird vielmehr
die unter ökonomischen Gesichtspunkten vordringliche Frage auf-
geworfen, ob die Wertentstehung oder der Wertverzehr eines Ko-
stengutes bzw. die Entscheidung über seine Beschaffung oder seine

---

28)   Vgl. Riebel, P., Kosten und Preise ..., a.a.O., S. 27 f.

29)   Vgl. Riebel, P., Ertragsbildung und Ertragsverbundenheit im
Spiegel der Zurechenbarkeit von Erlösen, in: Beiträge zur be-
triebswirtschaftlichen Ertragslehre, Erich Schäfer zum 70.
Geburtstag, hrsg. von Riebel, P., Opladen 1971, S. 161 f.,
S. 171 f.; im folgenden zitiert als: Ertragsbildung und Ertrags-
verbundenheit ...

30)   Ebenda, S. 188 f.

31)   Die im Zusammenhang mit der Zurechenbarkeit von Erlösen
auftretenden Fragen der Abgrenzung werden eingehend behandelt von Kolb, J., Die Erlösrechnung als Bestandteil eines
Periodenerfolgsmodells, Diss. Bochum (in Vorbereitung).

32)   Vgl. Riebel, P., Kosten und Preise ..., a.a.O., S. 35.

Verwendung ursächlich für die Kostenentstehung ist (33). Nach Riebel sind Kosten "die mit der Entscheidung über das betrachtete Objekt ausgelösten Ausgaben" (34). In Entscheidungsrechnungen sind als Kosten hiernach diejenigen Ausgaben anzusetzen, die im Hinblick auf das betrachtete Kalkulationsobjekt zusätzlich und damit noch beeinflußbar sind. Dagegen sind die von "irreversibel vordisponierten Ausgaben" abgeleiteten Kosten für die anstehende Entscheidung ohne Bedeutung (35). Als eigentliche Kalkulationsobjekte zukunfts- oder vergangenheitsgerichteter Rechnungen bezeichnet Riebel daher die Entscheidungen (36). An die Stelle des bisher im Rechnungswesen gebräuchlichen preisdifferenten wertmäßigen Kostenbegriffes, der auf die Erfassung des (physischen) Faktorverzehrs ausgerichtet ist, träte somit der entscheidungsabhängige ausgabenorientierte Kostenbegriff.

Die Schwierigkeit der Zurechnung von Kosten auf bestimmte (Kalender-)Zeitabschnitte besteht vor allem für die Bereitschaftskosten. Darunter sind Kosten für die Beschaffung von Potentialgütern zu verstehen - wie z. B. Arbeitskräfte, Betriebsmittel usw. -, die für den Aufbau und die Aufrechterhaltung der Leistungsbereitschaft des Betriebes notwendig werden. Charakteristisch für die Zurechnungsproblematik dieses Kostengüterverbrauches ist, daß die bezeichneten Potentialgüter aufgrund vertragsrechtlicher und technisch-organisatorischer Bedingungen nicht in beliebig teilbaren Mengen beschafft werden können. Sie stellen daher Potentiale für in der

---

33)   Vgl. zu dieser Frage auch die begriffliche Unterscheidung zwischen "physischem Faktoreinsatz (Faktorverzehr)" und "ökonomischem Faktoreinsatz (Faktorverzehr)" bei Schneider, D., Grundlagen einer finanzwirtschaftlichen Theorie der Produktion, in: Produktionstheorie und Produktionsplanung, Festschrift für Karl Hax zum 65. Geburtstag, hrsg. von Moxter, A., Schneider, D., Wittmann, W., Köln und Opladen 1966, S. 337/82; im folgenden zitiert als: Finanzwirtschaftliche Theorie der Produktion.

34)   Zu dieser auf das Prinzip der "Preiseindeutigkeit" zurückgehenden Definition vgl. Riebel, P., Die Bereitschaftskosten in der entscheidungsorientierten Unternehmerrechnung, in: ZfbF, 22. Jg. (1970), S. 372; im folgenden zitiert als: Die Bereitschaftskosten... Der Begriff der "Preiseindeutigkeit" bezeichnet die Zurechenbarkeit von Beschaffungsausgaben für ein Kostengut. Zu einer weitergehenden Erläuterung vgl. Schneider, D., Finanzwirtschaftliche Theorie der Produktion, a. a. O., S. 372/73, S. 378/81.

35)   Vgl. Riebel, P., Die Bereitschaftskosten..., a. a. O., S. 374.

36)   Ebenda, S. 372.

Zukunft liegende Nutzungen mit entweder festliegender - wie im Falle der Arbeitsverträge - oder offener Bindungs- bzw. Nutzungsdauer dar - wie in der Regel beim Kauf von Betriebsanlagen (37). Entscheidend für die Kostenentstehung dieser Güter ist, daß die Ausgaben durch die Beschaffungsdisposition ausgelöst werden. "Ob sich von diesen Beschaffungsausgaben auch Kosten, die für Einsatz- oder Nutzungsentscheidungen relevant sind, ableiten lassen", hängt davon ab, "ob die Nutzungen speicherbar (zeitelastisch) sind, also zwischen heutiger und späterer Verwendung gewählt werden muß" (38). Bei den beispielhaft genannten Faktoren (Arbeitskräfte und Betriebsanlagen) handelt es sich in der Regel um nicht speicherbare (zeitunelastische) Potentiale, weil ihr ökonomischer Verzehr sich unabhängig von der physischen Nutzung aufgrund vertraglicher Bindungen bzw. technisch-wirtschaftlicher Überholung im Zeitablauf vollzieht. Eine Entscheidung über die Nutzung dieser Güter ist daher ohne Einfluß auf die Kostenentstehung. Im Zusammenhang mit der Erklärung der betrieblichen Kostenstruktur müßten diese als eingesetzte Fixkosten verursachende Faktorbestände in die Produktions- bzw. Verbrauchsfunktionen aufgenommen werden (39). Nach Riebel können derartige in der Vergangenheit entstandene Potentiale in Entscheidungs- und Kontrollrechnungen keinesfalls dadurch berücksichtigt werden, "daß man die jeweiligen Planungs- und Abrechnungsperioden oder gar die Leistungen anteilig - etwa in Form von Abschreibungen - mit jenen Ausgaben belastet, die in der Vergangenheit für die Schaffung und die Bereitstellung dieser Potentiale ausgelöst worden sind" (40).

---

37) Vgl. Riebel, P., Die Bereitschaftskosten ..., a.a.O., S. 376, S. 379 f., S. 382 f.; derselbe, Kosten und Preise ..., a.a.O., S. 29/31.

38) Vgl. Riebel, P., Die Bereitschaftskosten ..., a.a.O., S. 377; und die dort angegebene Literatur.

39) Schneider hat hierfür den Begriff der "Bestandseinsatzfunktion" geprägt, die sich von der "Leistungsabgabefunktion" dadurch unterscheidet, daß in dieser der Produktionsfaktorverzehr in seinen Leistungsabgaben oder Einsatzzeiten gemessen wird. Letztere wird in der Regel für die Erfassung des Kostengüterverzehrs von Verbrauchs- bzw. Repetierfaktoren verwendet. Der Einsatz dieser Faktoren - sei es als Faktorvorräte oder als unmittelbar mit der Beschaffung eingesetzte Faktoren - verursacht (Grenz-)Kosten, da es sich hier um speicherbare Nutzungen handelt (Faktoren mit Weiterverwendungsfähigkeit in der Zukunft); vgl. Schneider, D., Finanzwirtschaftliche Theorie der Produktion, a.a.O., S. 374 f.

40) Vgl. Riebel, P., Kosten und Preise ..., a.a.O., S. 29.

Ausgehend von der skizzierten Problematik sach- und zeitbezogener
Zurechenbarkeit der Kosten und Erlöse beschreibt Riebel ein System
der Grundrechnung, in dem die direkt erfaßten Kosten und Erlöse
für die Kalkulationsobjekte und Zeitabschnitte gesammelt werden,
denen sie eindeutig als Einzelkosten bzw. Einzelerlöse zugerechnet
werden können. Als Zielgrößen für Entscheidungs- und Kontrollrechnungen verwendet Riebel Deckungsbeiträge, die "objekt- und
periodenbezogene oder überperiodisch-fortlaufende Ausschnitte aus
der sachlichen und zeitlichen Totalrechnung der Unternehmung" (41)
sind.

"Die Deckungsbeitragsrechnung ist ein vieldimensionales, zeitlich
fortschreitendes System retrograder Erfolgsdifferenz-Rechnungen"
(Zeitablaufrechnung), "in denen - vom speziellen zum allgemeinen
Untersuchungsobjekt führend - die jeweils einander entsprechenden
Erlös- und Kostenteile gegenübergestellt werden" (42). Sie "soll
vor- oder rückschauend die Änderungen des Unternehmenserfolges
zeigen, die als Folge bestimmter Entscheidungen und Handlungen
oder der Veränderung von Einflußgrößen erwartet werden bzw. entstanden sind" (42).

Die von Riebel konzipierte spezifische Form der Deckungsbeitragsrechnung zeigt allgemeingültig, daß in Entscheidungs- und Kontrollrechnungen lediglich die jeweils relevanten (43) betriebswirtschaftlichen Erfolgsgrößen herangezogen werden dürfen. Die Frage, welche Größen hiermit gemeint sind, ist für jeden Entscheidungsfall
neu an den Kriterien der sach- und zeitbezogenen Zurechenbarkeit
von Kosten und Erlösen zu überprüfen. Die Beantwortung dieser
Frage steht zugleich im Mittelpunkt der Abgrenzung des hier zu entwickelnden Periodenerfolgs-Rechenmodells gegenüber der Riebel-
schen Deckungsbeitragsrechnung. Zuvor muß aus Gründen der Ver-
gleichbarkeit jedoch der Kreis der in Betracht zu ziehenden möglichen Entscheidungssituationen definiert werden. Diese Klärung ist
allein schon deswegen wichtig, weil sie unmittelbar auf die Prämissen verweist, die dem vorliegenden Rechenmodell zugrunde liegen.

Allgemeingültig ist die Feststellung, daß der Entscheidungsspiel-
raum einer Unternehmung wesentlich von der Länge oder Fristig-
keit des Planungszeitraumes abhängt. So eröffnet eine Ausweitung
des Planungshorizontes dem Unternehmer zusätzliche Entschei-

---

41)　Vgl. Riebel, P. , Deckungsbeitragsrechnung, a. a. O. , Sp. 383.
42)　Ebenda.
43)　Vgl. Riebel, P. , Kosten und Preise ..., a. a. O. , S. 37; vgl.
　　　ebenso Kilger, W. , Flexible Plankostenrechnung, a. a. O. , S.
　　　160 f.

dungsmöglichkeiten, wohingegen eine Einengung die Zahl der Aktionsparameter aufgrund der Restriktionen aus bereits getroffenen Entscheidungen vermindert. Die wesentlichen Aktionsparameter einer kurzfristigen Planung liegen für die Betriebs- bzw. Unternehmensleitung beispielsweise in der Bestimmung der qualitativen und quantitativen Programmzusammensetzung bei gegebener Betriebsbereitschaft, der für die Programmrealisation wählbaren Faktorzuordnung, der Beurteilung preispolitischer Alternativen usw. Dagegen zählen zu den Entscheidungsmöglichkeiten einer mittel- und langfristigen Planung z. B. die Veränderungen der Betriebsbereitschaft bzw. des Potentialfaktorbestandes.

Das im folgenden dargestellte Periodenerfolgs-Rechenmodell soll in erster Linie für kurzfristige Entscheidungs- und Kontrollrechnungen herangezogen werden. Im Hinblick auf die Konzeption und den Aufbau unterscheidet es sich darin von der Deckungsbeitragsrechnung Riebels, die sowohl für kurz- als auch mittel- und langfristige Rechnungen konzipiert worden ist. Bei der Gegenüberstellung beider Systeme ist in bezug auf die gestellte Ausgangsfrage daher von den im kurzfristigen Bereich liegenden Entscheidungsmöglichkeiten auszugehen.

Die (sachbezogene) Zurechenbarkeit der Herstellkosten des untersuchten Betriebes nimmt sich - was nachzuweisen sein wird - in ähnlicher Weise aus wie die von Riebel hierüber gemachten Feststellungen. Als variable echte Gemeinkosten im Sinne Riebels und damit den Leistungseinheiten nicht zurechenbare Kosten müssen die von der Losgröße unabhängigen Stoff-, Energie- und Werksgerätekosten und die sortenwechselabhängigen Brennstoff- und Energiekosten angesehen werden (44). Eindeutig können dagegen die Einsatzmaterialkosten (einschließlich der Rest- und Ausfallstoff-Gutschriften) und ein Teil "unechter" Gemeinkosten (Stoff- und Energie-, Transportkosten usw.) zugerechnet werden (45). Hinsichtlich der Erfassung und Zurechnung der letztgenannten Kosten ermöglichen die Ergebnisse dieser Untersuchung allerdings eine Konkretisierung des von Riebel hierzu gemachten Vorschlages: Die Ermittlung der Kostenabhängigkeiten erfolgt hier in der Weise, daß neben

---

44) Vgl. dazu auch in dieser Arbeit S. 93 f., S. 117 f., insbesondere S. 120/122. Darüber hinaus enthalten die los- und sortenwechselabhängigen Kosten auch Lohnkostenanteile für das Einbauen, Umbauen, Umstellen und die Bearbeitung von Werksgeräten. Die Abgrenzung dieses Kostengüterverbrauches wird im Zusammenhang mit der zeitbezogenen Zurechenbarkeit von Kosten noch aufgegriffen; vgl. dazu S. 30 f., S. 78 f.
45) Vgl. dazu S. 120/122.

direkten auch indirekte proportionale Beziehungen zwischen dem
Kostengüterverbrauch und seinen Einflußgrößen (z. B. Erzeugnis-,
Werkstoffmengen, Betriebsmittelzeiten usw.) berücksichtigt werden (46). Dabei handelt es sich entweder um statistisch (Regressionsanalyse) abgesicherte Funktionalzusammenhänge oder um eindeutige Bündelvorschriften für die Summierung periodenbezogener
Einflußgrößen über spezielle kostenverursachende Bestimmungsmerkmale (z. B. Abmessungen, Qualitäten usw.). Aus diesem Grunde können auch diejenigen Teile des Kostengüterverbrauches in die
zurechenbaren Kosten der Erzeugniseinheiten aufgenommen werden,
die zwar nicht direkt, jedoch indirekt über andere Einflußgrößen
(z. B. Werkstoffmengen, Betriebsmittelzeiten usw.) von den Erzeugnissen abhängen (47). Die Frage, welcher Teil des Kostengüterverbrauches als "echte" oder "unechte" Gemeinkosten anzusehen
ist, wird daher grundsätzlich davon bestimmt, inwieweit es gelingt,
die Einflußgrößentechnik und damit das Auffinden indirekt proporti-
onaler Funktionalbeziehungen zwischen dem Kostengüterverzehr und
seinen Einflußgrößen zu verfeinern (48).

Im Zusammenhang mit der Beurteilung der Zurechenbarkeit von
Periodengemeinkosten (zeitbezogene Zurechenbarkeit) kann Riebel
darin zugestimmt werden, daß sich Kosten von Ausgaben für in der
Vergangenheit beschaffte Potentialgüter mit zeitunelastischer Nutzung (z. B. Arbeitskräfte, Betriebsanlagen usw.) nicht ableiten lassen. Bei der Ermittlung dieses Kostengüterverbrauches für das in
dieser Untersuchung aufzustellende Rechenmodell zeigt sich allerdings, daß neben dem ökonomisch-theoretisch eindeutigen Grundsatz
der Entscheidungsrelevanz betriebswirtschaftlicher Erfolgsgrößen
für die Planung und Kontrolle zusätzliche Aspekte berücksichtigt
werden müssen, die im Zusammenhang mit den in der Praxis bisher gebräuchlichen Verfahren der Ermittlung des Unternehmenserfolges stehen.

Die Erfolgsermittlung wird in der Praxis für in ganz bestimmter
Hinsicht festgelegte Periodenabschnitte vorgenommen. Für kurzfristige Nachrechnungen gilt der Monat als der allgemein übliche

---

46)   Vgl. dazu S. 72 f., S. 93 f.

47)   Vgl. dazu S. 117 f. Aufgrund der teilweise multiplen Funktio-
      nalzusammenhänge verbleiben allerdings auch noch Teile des
      von Riebel als "unechte Gemeinkosten" bezeichneten Kosten-
      güterverbrauches, die nicht den Leistungseinheiten, sondern
      nur anderen Vorgabegrößen (wie z. B. Länge der Planungsperi-
      ode, Reparaturschichten) zugerechnet werden können.

48)   Zu ähnlicher Schlußfolgerung kommt auch Kilger, W., Flexi-
      ble Plankostenrechnung, a.a.O., S. 661.

Bezugszeitraum (49). Nicht zurechenbare Periodengemeinkosten (z. B. Ausgaben für die Beschaffung von Arbeitskräften, Betriebsanlagen und andere Potentialgüter) werden grundsätzlich auf den Monat bezogen. In die laufende Dokumentation und Kontrolle des Unternehmenserfolges gehen somit zeitlich in gleicher Weise abgegrenzte Kosten- und Erlösgrößen ein. Die eigentliche Schwierigkeit der Ermittlung von Periodenerfolgen liegt zwar in der fehlenden Zurechenbarkeit von Periodengemeinausgaben auf einzelne Abrechnungsperioden begründet. Dennoch reichen die so ermittelten Periodenerfolge für die mit der Dokumentation und Kontrolle verfolgten Ziele in der Praxis aus (49). Diese können darüber hinaus auch als Zielgrößen von Entscheidungsrechnungen verwendet werden. Der Vorteil einer derartigen Vorgehensweise liegt darin, "eine Vorschaurechnung für die Zwecke der Planung weitgehend auf den Grundlagen und Ausgangsgrößen der bisher bestehenden Kosten- und Erlösrechnung aufzubauen (49). Diese Aussagefähigkeit des Periodenerfolges als Entscheidungskriterium ist aber nur dann gewährleistet, wenn bei seiner Ermittlung die Kosten- und Erlösabhängigkeiten von ihren Einflußgrößen insoweit berücksichtigt werden, daß für die Beurteilung bestimmter Entscheidungssituationen gleichzeitig die jeweils relevanten Periodenerfolgs-"Differenzen" berechnet und die periodisierten Gemeinkosten als - entscheidungsirrelevante - Fixkosten erfaßt werden. Diesem Grundsatz folgend wird auch beim Aufbau des hier zu entwickelnden Rechenmodells die kostenmäßige Erfassung von Potentialgütern (z. B. Arbeitskräfte, Betriebsanlagen usw.) in Form anteiliger - periodenbezogener - Ausgaben (z. B. Personalkosten (50), kalkulatorische Abschreibungen usw.) vorgenommen. In dieser Weise periodisierte Gemeinausgaben bedeuten in dem Periodenerfolgs-Rechenmodell von der Unternehmensleitung dem Betrieb vorgegebene "Deckungsraten" zur Amortisation von in der Vergangenheit getätigten Investitionen (z. B. Arbeitskräfte-, Anlagenbeschaffung usw.), die dieser unter Ausnutzung der ihm kurzfristig verbleibenden Handlungsmöglichkeiten erfolgsmäßig abzudecken hat.

Die Ausrichtung von Planung und Kontrolle an entscheidungsorientierten, im Zeitablauf sich zu Ausgaben und Einnahmen realisierenden Erfolgsgrößen - wie Riebel es theoretisch vorschlägt (51) -,

---

49) Vgl. Laßmann, G. , Die Kosten- und Erlösrechnung ..., a. a.
    O. , S. 46/49.

50) Im Zusammenhang mit der Lohnkostenermittlung treten allerdings noch Besonderheiten auf, die aber an anderer Stelle noch ausführlich behandelt werden. Vgl. dazu S. 78 f.

51) Hier handelt es sich um ein "Gefüge von Periodenrechnungen unterschiedlicher Länge", wodurch eine willkürliche Zer-

die bei kurzfristiger Betrachtung aufgrund der noch überschaubaren
Erfolgsauswirkungen einer "geringen" Anzahl von Aktionsparametern vielleicht denkbar wäre, würde bei längerfristiger, weit in
die Zukunft bzw. Vergangenheit gerichteten Betrachtung kaum lös-
bare Schwierigkeiten (52) der Quantifizierung (Prognostizierung)
und datentechnischen Aufbereitung der Kosten- und Erlösdaten mit
sich bringen. Konsequenterweise wären dann nämlich auch diejenigen Entscheidungsmöglichkeiten hinsichtlich ihrer Auswirkungen
auf den Unternehmenserfolg in die laufende Kosten- und Erlösrechnung einzubeziehen, die sich für die Unternehmensleitung beispielsweise im Zusammenhang mit der Veränderung der Betriebsbereitschaft (Neuinvestitionen oder Betriebsstillegungen) und anderen,
mehr die mittel- und langfristige Unternehmensplanung betreffenden
Aufgaben ergeben. In Großunternehmen mit derart weit gestreutem
Programmfächer, komplexen Fertigungs- und Absatzstrukturen sowie verzweigten Entscheidungs- und Funktionsbereichen - wie sie
in der Eisen- und Stahlindustrie gegeben sind - erscheint es kaum
möglich, hierfür gesicherte Informationen bereitzustellen (53). Die

---

schneidung der kontinuierlichen wirtschaftlichen Vorgänge, zu
der die "übliche Bindung systematischer Rechnungen an Kalen-
derperioden führt", vermieden werden soll. Dazu ergänzend
werden "alle Vorgänge, die sich nicht in das Gefüge der Periodenrechnungen einordnen lassen" - wie z. B. "Bereitschaftskosten mit gegenüber Kalender- bzw. Rechnungsperioden phasenverschobener Bindungsdauer" oder "mit offener Nutzungsdauer" - in Zeitablaufrechnungen ausgewiesen; vgl. dazu Riebel, P., Die Bereitschaftskosten ..., a. a. O., S. 385.

52) Leider geht Riebel auf die rechnerischen Probleme der Quantifizierung derartiger Zusammenhänge nicht ein. Der in diesem Zusammenhang von Riebel geäußerte Vorschlag einer - in
Form von Balkendiagrammen - "kumulativen Darstellung von
Gemeinkosten offener Perioden und Kosten geschlossener Perioden mit phasenverschobener Bindungsdauer" trägt wohl
kaum zur Lösung der quantitativen Probleme bei, da ungeklärt
bleibt, wie die für Planungsrechnungen erforderlichen Kostengrößen vorausgeschätzt werden können; ebenda, S. 385/86; vgl.
auch die analoge Vorgehensweise der kumulativen Darstellung
von "Erlösen einzelner Aufträge mit Realisationsphasen unterschiedlicher Dauer" bei Riebel, P., Ertragsbildung und Ertragsverbundenheit im Spiegel der Zurechenbarkeit von Erlösen, a. a. O., S. 160/61.

53) Nach Laßmann weisen Informationen für Planungsüberlegungen, die über drei bis sechs Monate hinausgehen, bereits einen sehr hohen Unsicherheitsgrad auf, so "daß Vorschaurech-

Planung und Kontrolle des Unternehmenserfolges in der von Riebel konzipierten Weise muß aus diesem Grunde als vorerst nicht realisierbar angesehen werden. Als gangbarer Weg hat sich für die Praxis bisher erwiesen, für eingegrenzte Funktionsbereiche perioden-(monats-)bezogene Teilmodelle zu entwickeln und die Planung und Kontrolle in diesen Teilbereichen auf die unmittelbar beeinflußbaren betriebswirtschaftlichen Erfolgsgrößen zu beschränken.

Zusammenfassend kann festgestellt werden, daß die von Riebel im Zusammenhang mit der theoretischen Konzeption einer entscheidungsorientierten Deckungsbeitragsrechnung gemachten Vorschläge nur teilweise mit den hier zu realisierenden Vorstellungen über den Aufbau eines einheitlichen Rechensystems der Kosten- und Erlösrechnung übereinstimmen. Einheitlich ist die Auffassung darüber, daß in Entscheidungs- und Kontrollrechnungen lediglich die jeweils relevanten betriebswirtschaftlichen Erfolgsgrößen herangezogen werden dürfen. Dabei richtet sich die Entscheidungsrelevanz dieser Größen nach den Kriterien der sach- und zeitbezogenen Zurechenbarkeit von Kosten und Erlösen. In bezug auf die Zurechenbarkeit von Herstellkosten (sachbezogene Zurechenbarkeit) kann anhand der in dieser Untersuchung empirisch ermittelten Unterlagen eine grundsätzliche Übereinstimmung mit den von Riebel erarbeiteten Ergebnissen nachgewiesen werden. In der Frage der Zurechenbarkeit von Periodengemeinausgaben bzw. Bereitschaftskosten (zeitbezogene Zurechenbarkeit) sind für den Aufbau eines Rechensystems der Kosten- und Erlösrechnung neben dem theoretisch eindeutigen Prinzip der Entscheidungsrelevanz betriebswirtschaftlicher Erfolgsgrößen zusätzliche Aspekte zu beachten, die sich aus den Anforderungen der unternehmerischen Praxis herleiten. Diese richten sich darauf, für die Dokumentation und Kontrolle des Unternehmenserfolges zeitlich in gleicher Weise abgegrenzte periodenbezogene Kosten- und Erlösgrößen heranzuziehen. In dem hier zu entwickelnden Periodenerfolgs-Rechenmodell, das in erster Linie für kurzfristige Entscheidungs- und Kontrollrechnungen angewendet werden soll, kann beiden Aspekten in befriedigender Weise Rechnung getragen werden. Die dabei in Anlehnung an die praktische Vorgehensweise der kurzfristigen Erfolgsermittlung vorgenommene Periodisierung von nicht zurechenbaren Periodengemeinkosten (Ausgaben für die Beschaffung von Betriebsanlagen, Arbeitskräften usw.) in Form periodenbezogener Deckungs- bzw. Amortisationsraten beeinträchtigt jedoch

---

nungen mit der sonst im Rechnungswesen üblichen Sicherheit und Genauigkeit kaum noch durchführbar sind"; vgl. Laßmann, G., Die Kosten- und Erlösrechnung, a.a.O., S. 20.

nicht die Transparenz und Bereitstellung der Größen, die für kurzfristige Entscheidungs- und Kontrollrechnungen relevant sind. Die
Ausrichtung der Planung und Kontrolle des Unternehmenserfolges
an - wie es Riebel vorschlägt - solchen Kosten- und Erlösgrößen,
die sich unter Beachtung eingegangener vertragsrechtlicher Bindungsdauern im Zeitablauf zu Ausgaben und Einnahmen realisieren,
würde wegen der hier ineinander übergehenden kurz-, mittel- und
langfristigen Aspekte unternehmerischer Tätigkeit dagegen auf (bis
jetzt) kaum überwindbare - von Riebel auch nicht näher erörterte -
Schwierigkeiten der Quantifizierung und der datentechnischen Aufbereitung der Kosten- und Erlösdaten stoßen. Als einzig möglicher
Weg zur Lösung der vielfältigen praktischen Probleme hat sich bisher erwiesen, für bestimmte voneinander abgegrenzte Entschei-
dungs- und Funktionsbereiche (z. B. Absatz-, Produktions-, Finanz-
und Investitionsbereich usw.) zunächst getrennte Rechensysteme zu
entwickeln, die in der letzten Ausbauphase dann miteinander verflochten werden bzw. sukzessive abstimmbar sein sollten (54). Als
ein Glied dieses Entwicklungsprozesses muß das in dieser empirischen Untersuchung für den Produktions- und Absatzbereich eines
Feinstahlwalzwerkes aufzustellende Periodenerfolgs-Rechenmodell
verstanden werden (55). Hierbei handelt es sich um ein mehrzweckorientiertes Rechensystem, das über eine theoretische Konzeption
hinaus die Voraussetzungen für eine Anwendung in der Praxis erfüllt (56).

---

54) So ist wohl auch der Hinweis Riebels zu deuten, wenn er am
    Ende seiner Ausführungen schreibt: "Theoretisch unnötig,
    doch in der Praxis empfehlenswert ist es, für die Gesamt-
    unternehmung wie für die selbständig im Absatzmarkt operie-
    renden Teilbereiche Deckungsbudgets aufzustellen." Riebel
    unterscheidet in diesem Zusammenhang "kosten-, aufwand-
    und ausgaben- oder finanz-orientierte Deckungsbudgets"; vgl.
    Riebel, P. , Deckungsbeitragsrechnung, a. a. O. , Sp. 397/98.

55) In diesem Sinne sind auch die Untersuchungen aufzufassen von
    Kolb, J. , Die Erlösrechnung als Bestandteil eines Perioden-
    erfolgsmodells, a. a. O. ; Niebling, H. , Die Verbindung der
    industriellen Kosten- und Erlösrechnung mit der kurzfristigen
    Finanzrechnung zu einem Planungs- und Kontrollsystem auf
    der Grundlage eines mathematischen Modells, Diss. Bochum
    1971.

56) Wie einleitend bereits erwähnt (vgl. S. 15, Fußnote 2) wird das
    Rechenmodell für ein Feinstahlwalzwerk schon seit geraumer
    Zeit für die laufende Kosten- und Planungsrechnung des Unter-
    nehmens eingesetzt.

233. Periodenerfolgs-Rechenmodelle

Das in dieser empirischen Untersuchung für ein Feinstahlwalzwerk
aufzustellende Rechenmodell soll den von Laßmann und Wartmann
eingeleiteten und mit dem Betriebsmodell für ein Siemens-Martin-
Stahlwerk von Franke fortgesetzten Entwicklungsprozeß weiterfüh-
ren, für die Betriebe eines gemischten Eisenhüttenwerkes schrittweise Betriebsmodelle zu entwickeln, die daran anschließend in
ein Gesamtunternehmensmodell integriert werden können. Im folgenden werden in Thesenform die Punkte zusammengestellt, in
denen die hier vorliegende Untersuchung eine Erweiterung der bisherigen Erkenntnisse darstellt:

1. Die Erforschung betrieblicher Prozesse von Be-
    trieben der Sorten- und Massenfertigung erstreckte sich im
    Zusammenhang mit der bisherigen Entwicklung von Betriebs-
    modellen auf die Erforschung der technologischen Produktions-
    bedingungen von Stahlwerken. In dieser Untersuchung werden
    mit der Analyse von

    Walz-,
    Adjustage- und
    (Fertig-)Lagerprozessen

und der modellmäßigen Erfassung ihrer

    Kostenbeziehungen

Probleme behandelt, die im Hinblick auf die Konzeption und
den Aufbau von Betriebsmodellen für Walzwerke auftreten. Die
Erörterung dieses Problemkreises führt auch zu Ergebnissen,
die neben ihrer walzwerksspezifischen Bedeutung als allgemeingültig für den Aufbau von Betriebsmodellen angesehen
werden können. Hinsichtlich der Quantifizierung von Erlösbeziehungen konnten in dieser Arbeit erst Teilergebnisse erzielt werden. Die Erlösseite wird deshalb nur in Grundzügen
behandelt, um die formalen Beziehungen für die Verflechtung
der Kosten- und Erlösstrukturen von Produktions- bzw. Ab-
satzprozessen zu integrierten Periodenerfolgs-Rechenmodellen aufzuzeigen.

Die Erforschung von Walzprozessen ist bislang - unter
besonderer Berücksichtigung der Losgrößenproblematik - Gegenstand einer Vielzahl praxisbezogener Forschungsarbeiten
gewesen, von denen insbesondere die Untersuchungen von
Steinecke (57) hervorzuheben sind. Das Ziel dieser Arbeit

---

57) Vgl. Steffen, M. , Steinecke, V. , Einflußgrößenrechnung zur
     Kostenplanung eines kontinuierlichen Feinstahlwalzwerkes mit

besteht darin, für einen bestehenden Betrieb die Kostenabhängigkeiten von ihren Einflußgrößen in einem mathematischen
Modell zu erfassen, um hiermit insbesondere für die Zwecke
der Kostenplanung brauchbarere Unterlagen ermitteln zu können, als dies mit den traditionellen Verfahren der Kostenrechnung möglich ist. Hinter diesem Fragenkreis treten dagegen die Gesichtspunkte der Kostenkontrolle und -kalkulation
zurück. Wie die Erfahrungen in der Praxis - dabei sei insbesondere auf die Ergebnisse dieser Untersuchung hingewiesen -
jedoch zeigen, zwingt gerade die Ausrichtung der Kostenerfassung an den mit der Kostenkontrolle verfolgten Zielen zum
Aufbau wesentlich betriebsnäherer Kostenstrukturen (-model-
len), als sie mit einer planungsorientierten Kostenerfassung
normalerweise angestrebt werden. Dieser Unterschied kommt
in einer weit differenzierteren Kostenträger- und Einflußgrö-
ßen-, Kostenstellen- und Kostenartengliederung zum Ausdruck.
Dadurch, daß in dieser Untersuchung die Aspekte der Planung
und Kontrolle bei der Kostenanalyse gleichgewichtig berücksichtigt werden, können für die Aufgaben der laufenden Kostenrechnung auch fundiertere Unterlagen bereitgestellt werden.

Hinsichtlich der Erforschung von Adjustageprozessen
und der Verwendung der hierbei gewonnenen Ergebnisse für
die Kostenrechnung ist der Stand der Forschung relativ wenig
fortgeschritten. Die bisherigen Untersuchungen (58) beschränken sich auf die Analyse einzelner Produktionsvorgänge. Die
betriebswirtschaftlichen Anwendungen der ermittelten Teilergebnisse auf Fragestellungen der Planung und Kontrolle
bleiben dagegen weitgehend unbeachtet. Dies kann gleichermaßen für die Probleme festgestellt werden, die sich bei der
Verknüpfung der Kostenstrukturen von Walz- und Adjustageprozessen zu einem geschlossenen Kostenmodell ergeben. In
dieser Untersuchung werden für die noch offenen Probleme
Lösungen erarbeitet, die den Anforderungen des untersuchten
Betriebes vollkommen gerecht werden.

Matrizen, a. a. O. ; Steinecke, V. , Zur optimalen Programmplanung konkurrierender Walzwerke zweiter Hitze unter besonderer Berücksichtigung von Walzstahl-Verkaufskontoren,
Diss. Leoben 1968, im folgenden zitiert als Optimale Programmplanung.
Auf die Veröffentlichung anderer Autoren wird im weiteren
Verlauf der Untersuchung noch eingegangen.
58)   Vgl. insbesondere Hendricks, C. , Einfluß relevanter Leistungskomponenten auf die Verarbeitungskosten von Feinstahl-
Adjustagen unter besonderer Berücksichtigung der Losgröße,
Diss. Aachen 1970.

Die bisherigen Betriebsmodelle wurden für einperiodische Planungs- und Kontrollrechnungen entwickelt (59). Die im Zusammenhang mit der Betrachtung mehrerer (Abrechnungs- bzw. Planungs-) Perioden auftretenden Gesichtspunkte der Lagerhaltung (L a g e r p r o z e s s e) von fertigen und unfertigen Erzeugnissen waren bewußt ausgeklammert worden. Sie werden in dem an dieser Stelle aufzubauenden Betriebsmodell für den Fall der Fertiglagerhaltung berücksichtigt. Für Entscheidungsrechnungen auf der Grundlage dieses Rechenmodells bedeutet dies, daß der Bereich der unternehmerischen Handlungsmöglichkeiten, die in bezug auf ihre Erfolgsauswirkungen quantifiziert werden können, um wesentliche Aktionsparameter erweitert wird. Die spezielle Bedeutung dieser Weiterentwicklung liegt vor allem darin, daß für die Losgrößenbestimmung in Walzwerken nicht mehr - wie bisher (60) - allein die Gesichtspunkte einer kostengünstigen Walzenausnutzung, sondern auch die Gesichtspunkte der Fertiglagerhaltung rechnerisch erfaßt werden. Erst aus der Gegenüberstellung von Herstellkosten und Lagerkosten lassen sich betriebswirtschaftlich sinnvolle Unterlagen für die Planung von Losgrößen herleiten. Die allgemeine Bedeutung der hier für die Erfassung von Fertiglagerprozessen beschriebenen Lösung ist darin zu sehen, daß diese in formaler Hinsicht ebenfalls für die Behandlung von Zwischenlagern herangezogen werden kann.

2. Die im Rahmen dieser Untersuchung verwendeten mathematischen Methoden (61) stellen eine Systematisierung der bisher für den Aufbau und die Anwendung von Betriebsmodellen entwickelten Verfahren (62) dar.

Ausgehend von den originären Kosten- und Erlösbeziehungen werden durch einfache mathematische Umformungen Matrizen-

---

59) Vgl. Franke, R., Betriebsmodelle, a.a.O.; vgl. Laßmann, G., Kosten- und Erlösrechnung ..., a.a.O.

60) Vgl. Steinecke, V., Optimale Programmplanung, a.a.O.

61) Die Grundkonzeption dieser Methoden, in der die Anwendungsmöglichkeiten der Matrizenrechnung auf ökonomische - insbesondere betriebswirtschaftliche - Probleme am Beispiel betrieblicher "Normstrukturen" beschrieben werden, geht zurück auf Wartmann, R., Methoden der kurzfristigen Produktions- und Kostenplanung, a.a.O.

62) Vgl. Franke, R., Betriebsmodelle, a.a.O.; vgl. Laßmann, G., Kosten- und Erlösrechnung ..., a.a.O.

systeme für die Durchführung von Kalkulations-, Planungs- und Kontrollrechnungen entwickelt. Die besondere Eigenschaft dieser Systeme ist die vollständige Kompatibilität zwischen ihren Komponenten. So können beispielsweise die Zielgrößen von Planungsrechnungen (Plan-Kosten, Plan-Erlöse, Plan-Erfolge usw.) unmittelbar als Ausgangsgrößen für die Ermittlung der Zielgrößen von Kontrollrechnungen (z. B. Kosten-, Erlös- und Erfolgsabweichungen) verwendet werden, da in beiden Matrizensystemen die Untergliederung der Komponenten (z. B. Erzeugnisprogramm, Kostengüterarten usw.) nach kosten- und erlösverursachenden Merkmalen aufeinander abgestimmt ist. Dies trifft in entsprechender Weise auch auf die in Kalkulationsrechnungen ermittelten Kosten- und Deckungsbeitragssätze zu.

Die angewandte Modelltechnik ermöglicht es, dem in der Betriebswirtschaft seit langem bekannten Prinzip der Grundrechnung gerecht zu werden, nach dem die Verwirklichung der mit der laufenden Kosten- und Erlösrechnung verfolgten Ziele aus einem in sich geschlossenen Rechensystem erfolgen sollte. Die im einzelnen für den Aufbau und die Anwendung des Rerechenmodells in bezug auf Kalkulation, Planung und Kontrolle entwickelten Matrizensysteme stellen in ihrer Grundkonzeption allgemeingültige "Bausteine" derartiger statischer Betriebsmodelle (Periodenerfolgs-Rechenmodelle) dar. Im Vergleich zu den bisher aufgebauten Betriebsmodellen (63) ist hierin die wesentliche Weiterentwicklung dieser Untersuchung zu sehen.

3. Vom Standpunkt einer EDV-gerechten Problemformulierung beinhalten die hier angeführten Matrizensysteme im Vergleich zu den Darstellungen vorangegangener Untersuchungen (64) eine Formalisierung der Rechenschritte für die Durchführung von Kalkulations-, Planungs- und Kontroll-

---

63) Franke beschränkt sich bei der Beschreibung der rechnerischen Durchführung von Planungs-, Kontroll- und Kalkulationsrechnungen auf die spezifischen Verhältnisse des von ihm untersuchten Stahlwerkes. Diese Darstellung läßt eine Systematisierung der methodischen Vorgehensweise vermissen, die auch für den Aufbau und die Anwendung von Rechenmodellen anderer Betriebstypen herangezogen werden kann. - Vgl. Franke, R., Betriebsmodelle, a. a. O., S. 135 ff.

64) Vgl. ebenda; vgl. Laßmann, G., Kosten- und Erlösrechnung ..., a. a. O.

rechnungen. Diese Erweiterung liegt in der speziellen Struktur der Systeme begründet, aus der direkt die Programmiervorschriften für die einzelnen Rechenschritte hergeleitet werden können. Die in der Praxis immer wieder auftretenden Schwierigkeiten der Abstimmung zwischen der Formulierung eines Problems und seiner Programmierung werden dadurch erheblich reduziert.

II. Gang der Untersuchung

Der sich an die Ausführungen über die Modellanforderungen und Modellabgrenzung anschließende Hauptteil dieser Untersuchung ist in zwei Abschnitte untergliedert.

Im ersten Abschnitt wird der Aufbau des Betriebsmodells für ein Feinstahlwalzwerk beschrieben. Ausgehend von der Analyse des Produktions- und Absatzprozesses werden die Kosten- und Erlösabhängigkeiten des untersuchten Betriebes in zwei zunächst voneinander getrennten Modellen - der "Betriebsstruktur" und der "Absatzstruktur" - erfaßt bzw. - was die Erlösseite betrifft - in ihrer allgemeinen Form beschrieben. Beide Teilmodelle werden danach zu einem Strukturmodell - dem Periodenerfolgs-Rechen - modell - integriert.

Der zweite Abschnitt erläutert die Anwendungen des Modells für Planungs- (65), Dokumentations- und Kontrollrechnungen anhand von Matrizensystemen, die sich durch Umformungen der originären Beziehungen des Strukturmodells ergeben. Hier wird der eingangs gestellten Forderung nach einem auf mehrere Zwecke ausgerichteten Rechensystem Rechnung getragen.

---

65) Dazu gehören auch Kalkulationsrechnungen, die in bestimmten Fällen notwendig werden; vgl. hierzu die Ausführungen auf S. 116 f.

B. Hauptteil

I. Aufbau des Modells

1. Betriebsstruktur (Kostenmodell)

11. Vorbemerkungen

Die betriebliche Leistungserstellung ist das Ergebnis des Kombinationsprozesses der Produktionsfaktoren (66). Die Produktions- und Kostentheorie unterscheidet zwischen zwei verschiedenen Faktortypen: den Repetierfaktoren und den Potentialfaktoren. Zu den Repetierfaktoren (67) zählen jene, die beliebig teilbar sind und im Produktionsgeschehen untergehen. Dazu gehören beispielsweise Werkstoffe, Brennstoffe und Energien usw. Potentialfaktoren (68), wie z. B. Arbeitskräfte und Betriebsmittel, werden dagegen selbst im Produktionsprozeß nicht verbraucht. Sie sind an der Produktion beteiligt, entweder durch Abgabe von Werkverrichtungen für bestimmte Fertigungsvorgänge (Potentialfaktoren mit Leistungsabgabe) oder im Sinne der "Bereitstellung ihrer Nutzungsmöglichkeiten" (Potentialfaktoren ohne Leistungsabgabe, wie z. B. Gebäude, Grundstücke usw.). Ein Teil des Repetierfaktorverbrauches (z. B. Werk-, Hilfsstoffe usw.) hängt unmittelbar von den hergestellten Erzeugniseinheiten ab. Der übrige Teil (z. B. Betriebsstoffe, Werkzeuge usw.) ist über die Verbrauchsfunktionen der Potentialfaktoren mittelbar von der Erzeugnismenge abhängig. Für den Verbrauch an Potentialfaktoren können nach Art ihrer Leistungsabgabe mittelbare Beziehungen zur Erzeugnismenge bzw. zeitbezogene Abhängigkeiten bestehen. Die Beziehungen zwischen den Faktorverbräuchen und dem Faktorertrag werden unter Berücksichtigung von Faktorsubstitutionsmöglichkeiten (69) durch ein "System von Verbrauchsfunktionen" (70) wiedergegeben.

---

66)   Vgl. Gutenberg, E. , Die Produktion, a. a. O. , S. 286 ff.

67)   Vgl. Heinen, E. , Betriebswirtschaftliche Kostenlehre, Bd. I, Begriff und Theorie der Kosten, 2. Aufl. , Wiesbaden 1965, S. 227.

68)   Ebenda, S. 191.

69)   Vgl. Gutenberg, E. , Die Produktion, a. a. O. , S. 286 ff. , S. 314 ff.

70)   Ebenda, S. 315 ff. , S. 320 ff. - Vgl. Kilger, W. , Produktions- und Kostentheorie, Wiesbaden 1958, S. 54.

Beim Aufbau des Rechenmodells sind die genannten Beziehungen für
den untersuchten Betrieb zu ermitteln und in einem System mathematischer Funktionen (Modell der Betriebsstruktur) wiederzugeben.
Mit dem Begriff "Betriebsstruktur" soll die Art der Verflechtung
zwischen den Komponenten des Betriebsmodells - den Verbrauchs-
faktoren und den Einflußgrößen - bezeichnet werden. Sie wird bestimmt von den technischen Gegebenheiten und den Regeln, nach denen sich die Produktion des Betriebes vollzieht. Durch Einbeziehung der Faktorpreise wird aus dem Betriebsmodell ein Kostenmodell entwickelt.

Am Anfang der Untersuchung zum Aufbau des Kostenmodells steht
daher die Beschreibung des Produktionsprozesses.

12. Produktionsprozeß

Bei dem untersuchten Betrieb handelt es sich um ein Feinstahlwalzwerk mit kontinuierlicher Arbeitsweise (71). Das Erzeugnisprogramm umfaßt Walzstahl in verschiedenen Profilen, Fertigabmessungen und Qualitäten. Der Werkstoffeinsatz setzt sich aus Knüppeln
unterschiedlicher Formate zusammen, deren Auswalzung ein- bzw.
zweiadrig erfolgt. Zwischen dem Werkstoffeinsatz und den Erzeugnissen bestehen limitationale Beziehungen.

Der Bereich des Feinstahlwalzwerkes erstreckt sich von der Anlie-
ferung der Knüppel über die Kostenstellen Stoßofen, Walzenstraße,
Adjustage bis zur Lager- und Verladestelle. Die Knüppel, die in
Bunden angeliefert werden, gelangen über einen Entstapler auf einen Rollgang, der sie in den Stoßofen einsetzt. Der mit Gichtgas
beheizte Ofen erhitzt sie auf Walztemperatur, wobei ein Gewichts-
verlust (Abbrand) anfällt. Nach Beendigung des Aufheizprozesses
wird der walzfertige Knüppel aus dem Ofen gestoßen und über eine
Trommelweiche dem jeweiligen Kaliber auf der ersten Walze der

---

71)   Beim kontinuierlichen Walzen durchläuft der Walzstab selbst-
tätig die hintereinander stehenden Gerüste und wird nach der
Verformung in den Kalibern der Walzen durch elektrisch ge-
steuerte Scheren in Kühlbettlängen geschnitten.
Eine ausführliche Beschreibung der Technologie kontinuierlicher Feinstraßen - insbesondere der in dieser Arbeit untersuchten - findet sich bei: Antoni, A., Schneider, E., Über
die Wirtschaftlichkeit einer vollkontinuierlichen Feinstraße,
in: Stahl und Eisen, 80. Jg. (1960), S. 641/52.
Zur vereinfachten Darstellung des Stoffflusses vgl. in dieser
Arbeit Bild 1, Anhang II.

Vorstaffel zugeführt. Beim Durchlaufen der auf den Walzen der
Vor-, Zwischen- und Fertigstaffel eingeschnittenen Kaliberreihen
verformt sich der Walzstab zu der gewünschten Abmessung des Fer-
tigerzeugnisses.

Die gewalzte Erzeugung wird entweder zu Ringmaterial gehaspelt
oder als Stabmaterial nach dem Transport über Kühlbettanlagen in
der Adjustage in den Arbeitsgängen Schneiden, Richten und Sortieren bearbeitet. In einem weiteren Arbeitsgang können Ring- und
Stabmaterial verdrillt werden. Schließlich gelangt das gesamte Fer-
tigmaterial über Transporteinrichtungen in die Lager- und Verladestelle.

Zur Vermeidung und Behebung betriebstechnischer Störungen werden in der betriebseigenen Werkstatt Instandhaltungs- und Repara-
turarbeiten an Armaturen der Maschinenaggregate durchgeführt und
in der Walzendreherei die durch den Produktionsprozeß verschlissenen Walzen nachgedreht.

Die Energieversorgung des Feinstahlwalzwerkes mit Gas, Strom
und Wasser erfolgt durch Zuspeisung aus den Leitungsnetzen des
gemischten Eisenhüttenwerkes.

13. Originäre Betriebsstruktur

131. Grundkomponenten der Betriebsstruktur

Aus der allgemein gehaltenen Beschreibung des Produktionsvollzuges lassen sich noch keine Funktionen für die Komponenten des
Rechenmodells ableiten. Dazu bedarf es im folgenden einer weitergehenden Analyse, in der der Faktorverzehr nach seinen quantifi-
zierbaren Abhängigkeiten erforscht wird. Die vielfältigen Erscheinungsformen lassen es zweckmäßig erscheinen, die bisherige - pro-
duktionstheoretisch begründete - Einteilung der Komponenten des
Modells in Repetier- und Potentialfaktoren, Faktorpreise und Einflußgrößen um eine nach Sachkriterien geordnete Gruppierung zu
erweitern und diese auf die Kennzeichnung der zu unterscheidenden
Funktionstypen anzuwenden.

Diese Sachgebiete werden mit den Begriffen "Werkstoff-, Leistungs-
und Verarbeitungskosten"-Rechnung umschrieben.

Hierunter sind Funktionensysteme zu verstehen, aus denen sich als
Zielgrößen des Modells der Betriebsstruktur in erster Linie die
Mengen und Werte der Kostengüterarten "Einsatz-, Rest- und Aus-

fallstoffe" (Werkstoffrechnung) und "Personal-, Brennstoffkosten usw. "(Verarbeitungskostenrechnung) errechnen. Für den überwiegenden Teil der Kostengüterarten besteht keine direkte Abhängigkeit vom Erzeugnisprogramm. Ein indirekter Zusammenhang kann erst über "Zwischengrößen" hergestellt werden, die sich durch mathematische Umformungen aber in den meisten Fällen unmittelbar oder über andere Zwischengrößen auf das Erzeugnisprogramm zurückführen lassen (72). Sie sind im wesentlichen das Ergebnis der Leistungsrechnung (z. B. Betriebsmittelzeiten), werden aber auch in der Werkstoffrechnung ermittelt (z. B. Faktoreinsatz einer Produktionsstufe). Davon zu unterscheiden sind die Einflußgrößen des Kostengüterverbrauchs, die zwar wie das Erzeugnisprogramm als "Vorgabegrößen" der Betriebs- bzw. Unternehmensleitung (73) anzusehen sind, aber nicht in unmittelbarer Beziehung zu den Erzeugnissen stehen. Sie können "zusätzliche Bestandteile des Erzeugnisprogrammes selbst"(74)(z. B. die Anzahl Lose) oder aber den Produktionsablauf bestimmende "Nebenbedingungen" (75) (z. B. disponierbare Stillstandzeiten) darstellen. Weiterhin zählen zu den Einflußgrößen "Nebenbedingungen von außen"(76), die von der Betriebs- bzw. Unternehmensleitung entweder gar nicht oder aber kurzfristig nicht disponiert werden können. Hierunter fallen beispielsweise die Kalenderzeit eines Monats und die verfügbare Betriebszeit.

Darüber hinaus sind weitere Einflüsse zu nennen, die einerseits qualitative Eigenschaften der eingesetzten Faktoren und der Erzeugnisse, wie Abmessungen, Qualitäten, Herstellverfahren u. a. m. , andererseits technische Merkmale der Betriebsanlagen und des Produktionsprozesses betreffen (77). Die erste Gruppe dieser Einflüsse

---

72)   Franke beschreibt in seiner Modelluntersuchung für ein SM-Stahlwerk diesen Sachverhalt mit der Einteilung in "Primär-" bzw. "Sekundär-Kosteneinflußgrößenfunktionen", vgl. Franke, R. , Betriebsmodelle, a.a.O. , S. 49/50.

73)   Im folgenden wird aus Vereinfachungsgründen kein Unterschied zwischen den Kompetenzbereichen "Betrieb" und "Unternehmen" gemacht.

74)   Vgl. Laßmann, G. , Die Kosten- und Erlösrechnung ..., a.a. O. , S. 81.

75)   Ebenda, S. 81/82.

76)   Ebenda, S. 81.

77)   Zu den technischen Merkmalen der Betriebsanlagen gehören technisch-konstruktive Eigenschaften, sowie Leistungs- und Auslegungsdaten, zu denen des Produktionsprozesses Umdrehungszahlen, Walz- bzw. Laufgeschwindigkeiten usw., die die intensitätsmäßige Beanspruchung der Betriebsanlagen ausdrücken.

findet in einer Differenzierung der Einflußgrößen nach diesen Merkmalen Berücksichtigung, die zweite Gruppe kommt in den Koeffizienten der Funktionen zum Ausdruck.

Diese Vorgehensweise begründet die wesentliche Eigenschaft des Rechenmodells, daß seine Komponenten (78) - wie z. B. Erzeugnis- und Einsatzmengen, Kostengütermengen, Betriebsmittelzeiten, Anzahl Lose usw. - periodenbezogene Größen darstellen. Eine Ausnahme bilden lediglich die stückbezogenen Faktorpreise für die Bewertung des Kostengüterverbrauches. Die Erfassung der technischen Merkmale als spezielle Kosteneinflüsse in der angedeuteten Weise unterscheidet sich von den in der Literatur bekannten Ansätzen für Produktionsfunktionen. Dort wird das Problem, eine mathematische Beziehung zwischen den ökonomischen Variablen und den technischen Merkmalen der Produktion herzuleiten, derart behandelt, daß die technischen Merkmale zusätzlich als unabhängige Variable bzw. Zustandgrößen der Produktionsfunktion definiert werden (79). Es ist allerdings fraglich, ob ein solcher Ansatz geeignet ist, die komplizierten, für Mehrproduktbetriebe charakteristischen Abhängigkeiten zwischen dem Faktorverbrauch und seinen Einflußgrößen in einem geschlossenen und linearen Funktionensystem zu erfassen und für konkrete unternehmerische Dispositionen bzw. Handlungsalternativen rechenbar zu machen. Es müßten dann nämlich Einzelfunktionen für jede Faktor-Produkt-Beziehung unter Berücksichtigung ihrer technologischen Merkmalstruktur aufgestellt werden, wie sie z. B. in der Leistungsintensität der Produktionsanlage, der Faktorqualität usw. zum Ausdruck kommt. Hierbei ist jedoch der Einfluß solcher Größen auf den Faktorverbrauch nicht zu ermitteln, der sich aus den gegenseitigen Beziehungen der Variablen der Einzelfunktionen ergibt, wie z. B. die Eigenschaft bestimmter Faktorarten, als Verbrauchs-(Ziel)Größen und in einem anderen Funktionalzusammenhang als Einflußgrößen auftreten zu können. Darüber hinaus ist die Aggregation der Einzelfunktionen zu einem Gesamtsystem - zumal, wenn sie nicht-linear sind - nur mit großem rechnerischen Aufwand durchführbar.

---

78) Zur vollständigen Systematik aller Komponenten des Rechenmodells vgl. die schematische Übersicht auf S. 96.

79) Vgl. hierzu im einzelnen Chenery, H. B. , Engineering Production Functions, in: The Quarterly Journal of Economics, Bd. 63(1949), S. 507/31; Gutenberg, E. , Die Produktion, a. a. O. , S. 314 ff. , dort als Daten der z- und d-Situation der Produktionsfunktion vom Typ B; Heinen, E. , Begriff und Theorie der Kosten, a. a. O. , S. 220 ff. , dort als Daten der z-, u- und l-Situation; Pressmar, D. , Die Kosten-Leistungs-Funktion industrieller Produktionsanlagen, a. a. O. , S. 142 ff. , S. 297 ff.

Ein den betrieblichen Verhältnissen näher kommender Funktions-
typ verbindet sich mit dem "Prozeß"-Begriff des Linear Programm-
ing. Der Prozeß beschreibt die Beziehung zwischen dem Ertrag
(Prozeßeinheit) und der ihn bewirkenden Kombination produktiver
Faktoren, deren Proportionen für bestimmte technologische Gegebenheiten des Produktionsvollzuges und der Produktionsanlagen
starr sind. Eine Änderung der technologischen Bedingungen - z. B.
der Leistungsintensität der Produktionsanlage - kann zu neuen Fak-
torproportionen und damit zu einem neuen Prozeß führen (Prozeß-
substitution) (80). Auch hier ist kritisch anzumerken, daß Prozesse
erst nach umfangreichen empirischen Untersuchungen nachgewiesen
werden können, in denen die zwischen dem Faktorverzehr und seinen Einflußgrößen bestehenden originären Zusammenhänge analysiert werden. Hiermit ist aber zugleich die Aufgabenstellung angesprochen, die dieser Arbeit zugrunde liegt.

Für den Aufbau des Modells der Betriebsstruktur sind zunächst die
unter den Vorgabe- und Zwischengrößen bestehenden Abhängigkeiten
in den Funktionensystemen der Werkstoff- und Leistungsrechnung
zu erfassen. Aus diesen lassen sich dann die Abhängigkeiten der
Verarbeitungskosten herleiten. Damit das Modell - gemäß der Aufgabenstellung - gleichermaßen Grundlage für Kalkulations-, Pla-
nungs- und Kontrollrechnungen sein kann, müssen die Funktionen
in originärer Form, d. h. unter Berücksichtigung der ermittelten
direkten und indirekten Kostenbeziehungen, verwendet werden. Das
Modell wird daher mit dem Begriff der "Originären Betriebsstruktur" (81) bezeichnet. Das ihm zugrunde liegende Funktionensystem
wird durch die Koeffizienten gekennzeichnet, die die Abhängigkeiten
zwischen den einzelnen Größen beschreiben. Die Fragen, die im

---

80) In diesem Zusammenhang ist auf einen produktionstheoreti-
   schen Ansatz hinzuweisen, den Laßmann in früheren Untersuchungen mit einem System von "Teil-" und "Abschnittsfunk-
   tionen" beschrieb, die auf der mit dem Prozeß verwandten
   "Produktionsfunktion i. e. S. " aufbauen, vgl. Laßmann, G. ,
   Die Produktionsfunktion und ihre Bedeutung für die betriebswirtschaftliche Kostentheorie, Köln und Opladen 1958, S. 155
   ff. ; und die dort angegebene Literatur zum Linear Programm-
   ing.
81) In Anlehnung an den Begriff "Originäres System" von Wartmann, R. , Methoden der kurzfristigen Produktions- und Kostenplanung, a. a. O.
   Aus dem "Originären System" können durch Elimination sämtlicher indirekten Kostenbeziehungen abgeleitete Funktionen ermittelt werden, die mit dem Begriff 'Konzentriertes System'
   umschrieben werden; vgl. dazu die Ausführungen auf S. 124f.

Zusammenhang mit der methodischen Vorgehensweise bei der Ermittlung der Koeffizienten auftreten, werden beim Aufbau des Modells ebenfalls erörtert.

132. Werkstoffrechnung

Im Rahmen der Werkstoffrechnung werden zunächst die Beziehungen
zwischen den Werkstoffeinsatzmengen und den Erzeugnismengen untersucht. Den Gewichtsunterschied zwischen beiden Größen bilden
die Mengen der Rest- und Ausfallstoffe (82). Sie müssen bekannt
sein, um für eine vorgegebene Erzeugnismenge die erforderlichen
Einsatzmengen bestimmen zu können. Die Ermittlung von technologischen Koeffizienten im Werkstoffbereich geht daher von den Rest-
und Ausfallstoffen aus. Der Einsatzkoeffizient für ein Erzeugnis ergibt sich durch Addition der Koeffizienten seiner Rest- und Ausfallstoffe zum Erzeugnisgewicht.

Da der Produktionsprozeß des Feinstahlwalzwerkes in den "Aufheiz-
und Walzprozeß" zum Erhitzen bzw. Umformen des Knüppeleinsatzes
und den "Adjustageprozeß" zur Bearbeitung der Walzerzeugnisse
zerfällt, wird im folgenden zwischen den Werkstoffbereichen "Walzbetrieb" und "Adjustagebetrieb" unterschieden (83). Die Herleitung
der Funktionen ist wegen des hier zu verwendenden "output-input-
orientierten" (84) Funktionstyps mit einer Betrachtung "gegen den
Stofffluß" verbunden.

Die Erzeugnisse des Feinstahlwalzwerkes sind nach den Merkmalen
Profil (P), Abmessung (A) und Qualität (Q) gegliedert. Bevor sie
zum Versand gelangen, werden sie gegebenenfalls in den Richt- und
Schneideanlagen der Adjustage (85) auf Kommissionslänge geschnitten und gerichtet, nach den wesentlichen Qualitätsanforderungen entsprechenden (Ia)- und nicht entsprechenden (IIa)-Erzeugnissen (86)

---

82) Diese sind Kuppelprodukte des Produktionsprozesses.
83) Vgl. Bild 1, Anhang II.
84) Unabhängige Variablen sind die Outputgrößen "Erzeugnismen-
    gen", abhängige Variablen die Inputgrößen "Einsatzmengen"
    des Werkstoffbereiches.
85) Die in den einzelnen Arbeitsgängen der Adjustage zu bearbei-
    tenden Mengen ·sind zumeist Anteile der Walzerzeugung; zur
    ausführlichen Behandlung der hiermit verbundenen Fragen vgl.
    S. 56 f.
86) Die (IIa)-Erzeugnisse gelten als Ausfallstoffe, die z. B. auf-
    grund von Oberflächen- oder Toleranzfehlern den Kundenan-
    forderungen nicht entsprechen.

sortiert, verdrillt und schließlich zu Auftragslosen gebündelt. Hierbei fallen neben den (IIa)-Erzeugnissen Schrott und Unterlängen als verwertbare Rest- und Ausfallstoffe (Kuppelprodukte) an, deren Ursachen zwangsläufig in der - hier nicht näher erörterten - Reihenfolge- und Losgrößenplanung (87) für die in der Adjustage zu bearbeitenden Auftragsmengen und den Produktionsfehlern der eigenen Stufe, sowie der Vorstufen zu suchen sind. Der verwertbare Schrottanfall und Vorkaliberentfall (88) im Walzbetrieb läßt sich auf betriebstechnische Störungen zurückführen, die teils produktions-, teils zufallsbedingt sind (89). Dagegen ist der Abbrandverlust (90) eine Folge des Aufheizprozesses im Stoßofen.

Bei der Ermittlung der Funktionen ist zu prüfen, ob bei den Einsatzgütern - den Walzerzeugnissen und Knüppeln des Adjustage- bzw. Walzbetriebes - Substitutionsmöglichkeiten (Freiheitsgrade) bestehen. Diese Frage ist für den untersuchten Betrieb in beiden Fällen zu verneinen, weil zwischen den Einsatzgütern und den Erzeugnissen der Werkstoffbereiche jeweils eine direkte, limitationale Beziehung besteht, d. h. die Bestimmungsmerkmale Abmessung und Qualität beider Größen einander eindeutig zugeordnet sind (91).

Hiernach ergibt sich, daß der Einfluß auf die Rest- und Ausfallmengen im wesentlichen in den verschiedenen Profilen, Abmessungen und Qualitäten, sowie - was nachzuprüfen sein wird - der Losgröße der Erzeugnisse zu sehen ist. Zur Quantifizierung dieser Einflüsse

---

87)   Hier sind die im Zusammenhang mit der Verschnittminimierung auftretenden Fragen angesprochen.

88)   Bei Störungen werden die Knüppel, die sich bereits in den Vorgerüsten der Walzenstraße befinden, durch rotierende Scheren in gleichlange Blöcke - dem Vorkaliberentfall - zerlegt.

89)   Hierauf wird im Rahmen der Leistungsrechnung ausführlich eingegangen; vgl. auf S. 55 die Ursachen für die Nutzungsneben- und Unterbrechungszeiten.

90)   Die Bewertung des Abbrandverlustes erfolgt mit von der Unternehmensleitung festgesetzten Gutschriften; vgl. auch S. 51 f.

91)   Diese Feststellung gilt nicht generell für Walzwerke. In einigen Fällen können Faktorsubstitutionsmöglichkeiten darin bestehen, nach unterschiedlichen Gießarten und Blockformaten hergestellte Qualitäten von verschiedenen Stahlwerken zu beziehen. Diese verursachen beim Einsatz in den betreffenden Walzwerken andersartige Walzvorgänge, die sich auf die Betriebsleistung und die Höhe der Einsatz- und Verarbeitungskosten auswirken.

bieten sich die folgenden statistischen Analysen an. Sie unterscheiden sich lediglich in der Zahl der Einflußgrößen, die sie berücksichtigen.

1. Ausgehend von den betrieblichen Aufschreibungen über Einsatz-, Rest- und Ausfall-, sowie Erzeugnismengen werden anhand von Häufigkeitsverteilungen statistische Mittelwerte je Erzeugnisgruppe in der Untergliederung nach den Merkmalen Profil (P), Abmessungsgruppe (AG) und Qualitätsgruppe (QG) gebildet.

2. Die nach (1) gefundenen Mittelwerte jeder Erzeugnisgruppe werden präzisiert, indem der Einfluß der Einsatz- und Erzeugnisabmessungen über den Verformungsgrad (VG) regressionsanalytisch untersucht wird (92). Der Rest- und Ausfallkoeffizient r_K einer Erzeugnisgruppe errechnet sich zweckmäßigerweise nach dem Ansatz:

$$r_K = a + b_1 \cdot VG + b_2 \cdot VG^2$$

mit a, b_1, b_2 als Regressionskoeffizienten.

3. Der Einfluß der Profile (P), Abmessungen (A) und Qualitäten (Q) wird simultan ohne vorhergehende Gruppierung der Erzeugnisse bestimmt (93). Für die Profile und Qualitäten sind bei der Formulierung des Regressionsansatzes Ordnungsnummern zu wählen, da sie als qualitative Bestimmungsmerkmale metrisch nicht darstellbar sind.

$$r_K = a + b_1 \cdot VG + b_2 \cdot VG^2$$

$$+ \sum_{i=1}^{n-1} c_i \cdot Q^i \quad \text{bei n Qualitäten}$$

$$+ \sum_{j=1}^{m-1} d_j \cdot P^j \quad \text{bei m Profilen}$$

mit a, b_1, b_2, c_i, d_h als Regressionskoeffizienten.

---

92) Der Verformungsgrad beschreibt das Verhältnis zwischen Anstichfläche des Knüppels und Abgangsfläche der Fertigabmessung. Die Ausbringensverluste nehmen mit steigendem Verformungsgrad hyperbelförmig zu.
Wegen der Vielzahl der Profile, Abmessungen und Qualitäten ird man in den meisten Fällen doch nicht umhin können, von einer Gruppierung der Merkmale auszugehen.

4. Die Berücksichtigung der Walzlosgröße (WLG) als zusätzliche
Einflußgröße führt zu einer Erweiterung des unter (3) gewähl-
ten Ansatzes:

$$r_K = \ldots\ldots \text{(wie Ansatz (3))}$$
$$+ \; e \cdot f \, (WLG)$$

mit e als zusätzlichem Regressionskoeffizient.

In der vorliegenden Untersuchung wird von dem ersten und zweiten
Ansatz ausgegangen, da aufgrund der laufenden stoffwirtschaftlichen
Auswertungen des Betriebes erste Erfahrungswerte bereits vorla-
gen. Die im Adjustagebetrieb nur in kleinen Mengen (94) anfallenden
Rest- und Ausfallstoffe Unterlängen, Schrott und (IIa)-Erzeugung
können in Mittelwerten für Erzeugnisgruppen (94) erfaßt werden.
In ähnlicher Weise wird zunächst für den Walzbetrieb vorgegangen.
Die signifikanten Unterschiede zwischen den Walzerzeugnisgruppen
erscheinen allerdings wegen der ungleich größeren Rest- und Ausfallmengen an Schrott und Vorkaliberentfall zu grob, so daß in einer
weitergehenden Analyse versucht wird, den Einfluß des Verfor-
mungsgrades gemäß Ansatz (2) genauer zu bestimmen (95). Dies
führt zu einer Erzeugnisgliederung, die nach Abmessungen wesentlich detaillierter ist als die des Werkstoffbereiches Adjustage. Beim
Aufbau des Funktionensystems ist darauf zu achten, daß die Erzeug-
nismerkmale beider Werkstoffbereiche miteinander verträglich
sind. Im konkreten Fall bedeutet dies, daß die grobe Erzeugnisgrup-
pierung der Adjustage der des Walzbetriebes angepaßt werden muß.

Von der Quantifizierung des Losgrößeneinflusses auf die Rest- und
Ausfallmengen wird bewußt abgesehen. Zwar wird in einigen Untersuchungen der Einfluß der Losgröße nachgewiesen (96), jedoch erscheint der im Rahmen dieser Arbeit eingeschlagene Weg aus fol-
gendem Grund gerechtfertigt:

---

94) Die Unterscheidung nach Arbeitsgängen wird daher in den Koeffizienten vorgenommen und nicht gesondert in den Erzeugnismerkmalen angeführt. Vgl. im Gegensatz dazu die Vorgehensweise zur Bestimmung der Durchsatzmengen der einzelnen Arbeitsgänge im Rahmen der Leistungsrechnung, S. 56 f.

95) Davon ausgenommen ist die Bestimmung des Abbrandverlustes
als Restgröße in Form eines Durchschnittsfaktors.

96) Vgl. Billen, H. H., Sandhöfer, K. -H., Steinecke, V., Der
Einfluß der Walzlosgröße auf die Umwandlungskosten vollkon-
tinuierlicher Feinstahlstraßen, in: ZfB, 35. Jg. (1965), S. 75/
76; im folgenden zitiert als: Die Walzlosgröße; Kahnis, W.,
Probleme der Produktionsplanung für eine Stabstahlstraße,
Diss. Clausthal 1971, S. 31/33.

Der im wesentlichen durch den Einfahreffekt - erst im Verlauf der
Walzung steigt aufgrund abnehmender Störungen nach einem Walzenumbau oder Kaliberwechsel die Walzleistung immer mehr an - begründete Losgrößeneinfluß ist technologisch bedingt und muß als gegeben hingenommen werden. Lediglich Rationalisierungsinvestitio-
nen können korrigierend auf ihn einwirken, nicht dagegen eine variable Programmgestaltung, um die es in dieser Arbeit hauptsächlich geht. Es wird daher vorgeschlagen, durch Definition einer Mindestwalzlosgröße (97), die - wie nachzuweisen sein wird - auch aus
anderen Gründen erforderlich ist, die Einfahrverluste bei den Rest-
und Ausfallmengen global zu erfassen.

Für die in der Werkstoffrechnung auftretenden Beziehungen wird
das folgende System von Funktionen in Matrizenschreibweise (98)
formuliert. Dabei gelten folgende Begriffsdefinitionen:

---

97)   Vgl. im einzelnen die Ausführungen auf S. 142/143.

98)   Zur Beschreibung der mathematischen Zusammenhänge gilt:
1. <u>Vektoren</u> (kleine Buchstaben) und <u>Matrizen</u> (große Buchstaben) sind im Gegensatz zu Skalargrößen (große Buchstaben) unterstrichen.
2. Die Komponenten der Vektoren stellen Kombinationen der
im Text angegebenen Merkmale dar. Die Kombinationen der
Merkmale sind das Ergebnis der quantitativen Analyse zur Ermittlung der Strukturkoeffizienten.
3. Die Namen der <u>Koeffizientenmatrizen und -vektoren</u> begin-
nen mit dem Buchstaben $\underline{R}$ bzw. $\underline{r}$; <u>Preismatrizen</u> sind Diago-
nalmatrizen und beginnen mit den Buchstaben $\underline{Dp}$; <u>Preisvek-
toren</u> sind Zeilenvektoren und fangen mit dem Buchstaben $\underline{p}$
an.
4. <u>Einheitsmatrizen</u> werden mit $\underline{E}$, <u>Einheitsvektoren</u> mit $\underline{e}$ bezeichnet; <u>Bündel- bzw. Summierungsmatrizen</u> sind mit dem
Buchstaben $\underline{B}$ benannt.
5. Die Matrizen und Vektoren sind mit ihren <u>Zeilenkomponen-
ten</u> (Index links) und <u>Spaltenkomponenten</u> (Index rechts) indi-
ziert.
6. Der in Klammern gesetzte Index eines Vektors weist auf
eine spezielle Vektorkomponente hin.
7. Die mit einem * versehenen Matrizen sind beispielhaft im
Anhang II abgebildet.

50

Vektoren

$\underline{xp}$ Mengen/Periode der Erzeugnisse des Adjustagebetriebes   m. d. Merkm. Profil(P), Abm.gr.(AG), Qual.gr.(QG)

$\underline{xw}$ "   " Walzerzeug-nisse   " Walzbetriebes   " " " "

$\underline{ew}$ "   " Einsatzgüter "   "   " " " "

Matrizen

$\underline{R}^{*}_{xw/xp}$ Koeffizienten " Einsatzgüter " Adjustagebetriebes i. d. Dim.   (t/t)

$\underline{R}^{*}_{ew/xw}$ "   "   "   " Walzbetriebes " " " "

Die Einsatzgütermengen der Werkstoffbereiche Adjustage- und Walzbetrieb errechnen sich nach den Beziehungen:

$$(1.1) \qquad \underline{xw} = \underline{R}_{xw/xp} \; \underline{xp} \quad \text{bzw.}$$

$$(1.2) \qquad \underline{ew} = \underline{R}_{ew/xw} \; \underline{xw}$$

Die Bewertung der Einsatz-, Rest- und Ausfallmengen führt schließlich zu den Einsatzkosten bzw. Gutschriften. Als Differenz beider Größen ergeben sich die Werkstoffkosten (99). Zur Bewertung der Knüppeleinsatzmengen, die als sekundäre Kostengüter von der vorgelagerten Produktionsstufe bezogen werden, werden zwischenbetriebliche Verrechnungspreise angesetzt. "Ihre materielle Abgrenzung - etwa im Hinblick auf Teil- oder Vollkosten, Tages- oder Istwerte - wird in erster Linie vom Zweck der jeweils durchzuführenden Rechnung bestimmt" (100). Die Rest- und Ausfallstoffe werden mit marktorientierten Preisen bewertet, da sie wegen ihrer Eigenschaft als Kuppelprodukte nicht gesondert kalkuliert werden können. Bei Verkauf der Rest- und Ausfallstoffe, z. B. (IIa)-Erzeugnisse,

---

99)   Vgl. Allgemeine Kostenrechnungsrichtlinien Eisen- und Stahlindustrie, Düsseldorf 1960, S. 12.

100) Vgl. Laßmann, G., Die Kosten- und Erlösrechnung ..., a. a. O., S. 116.
Vgl. auch die ausführlichen Stellungnahmen in: Arbeitskreis Diercks der Schmalenbach-Gesellschaft. Der Verrechnungspreis in der Plankostenrechnung, in: ZfbF 1964, S. 627 ff.; Kilger, W., Flexible Plankostenrechnung, 3. Auflage, Köln und Opladen 1967, S. 167 ff., S. 185 ff.

Unterlängen, Vorkaliberentfall, sind diese aus dem Verkaufserlös abzuleiten. "Vom Umsatzerlös sind die Vertriebskosten (Provisionen, anteilige Kosten eigener Verkaufsabteilungen, Verkaufsfrachten) und gegebenenfalls die Kosten der Umwandlung zu verkaufsfähigen Erzeugnissen abzusetzen" (101). Sofern die Rest- und Ausfallstoffe wieder eingesetzt werden (z. B. Schrott in Schmelzbetrieben), werden sie an den Entfallstellen aus den Einsatzpreisen für substituierbare fremdbezogene Kostengüter abzüglich der Aufbereitungskosten - z. B. Schrottzerkleinerung - abgeleitet (101).

Die Ermittlung der Einsatzkosten, Gutschriften und Werkstoffkosten wird innerhalb des Funktionensystems zunächst ohne Unterscheidung der beiden Werkstoffbereiche für den Gesamtbetrieb vorgenommen (102). Die als Ergebnis der Koeffizientenermittlung technologisch bedingten Unterscheidungsmerkmale der Einsatzmengen nach Profil und Abmessungsgruppe können bei der Bewertung vernachlässigt werden, da Preisunterschiede im vorliegenden Fall lediglich durch die Qualität gegeben sind. Deshalb werden die Einsatzmengen über die überflüssigen Merkmale gebündelt bzw. summiert.

Die Knüppeleinsatz-, Rest- und Ausfallmengen, Einsatzkosten, Gutschriften und Werkstoffkosten des Feinstahlwalzwerkes ergeben sich nachstehend aus:

$$(1.3) \qquad \underline{e} = \underline{B}_{e/ew}\ \underline{ew}$$

$$(1.4) \qquad \underline{k} = \underline{R}_{k/xp}\ \underline{xp} + \underline{R}_{k/xw}\ \underline{xw}$$

$$(1.5) \qquad \underline{ke} = \underline{Dpe}\ \underline{e}$$

$$(1.6) \qquad \underline{tk} = \underline{Dpk}\ \underline{k}$$

$$(1.7) \qquad Kek = \underbrace{\underline{pe'e}}_{Ke} + \underbrace{\underline{pk'k}}_{Tk}$$

101) Vgl. Betriebswirtschaftliches Institut der Eisenhüttenindustrie, Handbuch der Richtkosten- und Planungsrechnung, Teil B des gleichnamigen Arbeitskreises der Wirtschaftsvereinigung Eisen- und Stahlindustrie und des Vereins Deutscher Eisenhüttenleute, Düsseldorf 1971, S. 78.
102) Vgl. darüber hinaus die Ausführungen auf S.117 f.

Vektoren

Symbol	Bezeichnung		Objekt		Betrieb	Zusatz	Einheit
$\underline{pe}$	Preise	der	Einsatzgüter (Knüppel)	des	Feinstahlwalzwerkes	i. d. Dim.	(DM/t)
$\underline{pk}$	Preise [103]	"	Rest-u.Ausfallstoffe	"	"	" " "	"
$\underline{e}$	Mengen / Periode	"	Einsatzgüter	"	"	m. d. Merkm.Qual.gr.(QG)	
$\underline{k}$	" "	"	Rest-u.Ausfallstoffe	"	"		
$\underline{ke}$	Kosten "	"	Einsatzgüter	"	"	" " "	" "
$\underline{tk}$	Gut- schriften "	"	Rest-u.Ausfallstoffe	"	"		
Ke	Gesamt- kosten "	"	Einsatzgüter	"	"		
Tk	Gesamt- gutschriften "	"	Rest-u.Ausfallstoffe	"	"		
Kek	Gesamt- werkstoff- kosten "			"	"		

Matrizen

Symbol	Bezeichnung		Objekt		Betrieb	Zusatz	Einheit
$\underline{B}_{e/ew}$	Bündelmatrix	"	Einsatzgüter (Knüppel)	"	Walzbetriebes	m. d. Summ. über Profil (P), Abm.gruppe (AG)	
$\underline{R}^{*}_{k/xp}$	Koeffizienten	"	Rest-u.Aus.fallstoffe	"	Adjustagebetriebes	" " Dim.	(t/t)
$\underline{R}^{*}_{k/xw}$	"	"	"	"	Walzbetriebes	" " "	"

---

103) Die Preise der Rest- und Ausfallstoffe werden aus rechnerischen Gründen als negative Größen angegeben, da sie zu Gutschriften ("negative Kosten") führen sollen.

133. Leistungsrechnung

Einleitend wurde darauf hingewiesen, daß für eine Vielzahl der Kostengüterarten keine direkte Abhängigkeit von den Erzeugnissen besteht. Als zusätzliche Einflußgrößen treten andere periodenbezogene "Vorgabegrößen" und "Zwischengrößen" auf, die sich jedoch - wie noch gezeigt wird - in den meisten Fällen auf die Erzeugnisse zurückführen lassen. Der überwiegende Teil dieser Größen kann mit dem Sammelbegriff "Zeiten" bezeichnet werden. Ihre Ermittlung als abhängige Größen innerhalb eines Systems von Leistungs-(104) bzw. Zeitfunktionen ist Gegenstand der Leistungsrechnung.

Die Zeiten können eingeteilt werden in Betriebsmittelzeiten, die die kapazitative Nutzung der Betriebsmittel direkt zum Zwecke der Leistungserstellung und indirekt durch Umrüsten auf andere Betriebsmittel und Beseitigung von Betriebsunterbrechungen wiedergeben (benötigte Betriebszeit) und solche Zeiten, die die mögliche "Kapazitäts-" (105) Inanspruchnahme der Betriebsmittel einschränken (verfügbare Betriebszeit). Nachstehend werden zunächst die Betriebsmittelzeiten im Hinblick auf ihre Unterteilung in Zeitarten und ihre Darstellung in einer für alle Bearbeitungsstufen (106) typischen Zeitbilanz untersucht. Daran schließt sich für jede Bearbeitungsstufe die Ermittlung ihrer Abhängigkeiten an. Die Unterteilung des Produktionsprozesses über die bisherige Einteilung in Werkstoffbereiche hinaus in Bearbeitungsstufen ergibt sich aus den unterschiedlichen Funktionen der Anlagen, der Maßeinheit ihrer Kapazitätsbeanspruchung und aus dem Erfordernis der Verantwortungsabgrenzung für den Leistungsvollzug.

---

104) Hiermit ist der betriebswirtschaftliche Leistungsbegriff gemeint, der das Verhältnis der hergestellten Erzeugnis- bzw. Leistungseinheiten je Zeiteinheit wiedergibt.

105) Der Kapazitätsbegriff wird in der betriebswirtschaftlichen und technischen Literatur unterschiedlich definiert. Im folgenden wird in Anlehnung an Kern der Begriff der "temporalen Kapazität" zugrunde gelegt. Dieser bezeichnet die mögliche Belegungsdauer (Nutzungsdauer) eines Betriebsmittels im Periodenabschnitt (zeitraumabhängige Periodenabschnittskapazität); vgl. Kern, W., Die Messung industrieller Fertigungskapazitäten und ihrer Ausnutzung, Köln und Opladen 1962, S. 83. Zur vollständigen Systematik des Kapazitätsbegriffes vgl. auch Riebel, P., Die Elastizität des Betriebes. Eine produktions- und marktwirtschaftliche Untersuchung, Köln und Opladen 1954, S. 9 ff.

106) Die Begriffe 'Bearbeitungsstufe', 'Kostenstelle' und 'Kostenplatz' werden in diesem Zusammenhang synonym verwendet.

1331. Zeitbilanz der benötigten Betriebszeit

Die benötigte Betriebszeit setzt sich aus der Nutzungshauptzeit, der
Unterbrechungszeit und der Nutzungsnebenzeit zusammen. Inhalt
und Ursachen der einzelnen Zeitarten können sein (107):

Nutzungshauptzeit   - reine Walzzeit einschließlich
                                   Stabfolgezeiten

                                   - Zeiten der Adjustage-Arbeitsgänge
                                   einschließlich Stabfolgezeiten der über
                                   Rollgänge miteinander verbundenen
                                   Arbeitsgänge

                                   - Drehzeiten

Unterbrechungszeit   - Organisatorische Störungen (Beleg-
                                   schaft, Transportmittel usw.)

                                   - Reparaturen an mechanischen, elek-
                                   trischen und meßtechnischen Teilen

                                   - Energiestörungen

Nutzungsnebenzeit (108)

    Einbauzeit   - Einbau des Walzenbesatzes einer
                                   Kaliberfolge bei Sortenwechsel
                                   einschließlich der Zeiten für
                                   Probewalzen und Probieren

    Umbauzeit   - Walzen- und Gerüstwechsel infolge von
                                   Verschleiß einschließlich der Zeiten
                                   für Probewalzen und Probieren

    Umstellzeit   - Wechsel von Kalibern und Bahnen
                                   infolge von Dimensionswechsel ein-
                                   schließlich der Verlustzeiten für
                                   das Einfahren

---

107) Vgl. hierzu auch Betriebswirtschaftliches Institut Eisen- und
      Stahlindustrie, Handbuch der Richtkosten- und Planungsrech-
      nung, Teil B, a.a.O., S. 26 f.
108) Die Verursachung der Nutzungsnebenzeiten hängt eng mit den
      Schnitt- und Kaliberaufteilungsplänen der Walzen zusammen;
      vgl. das Beispiel eines Kaliberstammbaumes in Bild 2, An-
      hang II.

Die Zeitarten ergeben zusammen das folgende Zeitbilanzschema für
die benötigte Betriebszeit:

benötigte Betriebszeit		
Nutzungs- hauptzeit	Unterbre- chungszeit	Nutzungs- nebenzeit

1332. Leistungsfunktionen zur Ermittlung der benötigten Betriebszeit

Die Reihenfolge, in der die Funktionen hergeleitet werden, entspricht
wie in der Beschreibung der Werkstoffrechnung einer Betrachtung
"gegen den Stofffluß". Sie ermöglicht eine übersichtliche Darstellung des Gesamtaufbaus der Betriebsstruktur.

13321. Leistungsfunktionen des Adjustagebetriebes

Der Adjustageprozeß wird durch eine diskontinuierliche Arbeitsweise gekennzeichnet, die in einer teils parallelen, teils aufeinan-
derfolgenden Anordnung der einzelnen Betriebsanlagen für bestimmte Arbeitsgänge (Arbeitsverrichtungen) - wie Schneid-, Richt-, Ver-
drill- und Transportanlagen, Sortier-, Bündel- und Abnahmeplätze -
zum Ausdruck kommt (109). Der Arbeitsablauf, d. h. die Inanspruchnahme der einzelnen Arbeitsgänge, wird im wesentlichen von folgenden Einflüssen bestimmt: die Programmzusammensetzung der
Erzeugnisse hinsichtlich Abmessungen, Qualitäten und Losmengen,
spezielle Kundenanforderungen in bezug auf Schneiden, Richten,
Verpacken usw. , technisch-konstruktive Merkmale der Betriebsanlagen (z. B. unterschiedliche Schnittgeschwindigkeiten von Schneid-
anlagen), qualitative Eigenschaften der Walzerzeugnisse (z. B. Ober-
flächen-, Toleranzfehler) usw. (110). Je nachdem, wie die Ein-

---

109) Vgl. die Abbildung des Stoffflusses, Bild 1, Anhang II.
110) Die Vielseitigkeit des Walzprogramms bedingt eine unterschiedliche Bearbeitung der Walzlose. Die Inanspruchnahme
des Arbeitsganges 'Richten' wird beispielsweise wesentlich
von der Stärke der Abmessungen beeinflußt. So ist der Umfang
des von einem Erzeugnis zu richtenden Materials in den größeren Abmessungsbereichen im Durchschnitt wesentlich geringer als in den kleineren Bereichen. Von dieser Unterscheidung hängt weiterhin die Beanspruchung der Scherenanlagen

flüsse im Ist aufeinandertreffen, kann sich der Arbeitsablauf und
demzufolge die kapazitative Beanspruchung der Anlagen von Fall zu
Fall unterscheiden. Wollte man jeden Auftrag hinsichtlich seines
speziellen Arbeitsablaufes erfassen, würde dies zu einer Erzeug-
nisuntergliederung nach Einzelabmessungen, Einzelqualitäten und
Arbeitsgängen führen, die - gemessen an der Vielzahl der Kombinationsmöglichkeiten - an die Grenzen der Rechenbarkeit des Modells stößt.

Den Leistungsbetrachtungen in der Adjustage müssen daher eingehende Materialflußuntersuchungen durch Analyse der Ist-Arbeits-
abläufe mit dem Ziel vorausgehen, "typische Arbeitsgangfolgen"
(111) der einzelnen Erzeugnisse zu erkennen und unter Zuhilfenahme statistischer Methoden die mengenmäßigen Anteile zu bestimmen, die normalerweise in den Arbeitsgängen je Erzeugnis bearbeitet werden. Die Ermittlung der Koeffizienten ergibt für den untersuchten Betrieb eine Unterscheidung der Mengenanteile nach Erzeugnisbündeln mit den Merkmalen Profil und Abmessungsgruppe
je Arbeitsgang (112). In den Anteilen kommt weiterhin eine Diffe-

---

ab, d. h. die Entscheidung darüber, ob die Walzlose alternativ
in einem kontinuierlichen Arbeitsgang geschnitten und gerichtet oder auf einer anderen Anlage nur geschnitten werden sollen. Die Zahl der Toleranzfehler bei den Abmessungen ist
schließlich von Einfluß darauf, in welcher Häufigkeit Verrich-
tungen zum Aussortieren der Erzeugnismengen nach Ia- und
IIa-Erzeugnissen durchzuführen sind. Zu der Vielzahl der in
einem Adjustagebetrieb auf den Arbeitsablauf wirkenden Einflüsse vgl. auch Wenk, H. -K. , Der Zurichtereibetrieb als ein
Schwerpunkt betriebswirtschaftlicher Arbeit, in: Stahl und Eisen, 87. Jg. (1967), S. 665.

111) Vgl. die systematische Darstellung von Bleilebens, H. , Georg-
anos, K. , Prüß, D. , Klos, W. M. , Wenk, H. -K. , Weber, A. ,
Materialflußuntersuchungen in Walzwerkzurichtereien, I.
Grundlagen und Methodik, in: Stahl und Eisen, 91. Jg. (1971,
S. 318/25; dieselben, II. Anwendung der Methode am Beispiel
einer Halbzeugzurichterei, a. a. O. , S. 388/05;
vgl. auch Schreiner, A. , Ambs, W. , Hesse, D. , Zelle, K. G. ,
Zur Anwendung von Simulationsverfahren im Eisenhüttenwesen, in: Stahl und Eisen, 88. Jg. (1968), S. 1234/41 und S.
1309/15.

112) Die Festlegung von Normalanteilen schränkt in den Fällen die
Aussagefähigkeit von Planungsrechnungen ein, in denen der
einzelne Arbeitsgang zum Aktionsparameter der Planung wird.
Dies ist beispielsweise dann der Fall, wenn auf spezielle Arbeitsgänge lautende Kundenwünsche hinsichtlich der Kosten-

renzierung nach einmaligem und wiederholtem Einsatz (Durchsatz)
der Arbeitsgangmengen zum Ausdruck.

Die so ermittelten Bearbeitungsmengen stellen die Einflußgröße für
die Zeiten je Arbeitsgang dar. Hierfür sind Leistungskoeffizienten
zu bestimmen, die den Zeitaufwand je Mengeneinheit wiedergeben.
Dabei kommen die statistischen Methoden zur Anwendung, die bereits im Zusammenhang mit der Ermittlung der Rest- und Ausfall-
koeffizienten aufgezeigt wurden (113). So werden - ausgehend von
den betrieblichen Aufschreibungen über Zeiten und Mengen je Arbeitsgang - zunächst statistische Mittelwerte in der Untergliederung
nach den Merkmalen Profil und Abmessungsgruppe je Arbeitsgang
gebildet. Hier ist zu beachten, daß die Arbeitsgangzeiten wegen der
sich in Abhängigkeit von der Erzeugniszusammensetzung ändernden
Arbeitsplatzbesetzungen in Lohnstunden der beteiligten Arbeitskräfte
gemessen wird. Unterschiedliche Intensitätsgrade bzw. Arbeitsge-
schwindigkeiten drücken sich daher in den erzeugnisbezogenen Leistungskoeffizienten aus. Nachteilig ist allerdings, daß die Aufschreibungen zum Zeitpunkt der statistischen Auswertung eine Trennung
zwischen Nutzungshaupt-, Unterbrechungs- und Nutzungsnebenzeiten nicht ermöglichten. Die Koeffizienten konnten nur summarisch
für die Betriebszeit bestimmt werden. Die damit verbundene Unge-
nauigkeit hält sich jedoch in engen Grenzen, da laut Betriebserfah-
rung der Anteil der Nutzungsneben- und Unterbrechungszeit an der
Betriebszeit gering ist. Die durchschnittlichen Leistungswerte werden hiernach mit den Vorgabezeiten (114) der Zeitwirtschaft verglichen und gegebenenfalls zum Zwecke einer weitergehenden Differenzierung nach zusätzlichen Einflüssen (115) untersucht. Als solche kommen das Metergewicht (MG) und die Stablänge (SL) in Betracht, die insbesondere die Scheren- und die Richtmaschinenlei-

---

auswirkungen ihrer Auftragsmengen untersucht werden sollen.
Derartige Fragestellungen können mit dem hier zu entwickelnden Rechenmodell aber auch beantwortet werden. Darauf wird
an anderer Stelle noch eingegangen (vgl. S. 152/153).

113) Vgl. S. 48/49.
114) Es handelt sich hierbei um (REFA-)Zeitaufnahmen (-messun-
gen), von denen bisher in Ermangelung statistischer Auswertungen ausgegangen wurde.
115) Vgl. in diesem Zusammenhang auch die ausführliche empirische Untersuchung von Hendricks, C., Einfluß relevanter Leistungskomponenten auf die Verarbeitungskosten einer Fein-
straßenadjustage unter besonderer Berücksichtigung der Losgröße, Diss. Aachen 1970, S. 79 ff. und S. 87 ff.

stung beeinflussen (116). Der Einfluß der Losgröße, der für einzelne Abmessungsgruppen untersucht wird, kann dagegen nicht nachgewiesen werden.

Die auf diese Weise gewonnene Differenzierung der Leistungskoeffizienten ergibt eine Untergliederung der Arbeitsgangzeiten nach Merkmalen, die im Abmessungsbereich feiner als die der zugehörigen Einflußgröße - der Arbeitsgangmengen - ist. Beim Aufbau des Funktionensystems ist auch hier (117) auf die Verträglichkeit der Bestimmungsmerkmale der Einflußgrößen und der von ihnen abhängigen Größen zu achten, da letztere andernfalls aufgrund der fehlenden Verknüpfung zu den Einflußgrößen nicht in eindeutiger Weise berechnet werden können. Im vorliegenden Fall wird die über die Ermittlung der Mengenanteile gefundene grobere Merkmalsuntergliederung der Arbeitsgangmengen derjenigen angepaßt, die als Ergebnis der Leistungsuntersuchung die Differenzierung der Zeiten mit der Bezeichnung Profil (P) und Abmessungsgruppe je Arbeitsgang (AG_{ABG}) bestimmt.

Für die Leistungsbeziehungen des Adjustagebetriebes wird hiernach das folgende System von Funktionen aufgestellt (118):

<u>Vektoren</u>

<u>xag</u>	Mengen / Periode der			Erzeugnis- bündel	des Adjustagebetriebes		m. d. Merkm.			Profil(P), Abm.gr.(AG)	
<u>eag</u>	"	"	"	Arbeits- gänge(ein- maliger Einsatz)	"	"	"	"	"	Profil(P), Abm.gr.(AG) "Arb.gang"(ABG)	
<u>dag</u>	"	"	"	Arbeits- gänge (Durchsatz)	"	"	"	"	"	"	
<u>zag</u>	ben.Be- triebs- zeiten	"	"	Arbeits- gänge	"	"	"	"	"	"	
<u>Y</u>(zagb)	"	"	"	"	"	"					

---

116) Der Mittelwert eines je Profil und Abmessungsgruppe gegebenen Leistungskoeffizienten r_l kann z. B. durch das Metergewicht (MG) bei Annahme sinkender Werte für steigendes Metergewicht nach folgender Formel präzisiert werden:
$r_l = a + b_1\ f\,(MG)$ mit a, b_1 als Regressionskoeffizienten.

117) Ein ähnliches Problem tritt - wie bereits erwähnt - im Rahmen der Werkstoffrechnung auf; vgl. S. 49.

118) Dabei gelten die gleichen formalen Gesichtspunkte, die auf S. 50, Fußnote 98 angegeben sind.

Matrizen

$\underline{B}_{xag/xp}$ Bündelmatrix   der Erzeugnisse des Feinstahlwalzwerkes   m. d. Summ. ü. Qual.gr.(QG)

$\underline{R}_{eag/xag}$ Koeffizienten   " Arbeitsgang- " Adjustagebetriebes   i. d. Dim.   (t/t)
             mengen(ein-
             maliger Ein-
             satz)

$\underline{R}_{dag/eag}$ "   " Arbeitsgang- "   "   " " "   "
             mengen
             (Durchsatz)

$\underline{R}^{*}_{zag/dag}$ "   " Arbeitsgang- "   "   " " "   (Lh/t)
             zeiten

$\underline{B}_{y/zag}$ Bündelmatrix   " Arbeitsgang- "   "   m. d. Summ. ü. Profil(P),
             zeiten   Abm.gr.(AG)
                                            "Arb.gang"
                                            (ABG)

Die Qualitätsunterschiede der Erzeugnisse haben nach den Ergebnissen der statistischen Auswertung keinen Einfluß auf die Anteile der Erzeugnismengen, die in den Arbeitsgängen bearbeitet werden. Die Erzeugnismengen können daher durch Summierung über das Qualitätsmerkmal (QG) zu Erzeugnisbündeln zusammengefaßt werden:

$$(2.1) \qquad \underline{xag} = \underline{B}_{xag/xp}\ \underline{xp}$$

Aus ihnen errechnen sich die Arbeitsgangmengen in der Unterscheidung nach einmaligem und wiederholtem Einsatz (Durchsatz):

$$(2.2) \qquad \underline{eag} = \underline{R}_{eag/xag}\ \underline{xag}$$

$$(2.3) \qquad \underline{dag} = \underline{R}_{dag/eag}\ \underline{eag}$$

Die Betriebszeiten der einzelnen Arbeitsgänge ergeben sich - unterschieden nach Leistungsmerkmalen und summarisch - aus (119):

---

119) Dem Vektor $\underline{y}$ kommt im Zusammenhang mit der Verarbeitungskostenrechnung die Bedeutung des für sämtliche Bearbeitungsstufen bzw. Kostenstellen gültigen Kosteneinflußgrößenvektors zu. Seine Komponenten ergeben sich aus der Bündelung bzw. Summierung der in der Werkstoff- und Leistungsrechnung im einzelnen abgeleiteten Größen; vgl. dazu auch S. 91, Fußnote 183.

$$(2.4) \qquad \underline{zag} = \underline{R}_{zag/dag}\ \underline{dag} \qquad bzw.$$

$$\underline{y}_{(zagb)} = \underline{B}_{y_{(zagb)}/zag}\ \underline{zag}$$

13322. Leistungsfunktionen des Walzbetriebes

Die Leistungsbetrachtungen im Walzbetrieb stehen unter dem besonderen Aspekt des Einflusses der Walzlosgröße. Der Begriff "Walzlosgröße" grenzt sich von dem in der Betriebswirtschaftslehre gebräuchlichen Begriff "Losgröße" insofern ab, als er Gesichtspunkte der Lagerhaltung der Walzerzeugnisse ausschließt (120) und allein von den technischen Gegebenheiten der Kaliberaufteilung der Walzen und des Walzprozesses geprägt ist. Hiervon ausgehend können folgende Losbegriffe unterschieden werden:

Das Gruppenlos umfaßt die Erzeugnismengen aller Fertigabmessungen, die mit einem Walzenbesatz hintereinander ohne Umbau in der Vor-, Zwischen- und Fertigstaffel gewalzt werden können (Kaliberfolge (121)). Dagegen wird die Erzeugnismenge einer einzelnen Fertigabmessung mit Dimensions-Los (122) bezeichnet (Kaliberreihe). Innerhalb des Dimensionsloses ist nach den einzelnen Qualitäten zu unterscheiden (Posten-Los (122)).

Neben der Walzlosgröße sind weitere leistungsbeeinflussende Größen und Merkmale von Bedeutung. Dies wird bei der Herleitung der Funktionen für die einzelnen Zeitarten gezeigt.

---

120) Auf Fragen der Fertiglagerhaltung wird an anderer Stelle noch ausführlich eingegangen, vgl. S. 155 f.

121) Vgl. Kassnitz, H., Senkung der Walzenrate und Verbesserung des Last- und Zeitgrades von Profilwalzwerken, in: Stahl und Eisen, 86 Jg. (1966), S. 962.
Die Kaliberfolge entspricht dem in dieser Arbeit zugrunde gelegten Begriff Erzeugnis-"Sorte", wonach alle Erzeugnisse zu einer Sorte gehören, die der gleichen Art sind und wesentliche Teile des Walzprozesses in gleicher Weise ohne längere Produktionsunterbrechungen durchlaufen.
Vgl. auch Graef, R., Die simultane Bestimmung der Sortenfolgen und der Losgrößen, in: Archiv für das Eisenhüttenwesen, 38. Jg. (1968), S. 768/77.

122) Vgl. Billen, H.-H., Sandhöfer, K.-H., Steinecke, V., Die Walzlosgröße, a.a.O., S. 60.

Die Walzzeiten einer Periode sind von den Einsatzgütermengen abhängig, die für ein bestimmtes, nach Profil, Abmessung und Qualität gegliedertes Erzeugnisprogramm dieser Periode erforderlich sind. Die Einsatzgütermengen bestimmen sich nach den Beziehungen der Werkstoffrechnung (123). Der spezifische Zeitaufwand je Mengeneinheit wird neben den Erzeugnismerkmalen des Einsatzes in erster Linie von den prozeßbedingten Merkmalen "Walzgeschwindigkeit" und "Stabfolgezeit" (124) beeinflußt. Diese Größen sind aus walztechnischen Gründen für jede Einzelabmessung und -qualität gegeben und bleiben für die Dauer der Walzung eines Loses unverändert (125). Eine Variationsmöglichkeit dieser Größen zum Zwekke der intensitätsmäßigen Anpassung (126) ist daher nicht gegeben.

Die Ermittlung der Leistungskoeffizienten beschränkt sich zunächst auf die Bildung von Durchschnittswerten für Erzeugnisgruppen anhand der Aufschreibungen über Walzzeiten und Einsatzmengen. Diese werden daraufhin auf zusätzliche Einflüsse, insbesondere auf das Metergewicht (MG) (127), regressionsanalytisch überprüft und gegebenenfalls nach detaillierteren Erzeugnismerkmalen untergliedert. Hiernach ergibt sich eine Unterscheidung der Leistungskoeffizienten nach den Merkmalen Profil (P) und Abmessungsgruppe (AG_{WL}).

---

123) Vgl. S. 51.

124) Darunter versteht man die Zeit, die zwischen den Anstichen zweier Knüppel im ersten Gerüst der Vorstaffel verstreicht. In diesem Zusammenhang sei auf das für Walzbetriebe mit kontinuierlicher Arbeitsweise typische Engpaßproblem zwischen der Stoßofenanlage, der Walzenstraße und der Kühlbettanlage hingewiesen. Es reicht i. a. für die Messung der Kapazitätsbeanspruchung der Produktionslinie aus, Leistungskoeffizienten für das Engpaßaggregat - wie im vorliegenden Fall für die Walzenstraße - aufzustellen. In den Fällen wechselnder Engpässe sind jedoch die Leistungsverhältnisse für jede Bearbeitungsstufe getrennt zu erfassen.

125) Ausgenommen sind hier die Korrekturen der Walzgeschwindigkeiten und Stabfolgezeiten, die zur Vermeidung von "Schlingenbildungen" des Walzstranges zwischen den Gerüsten und insgesamt für einen störungsfreien Walzablauf notwendig werden.

126) Vgl. hierzu Gutenberg, E., Die Produktion, a. a. O., S. 343 ff.

127) Vgl. Bücken, H., Steinecke, V., Leistungsbetrachtungen an kontinuierlichen Walzenstraßen, in: Stahl und Eisen, 80. Jg. (1960), S. 1264.
Vgl. auch Fußnote 116), S. 59 in dieser Arbeit.

Der Einfluß der Losgröße auf die Walzleistung ist Gegenstand mehrerer Untersuchungen (128).

Dieser zeigt sich als Folge des Einfahreffektes in Verlustzeiten nach einem Walzenumbau und Dimensionswechsel. Darauf wird im Rahmen dieser Arbeit aus den an anderer Stelle genannten Gründen jedoch nicht näher eingegangen (129). Dies bedeutet nicht, daß auf die Erfassung solcher Verlustzeiten verzichtet wird. Sie werden vielmehr entsprechend der hier zugrunde liegenden Zeitartengliederung bei den Nutzungsnebenzeiten ausgewiesen.

Die Unterbrechungszeiten des Walzprozesses lassen sich schwerlich in Abhängigkeit von betrieblichen Einflußgrößen darstellen, weil ihre Ursachen teilweise außerhalb der Betriebssphäre liegen, teilweise rein zufallsbedingt sind (130). Ihr Anteil an der Betriebszeit ist jedoch so gering, daß es ausreicht, sie als statistisch ermittelte Prozentsätze der Betriebszeit oder - wie in diesem Fall - der Walzzeit anzugeben (131).

Die Nutzungsnebenzeiten in der Walzenstraße gliedern sich laut Zeitartengliederung in Einbau-, Umbau- und Umstellzeiten (132).

---

128) Vgl. Billen, H. -H. , Sandhöfer, K. -H. , Steinecke, V. , Die Walzlosgröße, a. a. O. , S. 63 ff. ; Hilgenstock, G. , Die Bedeutung von Losgröße und Walzprogramm für die Kostengestaltung einer Fertigstraße, Diss. Clausthal 1963, S. 50 f. ; Kahnis, W. , Probleme der Produktionsplanung für eine Stabstahlstraße, a. a. O. , S. 21/30; dort aufgrund einer anderen Zeitartengliederung im Zusammenhang mit der Bestimmung der Unterbrechungszeit; Siepert, H. -M. , Der Einfluß der Losgröße auf die Produktionsplanung in Walzwerken, Diss. Köln 1958, S. 67 f.

129) Vgl. S. 49/50.

130) Vgl. S. 55.

131) Vgl. hierzu auch Bücken, H. , Steinecke, V. , Leistungsbetrachtungen an kontinuierlichen Walzenstraßen, a. a. O. , S. 1263/64.
Vgl. auch den in Fußnote 128) angegebenen Hinweis auf Kahnis, W. , Probleme der Produktionsplanung für eine Stabstahlstraße, a. a. O.

132) Vgl. S. 55/56. Die dort angegebene Untergliederung geht zurück auf Vorschläge von Steinecke, V. , Zur optimalen Programmplanung konkurrierender Walzwerke zweiter Hitze unter besonderer Berücksichtigung von Walzstahl-Verkaufskontoren, Diss. Leoben 1968, S. 64/68; im folgenden zitiert als: Optimale Programmplanung ...; und die dort angegebene Literatur.

Mit dieser Einteilung soll die Unterscheidung in "reihen- bzw. sortenfolgenbedingte" und "verschleißbedingte" Zeiten formal zum Ausdruck kommen.

Die Einbau- bzw. Sortenwechselzeiten fallen beim einmaligen Aufbau des Walzenbesatzes für eine Kaliberfolge innerhalb eines Walzturnus an. Ihre Höhe hängt von der Reihen- bzw. Sortenfolge (133) ab, in der die übrigen Kaliberfolgen des Erzeugnisprogrammes gewalzt werden. Eine eindeutige Zuordnung der Einbauzeiten zu einzelnen Kaliberfolgen ist aus diesem Grunde nicht möglich. Der Einfluß der Reihenfolge auf Leistung und Kosten von Betrieben mit Sortenfertigung wird von zahlreichen theoretischen und empirischen Untersuchungen im Zusammenhang mit Fragen der simultanen Ablauf- und Programmplanung aufgegriffen (134). Wenn auch auf Fragen, die sich aus dem Reihenfolgenproblem ergeben, im Rahmen dieser Arbeit nicht direkt eingegangen wird, soll doch bei der Er-

---

133) Entsprechend dem auf S. 61, Fußnote 121) definierten Sortenbegriff.

134) Neben den modelltheoretischen Arbeiten von Adam, D. , Produktionsplanung bei Sortenfertigung, Wiesbaden 1969, S. 94 f. , S. 117 f. , S. 129 f. ; Graef, R. , Die simultane Bestimmung der Sortenfolgen und Losgrößen, in: Archiv für das Eisenhüttenwesen, 38. Jg. (1968), S. 768/77; Hilgenstock, G. , Probleme der Sortenfolgeplanung an einer Profileisenstraße, Diplomarbeit Köln, WS 1965/66; ist die empirische Untersuchung von Kahnis, W. , Probleme der Produktionsplanung für eine Stabstahlstraße, a. a. O. , hervorzuheben.
Kahnis kommt im Falle der auftragsorientierten, einstufigen Stabstahlstraße zu dem Schluß, daß die Reihenfolge nicht als Aktionsparameter der Produktionsplanung anzusehen ist, weil
1. sich "die Produktionsweise, die Abmessungen einer Sorte entsprechend ihrem höchsten Verwandtschaftsgrad hintereinander zu walzen, zur Minimierung der Produktionskosten unter der Voraussetzung als optimal" erweist, "daß die Wechselkosten der Wechselzeit proportional sind". (S. 53)
2. "die Aufeinanderfolge der Sorten im Hinblick auf eine Minimierung der Produktionskosten beliebig" ist, da die Wechselzeiten zwischen den Sorten "für alle möglichen Wechsel gleich" sind. (S. 54)
Der erstgenannten Begründung ist u. E. auch aus eigener Erfahrung zuzustimmen, wohingegen die unter 2. angeführte Aussage sicherlich auf die von Kahnis untersuchten Betriebsverhältnisse und die dortige Auslegung des "Sortenwechselbegriffes" einzuschränken ist; vgl. hierzu auch Fußnote 136), S. 65.

mittlung der Koeffizienten für die Einbauzeiten der Einfluß der Reihenfolge zumindest indirekt durch Bezugnahme auf einen in der Literatur geäußerten Vorschlag berücksichtigt werden.

Hiernach wird die Einbauzeit für eine Kaliberfolge in eine Abbauzeit für die vorhergehende und eine Aufbauzeit für die nachfolgende Kaliberfolge getrennt (135). Diese Zeiten werden - ausgehend von der üblichen Sortenfolge eines Walzturnus - von der Betriebsleitung unter Zuhilfenahme der Zeitaufschreibungen des Betriebes vorgegeben (136). Die mittlere Aufbau- und Abbauzeit einer Kaliberfolge (KF) bilden zusammen die ihr zurechenbare Einbauzeit bei gleichbleibender Kaliberaufteilung. Diesem Wert werden nun noch durchschnittliche Zeiten für das Probewalzen und Probieren hinzugezählt, die normalerweise nach einem Walzeneinbau bzw. -umbau benötigt werden.

Die Umbauzeiten für den einmal aufgebauten Walzenbesatz einer Kaliberfolge entstehen, wenn die Walzen aus Verschleißgründen ausgewechselt werden müssen. Die Anzahl der Umbauten (verschleißbedingte Einbauten) bestimmt sich aus dem Verhältnis der Erzeugnismenge des Gruppenloses und der fertigungstechnisch maximalen Verschleißmengen der einzelnen Walzen (G) der Kaliberfolge (KG).

---

135) Vgl. Steinecke, V., Optimale Programmplanung, a.a.O., S. 66.

136) Hierbei wird - entgegen dem Untersuchungsergebnis von Kahnis, vgl. Fußnote 134), S. 64 - festgestellt, daß die Sortenwechsel- bzw. Einbauzeiten für eine Kaliberfolge mit der Reihenfolge z. T. erheblich schwanken. Dieser Einfluß wird allerdings durch die hier vorgenommene Einteilung der Einbauzeiten in Abbau- und Aufbauzeiten nahezu völlig ausgeglichen, so daß eine weitergehende Berücksichtigung des Reihenfolgeeinflusses keine zusätzlichen Vorteile mit sich bringen würde.

Die Ermittlung der Vorgabezeiten erfolgt nach den REFA-üblichen Verfahren der Zeitaufnahme (-messung) bei bestimmten Leistungsgraden. Dieses Verfahren führt zu wesentlich genaueren Werten als beispielsweise Multimomentaufnahmen, die eher für die Ermittlung zufallsabhängiger Zeiten geeignet sind. Da es sich beim Auf- und Abbauen von Walzgerüsten um überwiegend mechanische Vorgänge handelt (z. B. Kranarbeit), wird auch von einer Anwendung des MTM- (Methods-Time-Measurement) Verfahrens abgesehen, dessen Weg-Zeit-Diagramme in erster Linie für die Zeitermittlung manueller Tätigkeiten bei Fließband- und Serienfertigung herangezogen werden. Zur ausführlichen Methodenbeschreibung vgl. REFA, DAS REFA-Buch, Bd. 3, Zeitvorgabe, 8. Aufl., München 1970.

Zur Ermittlung der Verschleißwerte sind Angaben über Haltbarkeiten der Kaliber und Walzen erforderlich, die eine Kaliberfolge entsprechend den Kaliberaufteilungsplänen ("Kaliberstammbaum") in der Vor-, Zwischen- und Fertigstaffel beansprucht (137). Diese werden der Walzen-Anlagekartei des Betriebes entnommen.

Die technischen Maximalwerte sind erfahrungsgemäß nur in seltenen Fällen erreichbar, so daß bei zu erwartenden kleinen Losmengen ein "Spielraum für eine noch gerade vertretbare Mindestwalzlosgröße" (138) in Prozent der Walzenhaltbarkeit angegeben wird. Die Fixierung der mindestzulässigen Walzlosgröße hängt hauptsächlich von den Zielen der Programmplanung ab(139). Sie berücksichtigt darüber hinaus die mit dem Einfahreffekt verbundenen Ausbringungs- und Leistungsverluste (140). Bei der rechnerischen Ermittlung der Anzahl Einbauten ist die Bedingung der Ganzzahligkeit zu erfüllen, da nur ganzzahlige Vielfache der Einbauten realisierbar sind. Die Koeffizienten für den Zeitaufwand eines Walzenwechsels einschließlich durchschnittlicher Zeiten für das Probewalzen und Probieren orientieren sich an den Vorgabewerten (141) der Zeitwirtschaft. Im Zusammenhang mit der Summenbildung für die Perioden-Umbauzeiten einer Kaliberfolge (KF) ist davon auszugehen, daß die Walzenwechsel in der Vor-, Zwischen- und Fertigstaffel i. a. simultan anfallen. Es werden daher zur Vermeidung eines zu hohen Ausweises an Umbauzeiten lediglich die Wechselzeiten in der Fertigstaffel erfaßt, da die Fertigwalzen die geringste Haltbarkeit aufweisen. Weiterhin ist zu beachten, daß der erste verschleißbedingte Einbau bereits in dem einmaligen Aufbau des Walzenbesatzes der Kaliberfolge enthalten ist.

Die Umstellzeiten werden durch Dimensionswechsel auf den Fertigwalzen einer Kaliberfolge (KF) hervorgerufen. Die Anzahl Umstellungen richtet sich nach den auf der Fertigwalze eingeschnittenen Kalibern, wobei darauf zu achten ist, daß der Ein- bzw. Umbau der Walze bereits den ersten Dimensionswechsel enthält. Die Umstell-

---

137) Vgl. das Beispiel eines Kaliberstammbaumes in Bild 2, Anhang II.
      Vgl. in diesem Zusammenhang auch Ziegler, W. , Veröffentlichungen über die Haltbarkeit von Walzen (in der Zeit von Herbst 1965 bis Herbst 1966), in: Stahl und Eisen, 87. Jg. (1967), S. 393/94.
138) Vgl. Steinecke, V. , Optimale Programmplanung, a. a. O. , S. 61, S. 68/69.
139) Vgl. dazu auch S. 142/143.
140) Vgl. S. 50, S. 63.
141) Vgl. sinngemäß S. 65, Fußnote 136), Abschnitt 2.

dauer entspricht den zeitwirtschaftlichen Vorgaben (142). Sie beinhaltet zusätzlich durchschnittliche Verlustzeiten, die zu Beginn der Walzung eines Dimensions-Loses als Folge des Einfahreffektes anfallen (143).

Die Drehzeiten sind für das Nachdrehen der im Walzprozeß verschlissenen Walzen erforderlich. Sie stellen die Betriebszeit der Walzendreherei dar und sind daher von den Betriebsmittelzeiten zu trennen, die im Zusammenhang mit dem Walzprozeß anfallen. Als Einflußgröße kommt auch hier die Anzahl verschleißbedingter Einbauten der Walzen (G) einer Kaliberfolge (KF) in Betracht. Die einbauspezifischen Drehzeiten sind je Walztyp als Vorgaben (144) der Zeitwirtschaft einschließlich anteiliger Unterbrechungs- und Nutzungsnebenzeiten gegeben.

Die für die Zeitarten des Walzbetriebes festgestellten Abhängigkeiten können hiernach in dem folgenden System von Leistungsfunktionen dargestellt werden (145):

Vektoren

```
ewb   Mengen  /  Periode der Einsatz-   des Walzbetriebes m. d. Merkm. Profil(P), Abm.gr.(AG)
                               bündel                                           "Walzleistung"(WL)

nd    dichotome    "      " Sorten-    "        "        "  "      "    Kaliberfolge (KF)
      Vorgabe-               wechsel
      größen (146)

xl    Mengen       "      " Walzer-    "        "        "  "      "              "
                            zeugnis-
                            bündel

ae    Anzahl       "                   "        "        "  "      "    Kaliberfolge (KF),
      Einbauten                                                                  Gerüst (G)
      (Lose)

h     Hilfsgröße   "                   "        "
      m.d.Wert"1"
```

<hr>

142) Vgl. sinngemäß S. 65, Fußnote 136), Abschnitt 2.
143) Vgl. S. 63.
144) Vgl. sinngemäß S. 65, Fußnote 136), Abschnitt 2.
145) Vgl. die Angaben zur allgemeinen Schreibweise auf S. 50, Fußnote 98).
146) Vgl. Steinecke, V., Optimale Programmplanung, a. a. O., S. 71. - Zur Erläuterung in dieser Arbeit vgl. auch S. 69.

$\underline{zw}$	Walzzeiten / Periode	des Walzbetriebes m. d. Merkm.		Profil(P), Abm.gr.(AG) "Walzleistung"(WL)
$\underline{zzw}$	Unterbrechungszeiten	" " " " " "		"
$\underline{zl}$	Einbau- und losabhängige Zeiten	" " " " " "		Kaliberfolge (KF), Gerüst (G)
$\underline{z}$(BZWB)	ben. Betriebszeit	" des Walzprozesses " "		
$\underline{z}(\underline{zlb})$(DZ)	"	" der Walzendreherei " "		

Matrizen

$\underline{R}^*_{zw/ewb}$	Koeffizienten der	Walzzeiten	des Walzbetriebes i. d. Dim.	(h/t)
$\underline{R}_{zzw/zw}$	"	" Unterbrechungszeiten	" " " "	(h/h)
$\underline{R}^*_{zl/nd}$	"	" Einbauzeiten ($\underline{ebz}$)	" " " " "	(h/EB)
$\underline{R}^*_{zl/ae}$	"	" Umbau-($\underline{ubz}$),Umstell-($\underline{usz}$), Drehzeiten ($\underline{dz}$)	" " " " "	(h/UB)
$\underline{r}^*_{zl/h}$	"	" Korrekturumbauzeiten($\underline{ubz}$)	" " " " "	"
$\underline{R}^*_{ae/xl}$	"	" reziproken Walzenhaltbarkeiten	" " " "	(EB/t)
$\underline{r}^*_{ae/h}$	"	" mindestzulässigen Walzenausnutzung	" " i. % der Walzenhaltbarkeit	
$\underline{B}_{ewb/ew}$	Bündelmatrix	" Einsatzgüter	" " m. Sum. ü. Abm.gr. (AG), Qual.gr.(QG)	
$\underline{B}_{xl/xw}$	"	" Walzerzeugnisse	" " " " "	Abm.gr. (AG) "Walzleist." (WL),Qual.gr. (QG)
$\underline{B}_{y/zw}$	"	" Walzzeiten	" " " " "	Profil(P), Abm.gr.(AG), Qual.gr.(QG)
$\underline{B}_{y/zzw}$	"	" Unterbrechungszeiten	" " " " "	"
$\underline{B}_{y/zl}$	"	" Einbau-u. losabhängige Zeiten	" " " " "	Kaliberfolge (KF), Gerüst (G)

Bei der Ermittlung der Walzzeiten brauchen die Einflußgrößenmerkmale der Einsatzgütermengen nur insoweit berücksichtigt zu werden, als sie Leistungsunterschiede kennzeichnen. Die in der Werkstoffrechnung nach unterschiedlichen Profilen (P), Abmessungsgruppen (AG) und Qualitätsgruppen (QG) ermittelten Einsatzgütermengen werden daher zunächst zu Einsatzbündeln in der Untergliederung nach den Leistungsmerkmalen (P, AG_{WL}) zusammengefaßt:

$$(2.5) \qquad \underline{ewb} = \underline{B}_{ewb/ew}\, \underline{ew} \;, \text{ so daß}$$

sich die Walzzeiten aus der Beziehung ergeben:

$$(2.6) \qquad \underline{zw} = \underline{R}_{zw/ewb}\, \underline{ewb}$$

Für die walzzeitabhängigen Unterbrechungszeiten gilt:

$$(2.7) \qquad \underline{zzw} = \underline{R}_{zzw/zw}\, \underline{zw}$$

Die Nutzungsnebenzeiten, die sich aus den Einbau- bzw. Sortenwechselzeiten und den losabhängigen Umbau- und Umstellzeiten zusammensetzen, und die ebenfalls von der Losanzahl abhängigen Drehzeiten errechnen sich aus:

$$(2.8) \qquad \underline{zl} = \underline{R}_{zl/nd}\, \underline{nd} + \underline{r}_{zl/h}\, \underline{h} + \underline{R}_{zl/ae}\, \underline{ae} \quad \text{mit}$$

$$(2.9) \qquad \underline{ae} = \text{entier } (\underline{R}_{ae/xl}\, \underline{xl} + \underline{r}_{ae/h}\, \underline{h})$$

Darin sind $\underline{nd}$ Vorgabegrößen für die Sortenwechsel. Sie zeigen an, ob die Kaliberfolge Bestandteil des Erzeugnisprogrammes ist (ND = 1) oder nicht (ND = 0). "Entier" stellt eine Rechenprozedur außerhalb der Matrizenrechnung dar, die den Klammerausdruck auf ganzzahlige Werte abrundet (147). $\underline{xl}$ sind Walzerzeugnisbündel, die sich durch Bündelung der Walzerzeugnismengen $\underline{xw}$ über Abmessungsgruppen (AG_{WL}) und Qualitätsgruppen (QG) zu Gruppenlosmengen je Kaliberfolge (KF) ergeben:

$$(2.10) \qquad \underline{xl} = \underline{B}_{xl/xw}\, \underline{xw}$$

---

147) Vgl. hierzu auch Steinecke, V., Optimale Programmplanung, a.a.O., S. 87.

Die benötigten Betriebszeiten des Walzprozesses und der Walzendreherei ergeben sich aus der Summierung der entsprechenden Zeitarten über die leistungsbestimmenden Merkmale (148):

$$\underline{y}_{(BZWB)} = \underline{B}_{y/zw} \; \underline{zw} + \underline{B}_{y/zzw} \; \underline{zzw} + \underline{B}_{y/zl} \; \underline{zl}$$

bzw.

$$\underline{y}_{(\underline{zlb})\,(DZ)} = \underline{B}_{y/zl} \; \underline{zl}$$

1333. Zeitbilanz der verfügbaren Betriebszeit

Die Kapazitätsinanspruchnahme der Betriebsmittel der einzelnen Bearbeitungsstufen - wie sie in den vorstehend abgeleiteten benötigten Betriebszeiten zum Ausdruck kommt - wird durch die in der Periode zur Verfügung stehende Betriebszeit begrenzt. Ausgehend von der Kalenderzeit der Periode wird die verfügbare Betriebszeit nach Abzug der gesetzlich vorgeschriebenen Ruhezeiten und der von der Betriebs- und Unternehmensleitung zu disponierenden Stillstands- und Reparaturzeiten (zeitliche Anpassung) bestimmt. Im einzelnen gelten folgende Zeitartenbegriffe:

Periodenlänge bzw. Anzahl der Planungsperioden	(PL)	- Länge des Planungszeitraumes mit dem Wert "1" für eine Periode = "Normalmonat" (30 Tage)
Kalenderzeit	(KZ)	- Kalenderstunden der jeweiligen Planungsperiode (Monat)
Gesetzliche Ruhezeit	(GRZ)	- Gesetzliche Feiertage
Stillstandzeit	(PSZ)	- Betriebsruhe aufgrund zeitlicher Anpassung an schwankende Auftragslagen
Reparaturzeit	(CZ)	- "Kalte Schichten" für die Instandhaltung und Wartung der Betriebsanlagen

---

148) Zur Schreibweise der Komponenten des Vektors $\underline{y}$ vgl. auch Fußnote 119), S. 60.

Die Zeitarten lassen sich in dem folgenden Zeitbilanzschema für
die verfügbare Betriebszeit darstellen:

Kalenderzeit			
Verfügbare Betriebszeit	Gesetzliche Ruhezeit	Stillstand- zeit	Reparatur- zeit

1334. Zeitbilanz und Kapazitätsschlupf

Eine ungenutzte Inanspruchnahme der Betriebsmittelkapazität zeigt
sich gegebenenfalls im "Kapazitätsschlupf". Diese Größe ist die
Differenz zwischen der benötigten und der verfügbaren Betriebszeit,
so daß alle bisher behandelten Zeitarten in einem Zeitbilanzschema
zusammengefaßt werden können:

Kalenderzeit					
Verfügbare Betriebszeit			Gesetzliche Ruhezeit	Stillstand- zeit	Reparatur- zeit
Benötigte Betriebszeit		Kapazitäts- schlupf			
Nutzungs- haupt- zeit	Unter- bre- chungs- zeit	Nutzungs- neben- zeit			

Die verfügbare und die benötigte Betriebszeit müssen bei Planungsrechnungen so aufeinander abgestimmt werden, daß der Kapazitätsschlupf größer oder gleich Null ist. Diese Bedingung gilt für alle
Bearbeitungsstufen, für die Leistungsbeziehungen aufgestellt wurden, nämlich für den Walzbetrieb, die Arbeitsgänge des Adjustagebetriebes und die Walzendreherei. Um die Erfüllung dieser Bedingung kontrollieren zu können, muß der Kapazitätsschlupf als abhängige Größe innerhalb des Funktionensystems der Betriebsstruktur
errechenbar sein. Dies geschieht dadurch, daß Zeitbilanzfunktionen
für jede Bearbeitungsstufe aus den Einflußgrößen "Vorgabezeiten"
und "benötigte Betriebszeiten" aufgestellt werden (149).

---

149) Hierin sind die verfügbaren Betriebszeiten eliminiert, da sie
durch die Vorgabezeiten ausgedrückt werden können.

Vektoren [150]

$\underline{pl}$	Periodenlängen (Zahl d. Plan.per.)
$\underline{y}_{(\underline{zv})}$	Vorgabe- / Periode der Bearbeitungsstufen des Feinstahlwalzwerkes zeiten
$\underline{zs}$	Kapazitäts- " " " " " schlupf

Matrizen

$\underline{\underline{R}}_{y/pl}$	Koeffizienten	" Vorgabezeiten " "
$\underline{\underline{R}}_{zs/y}$	"	" Zeitbilanz- " " gleichungen

Die Kapazitätsgleichungen für die Betriebszeiten des Adjustage-, Walzenprozesses und der Walzendreherei lauten somit (151):

$$(2.11) \qquad \underline{zs} = \underline{\underline{R}}_{zs/y}\, \underline{y} \quad \text{mit}$$

$$\underline{y}_{(zv)} = \underline{\underline{R}}_{y/pl}\, \underline{pl}$$

134. Verarbeitungskostenrechnung

Ziel dieses Abschnittes ist die Ermittlung der Abhängigkeiten der Verarbeitungskosten von ihren Einflußgrößen und ihre Darstellung in einem System von Verarbeitungskostenfunktionen. Dabei soll die Beschreibung der Kostenabhängigkeiten im Vordergrund stehen (152), anhand deren empirische Ergebnisse die eingangs gemachte Feststellung, für den überwiegenden Teil der Kostengüterarten bestehe keine direkte Beziehung zu den Erzeugnissen, bekräftigt werden kann.

---

150) Die Komponenten der Vektoren $\underline{pl}$ und $\underline{zv}$ werden um weitere Größen ergänzt, die sich im Rahmen der Verarbeitungskostenrechnung ergeben; vgl. S. 72 f.

151) Zur Schreibweise des Vektors $\underline{y}$ vgl. S. 60, Fußnote 119).

152) Die Erklärung aller Kostenfunktionen ist an dieser Stelle nicht möglich. Vgl. aber die ausführliche Darstellung der Abhängigkeiten in den Verarbeitungskostenmatrizen in den Bildern 9-14, Anhang II.

Bei der Ermittlung der Kostenfunktionen wird von den gegebenen
Produktionsbedingungen ausgegangen. Mengen- und Wertkomponenten des Kostengüterverbrauches werden getrennt voneinander untersucht. Eine Schlüsselung von Kosten in den Fällen, in denen sich
keine eindeutigen Abhängigkeiten von den Erzeugnissen erkennen
lassen, führt zu Ungenauigkeiten und soll daher grundsätzlich vermieden werden. Leistungs-"Verrechnungen" zwischen den einzelnen (Hilfs- und Haupt-)Kostenstellen des Walzwerkes, wie sie in
der Istkostenrechnung üblich sind, werden nicht vorgenommen, so
daß die Primärkostenstruktur des untersuchten Betriebes erhalten
bleibt. Die bei der Kostenerfassung angestrebte Differenzierung
nach Einzelkostenarten wird in erster Linie von dem hiermit verbundenen wirtschaftlichen Aufwand bestimmt (153). Unabhängig
davon entscheiden die im Zusammenhang mit der Anwendung des
Rechenmodells verfolgten Zwecke über eine etwaige Zusammenfassung der Kostenarten zu Kostenartengruppen.

Die Herleitung der Verarbeitungskostenfunktionen wird unter dem
Gesichtspunkt der Kostenverursachung vorgenommen. Hiernach
kann zwischen "technologisch begründetem, dispositionsbestimm-
tem und kalkulatorisch festgelegtem Kostengüterverbrauch" (154)
unterschieden werden. Innerhalb dieser Untergliederung wird nach
Primärkostenarten und Kostenstellen differenziert.

---

153) Die Mindestgliederung der Kostenarten ist durch die allgemeinen Kostenrechnungsrichtlinien der Eisen- und Stahlindustrie gegeben.
154) Diese Einteilung geht zurück auf Laßmann, G., Die Kosten-
und Erlösrechnung ..., a.a.O., S. 90, S. 96 und S. 98.

Im Zusammenhang mit der Ermittlung der Beschaffungspreise
für direkt vom Markt bezogene Kostengüter - wie z. B. Werksgeräte, Werkzeuge und Betriebsstoffe usw. - müßten Preis-
Beschaffungsfunktionen aufgestellt werden. Die Ermittlung
derartiger Funktionen stößt in der Praxis auf große Schwierigkeiten. In dieser Untersuchung werden nach der bisher üblichen Vorgehensweise der Kostenrechnung "Einstandspreise"
für die Bewertung der Kostengüter verwendet. In diesen sind
alle Versicherungs-, Umschlags- und Transportkosten enthalten, die bis zum Werk zusätzlich zum Einkaufspreis, vermindert um durchschnittliche Rechnungsabzüge(z. B. Rabatte),
entstehen. Ebenda, S. 114.

1341. Technologisch begründeter Kostengüterverbrauch

Ein wesentlicher Teil der Kostengüter hängt von den im Rahmen
der Werkstoff- und Leistungsrechnung ermittelten Größen ab, wie
z. B. Erzeugnis- und Einsatzmengen, Betriebsmittel- und Vorgabezeiten, Anzahl Lose und sonstige Hilfsgrößen. Diese Größen wurden
aus den technologischen Verhältnissen abgeleitet, wie sie in den
technischen Merkmalen der Betriebsmittel und des Produktionsprozesses, den verschiedenen Betriebszuständen und den unterschiedlichen qualitativen Eigenschaften der Einsatzgüter und Erzeugnisse zum Ausdruck kommen. Sie verkörpern - bildhaft gesprochen - die "Technologie" des Betriebes und begründen in diffe-
renzierter oder zusammengefaßter, d. h. gebündelter Form den
Verbrauch der folgenden Kostengüter:

- Kostenartengruppe "Brennstoffe und Energie"

Der beim Produktionsprozeß anfallende Bedarf an elektrischer
Energie und Wärmeenergie wird durch die einzelnen Brennstoff-
und Energiearten gedeckt. Betriebliche Aufschreibungen über einen
längeren Zeitraum ermöglichen statistische Auswertungen, in denen
der Einfluß mehrerer Größen hinsichtlich ihrer Auswirkungen auf
die Höhe des Verbrauches regressionsanalytisch untersucht wird.
Substitutionsmöglichkeiten bei den Brennstoff- und Energiearten
liegen für den untersuchten Betrieb nicht vor. Damit scheidet eine
Kostenbeeinflussung durch Wahl technisch substituierbarer Güter
innerhalb dieser Kostenartengruppe aus. Die Unterscheidung in
Eigen- oder Fremdbezug als weiterer Freiheitsgrad kann ebenfalls
unberücksichtigt bleiben, da die einzelnen Kostengüter ausschließ-
lich als "Sekundärleistungen" von vorgelagerten Produktionsstufen
bzw. Hilfsbetrieben bezogen werden. Als Beschaffungspreise kommen demzufolge Verrechnungspreise in Betracht, deren Höhe von
dem Zweck der jeweiligen Rechnung bestimmt wird (155).

Für einige ausgewählte Kostenarten ergeben sich die folgenden
Funktionen:

---

155) Vgl. dazu S. 51, Fußnote 100.

   Im folgenden werden für die Sekundärleistungen vollkosten-
   orientierte Verrechnungspreise angenommen. Alternative
   Preisansätze sind im Zusammenhang mit Planungsrechnungen
   denkbar. Vgl. dazu auch S. 154.

= Hochofengas

Der beim Aufheizen der Knüppel in der Kostenstelle "Stoßofen" (SO)
benötigte Gasverbrauch hängt im wesentlichen vom Gesamteinsatz
(EW) in der Betriebszeit ab. Der Einfluß unterschiedlicher Formate
und Qualitäten des Knüppeleinsatzes kann nicht nachgewiesen werden. Dagegen wird der Zeiteinfluß der Betriebszeit durch Angabe
der Nutzungsnebenzeiten als zusätzliche Einflußgrößen präzisiert.
Dies ist auf die Fahrweise des Ofens zurückzuführen, die Tempe-
raturzuführung im Takt mit der Walzung konstant zu halten und in
den Nutzungsnebenzeiten (156) zu drosseln. In einem weiteren von
der Kalenderzeit (KZ) abhängigen Teil kommt der Verbrauch während der Warmhaltezeit oder Betriebsruhe zum Ausdruck. Die
Funktion lautet (Bestimmtheitsmaß 91, 1 %):

$$(10^3 Nm^3/PL) \qquad (10^3 Nm^3/t) \qquad (t/PL) \qquad (10^3 Nm^3/h) \qquad (h/PL)$$

$$V_{(17, SO)} \quad = \quad 0,3298 \quad \cdot \quad EW \quad + \quad 13,716 \quad \cdot \quad NNZ$$

$$+ \quad 1,428 \quad \cdot \quad KZ$$

Der Verrechnungspreis beträgt:

$$PV_{(17, SO)} = 12,-- (DM/10^3 Nm^3).$$

= Kraftstrom

Die Auswahl der Einflußgrößen für die Ermittlung des Kraftstrom-
verbrauches wird auch bei dieser Kostenart vorwiegend von der Art
des jeweiligen Betriebszustandes in der Betriebszeit bestimmt. So
ist beispielsweise für die Verhältnisse in der Kostenstelle "Walzenstraße" (WS) eine Unterscheidung der Betriebszustände erforderlich,
die durch die einzelnen Betriebsmittelzeiten und die Reparaturzeiten
charakterisiert sind. Danach ist der Stromverbrauch für den Walz-
antrieb während der Walzung von den leistungsbeeinflussenden Größen abhängig, die im Rahmen der Leistungsuntersuchungen für den
Walzbetrieb ermittelt wurden. Einflußgrößen für den prozeßbedingten Verbrauch sind daher die Einsatzmengen ewb in der Untergliederung nach den Merkmalen Profil (P) und Abmessungsgruppe (AG_{WL})

---

156) Die Nutzungsnebenzeiten beinhalten laut Zeitartengliederung
     die Einbau-, Umbau- und Umstellzeiten (EBZ), (UBZ) bzw.
     (USZ); vgl. dazu auch S. 55 und S. 67/69.

Der Stromverbrauch in den Nutzungsnebenzeiten (NNZ) (157) fällt
für die darin notwendigen Kranarbeiten für den Aufbau und Umbau
des Walzenbesatzes, das Probewalzen, Einfahren und Probieren an.
Davon zu unterscheiden ist der Verbrauch in der außerhalb der Be-
triebszeit angesetzten Reparaturzeit (CZ) und der Kalenderzeit (KZ).
Darüber hinaus ergibt sich der spezielle Einfluß der gehaspelten
Erzeugnismenge (XWH) auf den Stromverbrauch der Haspelanlage.
Die Funktion lautet (Bestimmtheitsmaß 63, 6 %):

(Kwh/PL   (Kwh/t)   (t/PL)   (Kwh/h)   (h/PL)

$$V_{(18, WS)} = 2{,}899 \quad\cdot\ XWH \ +\ 110{,}23 \cdot NNZ$$

$$+\ \underline{r}_{V_{(18, WS)}}/ewb \ \cdot\ \underline{ewb} \ +\ 43{,}85 \cdot KZ$$

$$+\ 110{,}23 \cdot CZ$$

Der Verrechnungspreis beträgt:

$$PV_{(18, WS)} = 0{,}073 \ (DM/Kwh).$$

= Lichtstrom

Der Beleuchtungsstrom unterliegt dem Einfluß der Winter- und
Sommermonate. Die jahreszeitlichen Schwankungen um den von der
Kalenderzeit (KZ) abhängigen Mittelwert können durch die Einflußgröße "Monatskosinus" (MK) erfaßt werden. Der Verbrauch wird
am Hauptzähler des Walzwerkes gemessen und daher ohne Schlüsselung auf die einzelnen Kostenstellen unter "Gemeinsame Betriebskosten" (GBK) ausgewiesen. Die Funktion lautet (Bestimmtheitsmaß 71 %):

(Kwh/PL   (Kwh/h)   (h/PL)   (Kwh/MK)   (MK/PL)

$$V_{(19, GBK)} = 285{,}72 \cdot KZ \ +\ 29{,}93 \cdot MK$$

Der Verrechnungspreis beträgt:

$$PV_{(19, GBK)} = 0{,}073 \ (DM/Kwh).$$

---

157) Vgl. S. 75, Fußnote 156).

= Brauchwasser

Brauchwasser wird zur Kühlung der Walzaggregate der Walzenstraße und des Stoßofens benötigt. Der Verbrauch ist - ähnlich dem
Kraftstromverbrauch - je Betriebszustand in der Nutzungshauptzeit (ZW) und der Unterbrechungszeit (ZZW) sowie den Nutzungsnebenzeiten (NNZ) unterschiedlich. Ein nicht durch weitere Einflußgrößen erklärbarer Teil wird in Abhängigkeit der Kalenderzeit
(KZ) ausgedrückt. - Gemessen wird der Verbrauch an einem für
beide Kostenstellen gemeinsamen Zähler. Er wird in der Kostenstelle "Gemeinsame Betriebskosten" (GK) ausgewiesen, um Schlüsselungen zu vermeiden. Die Funktion lautet (Bestimmtheitsmaß
24, 9 %) (158):

$$
\begin{array}{lll}
(10^3 \mathrm{Nm}^3/\mathrm{PL}) & (10^3 \mathrm{Nm}^3/\mathrm{h}) & (\mathrm{h}/\mathrm{PL}) \\[2mm]
V_{(21,\,\mathrm{GBK})} \;=\; & 0,35002 & \cdot \quad \mathrm{ZW} \\[2mm]
& +\; 0,5954 & \cdot \quad \mathrm{ZZW} \\[2mm]
& +\; 0,5954 & \cdot \quad \mathrm{NNZ} \\[2mm]
& +\; 0,6513 & \cdot \quad \mathrm{KZ}
\end{array}
$$

Der Verrechnungspreis beträgt:

$$
PV_{(21,\,\mathrm{GBK})} \;=\; 111,-- \; (\mathrm{DM}/10^3 \mathrm{Nm}^3).
$$

- Kostenartengruppe "Werksgeräte und Werkzeuge"

In diese Kostenartengruppe fallen Betriebsmittel, die der Verformung (Werksgeräte) - wie z. B. Walzen, Richtrollen usw. - und im
weitesten Sinne der Bearbeitung (Werkzeuge) - wie z. B. Scheren,
Schleif- und Bohrmaschinen usw. - der Einsatzgüter dienen. Ihr
Verbrauch ergibt sich in Abhängigkeit von der Produktion und der
Kalenderzeit als produktionsbedingter bzw. alterungsbedingter Verschleiß. Bei der Ermittlung der Verbrauchskoeffizienten werden die
Werte ihrer Haltbarkeit oder Lebensdauer zugrunde gelegt. - Für
die Kostenart "Walzenkosten" gilt beispielsweise der folgende Zusammenhang:

---

158) Das niedrige Bestimmtheitsmaß ist darauf zurückzuführen,
     daß aufgrund der erst vor kurzem vorgenommenen Installa-
     tion einer neuen Brauchwasseranlage betriebliche Aufschrei-
     bungen über den Kostengüterverbrauch nur für einen, ver-
     hältnismäßig kleinen Auswertezeitraum verfügbar waren.

= Werksgeräteverbrauch (Walzenkosten)

Der Walzenverbrauch hängt von der Anzahl verschleißbedingter
Einbauten $\underline{ae}$ der Walzen (G) einer Kaliberfolge (KF) ab. Die Ermittlung dieser Einflußgrößen ist bereits im Zusammenhang mit
dem Walzlosgrößenproblem bei der Ableitung der Funktionen für
die Umbauzeiten und Drehzeiten behandelt worden (159). Die einbauspezifischen Kosten ($PV_{WK/AE}$) für eine Walze ergeben sich
durch Division der um die Walzenschrottgutschrift korrigierten
Beschaffungspreise und den maximal möglichen Abdrehungen (160).
Die Funktion lautet:

(DM/PL   (DM/EB)   (EB/PL)

$$V_{(23,\,WS)} = \underline{pv'}\,V_{(23,\,WS)}/ae \cdot \underline{ae}$$

1342. Dispositionsbestimmter Kostengüterverbrauch

Ein Teil des Kostengüterverbrauches ist durch die im Rahmen der
betrieblichen Arbeitsvorbereitung getroffenen Dispositionen determiniert. Hiermit sind die verschiedenen Lohnkostenarten gemeint,
deren spezifischer Verbrauch sich auf der Grundlage der je Kostenstelle und Betriebszustand vorgegebenen Stellenbesetzungspläne
errechnet. Diese berücksichtigen die tarifvertraglichen Bestimmungen über die wöchentliche Arbeitszeit und den Urlaubsanspruch
sowie eine durchschnittliche Krankheits- und Ausfallquote.

Die grundsätzlichen Probleme bestehen bei der Ermittlung der Lohnkosten in der fehlenden Zurechenbarkeit der Periodengemeinausgaben für die Beschaffung von Arbeitskräften auf einzelne Abrechnungsperioden. An anderer Stelle wurde bereits erläutert (161), daß
die Periodisierung von Gemeinausgaben im Hinblick auf die im Rahmen dieser Untersuchung verfolgten Ziele gerechtfertigt ist. Dagegen würde die anteilige Belastung der Leistungs- bzw. Erzeugniseinheiten mit diesen Ausgaben dem Grundsatz widersprechen, nach
dem in Entscheidungsrechnungen, in denen die Leistungs- bzw. Er-

---

159) Vgl. S. 69/70.
160) Die Anzahl möglicher Abdrehungen errechnet sich aus dem
     Neu- und Schrottdurchmesser und der normalen Drehtiefe je
     Bearbeitung.
     Vgl. die Abbildung des Vektors $\underline{pv}_{WK}/ae$ in Bild 8, Anhang II.
161) Vgl. hierzu auch die grundsätzlichen Ausführungen über die
     (zeitbezogene) Zurechenbarkeit von Bereitschaftskosten auf
     S. 15 f., S. 30 f.

zeugniseinheiten die eigentlichen Entscheidungsobjekte darstellen,
nur die jeweils relevanten Kosten- und Erlösgrößen verwendet werden dürfen. Die besonderen Verhältnisse in der Praxis machen im
vorliegenden Fall aber eine modifizierte Auslegung dieses Grundsatzes erforderlich.

In den Großunternehmen der Eisen- und Stahlindustrie ist es in bestimmten Grenzen möglich, daß Betriebe des gleichen Betriebstyps
(z. B. alle Profilwalzwerke, alle Walzwerks-Zurichtereien, alle
Stahlwerke usw.) je nach Beschäftigungslage Belegschaften oder
Teile von Belegschaften untereinander austauschen. Die hierbei zu
berücksichtigenden kostenmäßigen Be- und Entlastungen der aufnehmenden bzw. abgebenden Betriebe können somit zu Lohnkostenschwankungen gewissen Ausmaßes in den einzelnen Betrieben in Abhängigkeit von der jeweiligen Beschäftigungslage führen. In dem Rechenmodell für das Feinstahlwalzwerk werden aus diesem Grunde
die Lohnkosten (Potentialfaktor Arbeitskräfte) nicht als periodenabhängige (Fix-)Kosten, sondern in Form von Grenzkosten verursachenden 'Leistungsabgabefunktionen' mit zum Teil produktspezifischem Charakter erfaßt, in denen die Einsatzzeiten (Arbeitsstunden) die meßbare Größe darstellen. Einer veränderten Situation dergestalt, daß ein Austausch von Belegschaften - oder Belegschaftsteilen - nicht mehr möglich wäre und die Lohnkosten dann als Fixkosten zu erfassen wären, könnte das Rechenmodell allerdings jederzeit durch einfache Substitution spezieller, die Lohnkosten bestimmende Einflußgrößen (162) angepaßt werden. - Für einige ausgewählte Kostenarten ergeben sich hiernach die folgenden Funktionen:

- Kostenartengruppe "Personalkosten"

= Betriebslöhne eigener Betrieb (163)

Die Lohnstunden hängen im wesentlichen von den Zeitarten ab, die
bei der Aufstellung der Zeitbilanz behandelt wurden (164). Für die
Fälle, in denen die Arbeitsplatzbesetzung mit der Erzeugniszusammensetzung varriiert, werden spezielle Leistungskoffizienten gebildet. Die Bewertung der Lohnstunden erfolgt mit dem für alle

---

162) Im konkreten Fall würden an die Stelle von im Produktionsprozeß benötigten, Grenzkosten verursachenden Betriebsmittelzeiten verfügbare, Fixkosten verursachende Betriebsmittelzeiten treten, die sich aus den Bestimmungen über die gesetzliche Arbeitszeitregelung ergeben; vgl. dazu auch S. 70 f.

163) Die folgenden Ausführungen gelten sinngemäß auch für die Kostenart "Betriebslöhne anderer Betrieb".

164) Vgl. S. 55 f., S. 70 f.

Kostenstellen einheitlichen, auf dem Tariflohn aufbauenden Ecklohn einschließlich durchschnittlicher Leistungsprämien. Dazu ist es erforderlich, daß die nach Lohngruppen unterschiedenen Originallohnstunden über Äquivalenzziffern in Bezugslohnstunden umgerechnet werden (165). In den Koeffizienten der Lohnfunktion schlagen sich somit die je Zeitart unterschiedlichen Stellenbesetzungen und die Lohngruppenunterschiede nieder. So gilt z. B. für die Kostenstelle "Stoßofen" (SO), daß in den Ruhezeiten (GRZ) und den Stillstandzeiten (PSZ) im Unterschied zu der Arbeitsplatzbesetzung in der Betriebszeit (BZWB) nur eine Notbelegschaft als "Ofenwache" anwesend ist. Die Funktion lautet:

$$(\text{Lh/PL}) \qquad (\text{Lh/PL}) \qquad (\text{h/PL})$$

$$V_{(1,\,SO)} = \quad 9,95 \quad \cdot \quad BZWB$$
$$+ \quad 1,48 \quad \cdot \quad GRZ$$
$$+ \quad 1,48 \quad \cdot \quad PSZ$$

Der Ecklohn beträgt $PV_{(1,\,SO)} = 5,70$ (DM/Lh).

Leistungseinflüsse müssen wegen der in Abhängigkeit von der Erzeugniszusammensetzung sich ändernden Arbeitsplatzbesetzung bei der Ermittlung des Lohnstundenverbrauches in den Arbeitsgängen des Adjustagebetriebes (AB) und der Walzendreherei (WD) berücksichtigt werden. Die so zu ermittelnden Originallohnstunden sind identisch mit den Arbeitsgangzeiten <u>zagb</u> und den Drehzeiten (DZ), die im Rahmen der Leistungsrechnung abgeleitet wurden (166). Diese werden zwecks einheitlicher Bewertung mit dem Ecklohn in Bezugslohnstunden umgerechnet. Für die Kostenstelle "Scherenanlage" (SA) des Adjustagebetriebes lautet die Funktion:

$$(\text{Lh/PL}) \qquad (\text{Lh/Lh}) \qquad\qquad (\text{Lh/PL})$$

$$V_{(1,\,SA)} = \underline{r}V_{(1,\,SA)}/\text{zagb} \quad \cdot \quad \underline{\text{zagb}}$$

Der Ecklohn beträgt $PV_{(1,\,SA)} = 5,70$ (DM/Lh).

<hr>

165) Die hier beschriebene Vorgehensweise entspricht der von Franke, R., Betriebsmodelle, a.a.O., S. 90.
166) Vgl. S. 61, S. 70.

= Mehrarbeitszuschläge eigener Betrieb

Bei den in einer Kostenstelle während der Leistungserstellung anfallenden Überstunden wird von der innerhalb der Betriebszeit geltenden Stellenbesetzung ausgegangen. Unterstellt man ein durchschnittliches Verhältnis zwischen Überstunden und normaler Betriebszeit, so lassen sich die Mehrarbeitsstunden in Abhängigkeit von der benötigten Betriebszeit ausdrücken (167). Darüber hinaus ist zu beachten, daß die in der Reparaturzeit verfahrenen Stunden ebenfalls als Mehrarbeit zu entlohnen sind. Die Bewertung der Überstunden wird entsprechend der Vorgehensweise bei den Betriebslöhnen mit dem Ecklohn vorgenommen, nachdem die Originallohnstunden unter Berücksichtigung der Lohngruppenunterschiede und des jeweiligen Zuschlagsprozentsatzes in Bezugslohnstunden umgerechnet worden sind. Die Funktion für die Kostenstelle "Walzenstraße" (WS) lautet mit den speziellen Einflußgrößen Betriebszeit (BZWB) und Reparaturzeit (CZ):

$$\text{(Lh/PL)} \qquad \text{(Lh/h)} \qquad \text{(h/PL)}$$

$$V_{(2,\,WS)} = \begin{array}{l} 1,085 \cdot BZWB \\ + 4,045 \cdot CZ \end{array}$$

Der Ecklohn beträgt $PV_{(2,\,WS)} = 5,70$ (DM/Lh).

= Sonstige Zuschläge eigener Betrieb

Diese Kostenarten werden eingeteilt in Zuschläge, die dem Effektivlohn prozentual zugeschlagen werden (z. B. Sonntags- und Feiertagszuschläge) und solche, die im Tariflohn als Pfennigbeträge vereinbart sind (z. B. Nacht-, Samstags- und Samstagnachtszuschläge). Die Bewertung erfolgt auch hier für Bezuglohnstunden, die unter Berücksichtigung der jeweiligen Betriebszustände entsprechend der Vorgehensweise zur Ableitung der Mehrarbeitszuschläge ermittelt werden. Die Funktionen für die Kostenstelle "Walzenstraße" (WS) lauten mit den speziellen Einflußgrößen Betriebszeit (BZWB) und Reparaturzeit (CZ):

---

167) Diese Vorgehensweise ist nur zulässig für den Fall geringer Produktmengenschwankungen. Im Hinblick auf Planungsrechnungen, in denen der Personaleinsatz zum Aktionsparameter der Planung wird, ist es notwendig, den Kosteneinfluß von Mehrarbeitsstunden als unabhängige, d.h. disponible Größe rechenbar zu machen; vgl. dazu auch S. 143, Fußnote 296).

= Sonstige Zuschläge Tariflohn eigener Betrieb

(Lh/PL)   (Lh/h)   (h/PL)

$$V_{(3, WS)} = \quad 4,125 \; \cdot \; BZWB$$
$$+ \; 2,121 \; \cdot \; CZ$$

Der Tariflohn beträgt $PV_{(3, WS)}$ = 4,20 (DM/Lh).

- Sonstige Zuschläge Ecklohn eigener Betrieb

(Lh/PL)   (Lh/h)   (h/PL)

$$V_{(4, WS)} = \; 0,216 \; \cdot \; BZWB$$

Der Ecklohn beträgt $PV_{(4, WS)}$ = 5,70 (DM/Lh)

= Reparaturlöhne

Reparaturlöhne werden getrennt von den Betriebslöhnen ausgewiesen, weil sie außerhalb der benötigten Betriebszeit in den von der
Betriebsleitung geplanten Reparaturzeiten (CZ) für die Wartung und
Instandhaltung der Betriebsanlagen des Walzbetriebes anfallen. Die
"Reparaturmannschaften" setzen sich zu je einem Teil aus den Belegschaften der Kostenstellen Walzenstraße, Stoßofen und Armaturenwerkstatt zusammen. Aus Gründen einer einheitlichen Bewertung für alle Kostenstellen werden die Reparaturstunden ebenfalls
mit dem Ecklohn bewertet, nachdem die Originallohnstunden unter
Berücksichtigung der Lohngruppenunterschiede in Bezuglohnstunden
umgerechnet worden sind. Die Funktion für die Kostenstelle "Wal-
zensraße" (WS) lautet:

(Lh/PL)   (Lh/h)   (h/PL)

$$V_{(9, WS)} = \; 13,51 \; \cdot \quad CZ$$

Der Ecklohn beträgt $PV_{(9, WS)}$ = 5,70 (DM/Lh).

1343. Kalkulatorisch festgelegter Kostengüterverbrauch

Bei den kalkulatorisch festgelegten Ansätzen für Kostengüterver-
bräuche besteht keine eindeutig statistisch oder deterministisch er-
kennbare Abhängigkeit von den Erzeugnissen oder den im bisherigen Verlauf der Untersuchung aufgetretenen Einflußgrößen. Es handelt sich um Kostenarten, für die Verrechnungssätze gebildet werden, deren Summe sich über einen längeren Zeitraum mit den tatsächlich anfallenden Kosten decken sollte. Für einen Teil der Kostengüterverbrauches - z. B. kalkulatorische Abschreibungen und
Zinsen - liegt eine zusätzliche Problematik in der Periodenabgrenzung, da sie im Gegensatz zu den anderen Kostenarten nicht unmittelbar in der Periode als Verbrauch meßbar sind (168). Als Bezugsgrößen der für diese Kostenarten zu bildenden Verrechnungssätze
kommen sowohl die Periodenzahl als auch andere "rechnerische Einflußgrößen" (169) in Frage, wie z. B. Erzeugnis- und Einsatzmengen, sowie die Betriebszeit. Die Bewertung für die in "DM" lauten-
den Kostenarten erfolgt aus rechnerischen Gründen mit dem Preis-
faktor "1" in der Dimension DM/DM. Für einige ausgewählte Kostenarten ergeben sich die folgenden Funktionen:

- Kostenartengruppe "Personalkosten"

= Urlaub und Arbeitsverhinderung

= Lohnähnliche Aufwendungen

= Gesetzliche Sozialabgaben für Lohnempfänger

Diese Aufwendungen werden in Anlehnung an die Vorgehensweise in
der Istkostenrechnung als Zuschläge zur Lohnsumme der Kostenstelle errechnet (170). Der Zuschlagssatz wird als Durchschnitts-

---

168) Vgl. dazu im einzelnen S. 25 f., S. 29 f.
Hier wird im Gegensatz etwa zur Auffassung von Riebel noch
eine "Schlüsselung" von Periodengemeinkosten durchgeführt.
Diese ist jedoch ohne Einfluß in kurzfristigen Entscheidungsrechnungen, da die Verrechnung perioden-, d. h. monatsbe-
zogen erfolgt.

169) Bei einigen Kostenarten - z. B. spezielle Betriebsstoffe, Reparaturstoffe - kann ein Zusammenhang zur Betriebszeit, zum
Gesamteinsatz oder -erzeugung unterstellt werden. Diese Kostenarten fallen allerdings nicht so stark ins Gewicht, daß
durch diese Verrechnung die Ergebnisse von Entscheidungsrechnungen verzerrt werden könnten.

170) Zu dem Problem der zeitbezogenen Zurechenbarkeit von Lohnkosten vgl. S. 78 f.

betrag für einen vergangenen Zeitraum von mehreren Monaten festgelegt. Wird die Lohnsumme durch ihre Einflußgrößenbeziehungen ersetzt, so ergibt sich für diese Kostenarten eine rein rechnerische Abhängigkeit von den die Lohnsumme bestimmenden Einlfußgrößen. Für die Kostenstelle "Stoßofen" (SO) lauten die Funktionen:

$$
\begin{array}{llllll}
\text{(DM/PL} & \text{(DM/h)} & \text{(h/PL)} & \text{(DM/h)} & \text{(h/PL)} \\[2ex]
V_{(10,\,SO)} = & 8,86 & \cdot\ BZWB\ + & 1,321 & \cdot\ GRZ \\[1.5ex]
 & +\ 5,89 & \cdot\ CZ\quad + & 1,321 & \cdot\ PSZ \\[3ex]
V_{(11,\,SO)} = & 6,45 & \cdot\ BZWB\ + & 0,959 & \cdot\ GRZ \\[1.5ex]
 & +\ 4,285 & \cdot\ CZ\quad + & 0,959 & \cdot\ PSZ \\[3ex]
V_{(12,\,SO)} = & 9,98 & \cdot\ BZWB\ + & 1,465 & \cdot\ GRZ \\[1.5ex]
 & +\ 6,661 & \cdot\ CZ\quad + & 1,465 & \cdot\ PSZ
\end{array}
$$

= Gehälter

= Gehaltsähnliche Aufwendung

= Gesetzliche Sozialabgaben für Gehaltsempfänger

Diese Kosten werden periodenfix verrechnet und unter den "Gemeinsamen Betriebskosten" (GBK) ausgewiesen. Die gehaltsähnlichen Aufwendungen und gesetzlichen Sozialabgaben sind dabei als vergangenheitsbezogene Zuschläge zur Gehaltssumme festgelegt. Die Funktionen lauten:

$$
\begin{array}{lll}
\text{(DM/PL)} & \text{(DM/PL)} & \text{("1")} \\[2ex]
V_{(13,\,GBK)} = & 12\,000 & \cdot\ PL \\[1.5ex]
V_{(14,\,GBK)} = & 1\,400 & \cdot\ PL \\[1.5ex]
V_{(15,\,GBK)} = & 2\,100 & \cdot\ PL
\end{array}
$$

- Kostenartengruppe "Hilfs- und Betriebsstoffe"

= allgemeine Betriebsstoffe

= spezielle Betriebsstoffe

Zu den Betriebsstoffen zählen die für die Leistungserstellung unmittelbar benötigten Materialien. Beispiele sind Elektromagazinmaterial, technische Gase und Arbeitsschutzartikel als allgemeine Betriebsstoffe, Magazinstoffe, Öle und Fette als spezielle Betriebsstoffe. Hierfür werden Verrechnungssätze je Periode bzw. je Betriebsstunde angesetzt. Die Funktionen für die Kostenstelle "Stoßofen" (SO) lauten:

$$\begin{array}{lll}
(DM/PL) & (DM/PL) & ("1") \\
V_{(26,\,SO)} = & 650 & \cdot \quad PL \\
V_{(27,\,SO)} = & 0,552 & \cdot \quad BZWB
\end{array}$$

- Kostenartengruppe "Andere Betriebskosten"

= Werksbahn

Unter dieser Kostenart sind die Aufwendungen für den Transport der nicht verkaufsfähigen Rest- und Ausfallstoffe (Rücklaufmaterial) zu verstehen (171). Hierfür wird ein Verrechnungssatz je Tonne des Gesamteinsatzes (EW) als "Gemeinsame Betriebskosten" (GBK) gebildet. Die Funktion lautet:

$$\begin{array}{lll}
(DM/PL) & (DM/t) & (t/PL) \\
V_{(30,\,GBK)} = & 0,2163 & \cdot \quad EW
\end{array}$$

---

171) Die Transportkosten der Einsatzgüter sind in deren Verrechnungspreis enthalten. Die Transportkosten der Fertigerzeugnisse und der verkaufsfähigen Rest- und Ausfallstoffe gehören zu den Versandkosten

= Proben, Analyse, Abnahmen

Dieser Kostengüterverbrauch ergibt sich hauptsächlich im Zusammenhang mit Materialprüfungen bei der Abnahme der Einsatzgüter und Fertigerzeugnisse. Hinzu kommen Aufwendungen für Versuche zur Weiterentwicklung bestehender Verfahren oder Erzeugnisse. Wegen der Vielschichtigkeit der hierbei zu berücksichtigenden Einflüsse sowie der relativ geringen Bedeutung dieser Kostenart, wird ein periodenfixer Betrag unter den "Gemeinsamen Betriebskosten" (GBK) verrechnet. Die Funktion lautet:

$$(\text{DM/PL}) \qquad (\text{DM/DM}) \qquad (\text{"1"})$$

$$V_{(34,\,\text{GBK})} \quad = \quad 850 \quad \cdot \quad \text{PL}$$

- Kostenartengruppe "Kosten der Erhaltung"

= Elektrotechnische Erhaltung

= Bautechnische Erhaltung

= Mechanische Erhaltung

= Reparaturstoffe

Die Kosten der Erhaltung umfassen alle Aufwendungen, die in Form der Wartung, Instandhaltung und Instandsetzung die technische Funktionssicherheit und Funktionsfähigkeit der Betriebsmittel erhalten und wiederherstellen (172). Im einzelnen gehören hierzu die elektrotechnische, bautechnische und mechanische Erhaltung. Verursachungsgerechte Abhängigkeiten können erst im Zusammenhang mit einer vorbeugenden Instandhaltungsplanung gefunden werden, in der die speziellen Einflüsse der Konstruktion und des Alters der Anlagen, die qualitativen Eigenschaften der Arbeitskräfte, lokale Be-

---

172) Vgl. zur begrifflichen Abgrenzung auch Höhne, E., Instandhaltungs- und Reparaturkosten (Begriff und Bedeutung - Erfassung - Auswertung), in: Stahl und Eisen, 76. Jg. (1956), S. 1273/83.

dingungen usw. berücksichtigt werden (173). Die hiermit angesprochene komplexe Aufgabe geht allerdings über den Rahmen dieser Untersuchung hinaus. Es wird deshalb eine vereinfachte Vorgehensweise vorgeschlagen.

Leistungen werden von den zentralen Werkstätten des Gesamtunternehmens erbracht und je Auftrag abgerechnet. Für den mit den Leistungen verbundenen Verbrauch an Lohnstunden bzw. DM je Betriebsstunde oder Periode verrechnet (174). Die Lohnstunden werden mit dem jeweiligen Verrechnungspreis der leistenden Hilfsbetriebe bewertet. Die Ermittlung der Verbrauchskoeffizienten wird anhand der Unterlagen der objektbezogenen Auftragsabrechnung vorgenommen. Aus diesen gehen je Objekt und Leistungsart die Aufwendungen an Lohnstunden und Reparaturstoffen und die Zeitabstände hervor, in denen die Leistungen im Auswertungszeitraum wiederholt wurden. Die durchschnittlichen Werte der einzelnen Aufwendungen werden zu den in Betriebsstunden angegebenen Zeitabständen ins Verhältnis gesetzt und in Abhängigkeit der Betriebszeit oder Periodenlänge ausgedrückt. Die nach dieser Vorgehensweise ermittelten Abhängigkeiten mögen für die mit dem Rechenmodell verfolgten Zwecke bis zur Einführung einer laufenden Instandhaltungsplanung ausreichen. Am Beispiel der Kostenstelle "Walzenstraße" (WS) lauten die Funktionen:

(Lh/PL)   (Lh/h)   (h/Pl)

$$V_{(36, WS)} = 1,551 \cdot BZWB$$

$$V_{(37, WS)} = 0,054 \cdot BZWB$$

$$V_{(38, WS)} = 0,121 \cdot BZWB$$

---

173) Zur Diskussion der hierbei auftretenden Probleme vgl. insbesondere Mertens, P., Die gegenwärtige Situation der betriebswirtschaftlichen Instandhaltungstheorie, in: ZfB, 38. Jg. (1968), S. 805/36.

174) Zum Problem der zeitbezogenen Zurechenbarkeit von Lohnkosten vgl. auch S. 78 f.

Die Verrechnungspreise betragen:

$PV_{(36, WS)}$ = 16, -- (DM/Lh),

$PV_{(37, WS)}$ = 15, -- (DM/Lh) und

$PV_{(38, WS)}$ = 18, -- (DM/Lh).

Für die Reparaturstoffe ergibt sich die Beziehung:

(DM/PL)   (DM/h)   (h/PL)

$V_{(40, WS)}$ =   26,03   ·   BZWB

- Kostenartengruppe "Kapitaldienst"

= Kalkulatorische Abschreibungen

Als Bestimmungsgrößen für die Abschreibungen gelten der Abschreibungsausgangsbetrag gemäß Abgrenzung der Anlageeinheit, das Abschreibungsverfahren und die Nutzungsdauer der Anlagen (175). Dabei liegt eine besondere Problematik in der Vorausschätzung der Nutzungsdauer (176). "Die Kosten, die mit dem Verschleiß einer Maschine verbunden sind, können vielfach erst dann hinreichend genau erfaßt werden, wenn die Maschine aus dem Unternehmen ausscheidet" (177). Erst hiernach weiß man, "für welche Gesamtnutzungsdauer und welche Gesamtheit von Leistungen die Anschaffungs-

---

175) Vgl. Schneider, D., Die wirtschaftliche Nutzungsdauer von Anlagegütern als Bestimmungsgrund der Abschreibungen, Beiträge zur betriebswirtschaftlichen Forschung, Bd. 14, Köln und Opladen 1961, S. 19.

176) Vgl. Riebel, P., Die Bereitschaftskosten in der entscheidungsorientierten Unternehmerrechnung, in: ZfbF, 22. Jg. (1970), S. 383; und die dort angegebene Literatur zur Gewinnung von Lebensdauerstatistiken.

177) Vgl. Laßmann, G., Die Kosten- und Erlösrechnung ..., a. a. O., S. 47. - Nach Angaben von Laßmann "sind bisher in der Praxis alle Versuche gescheitert, Potentialfaktoren als "Nutzungsbündel" konkret zu definieren und die Abschreibungen danach auszurichten"; vgl. Laßmann, G., Besprechungsaufsatz: Kritische Analyse der ertragsgesetzlichen Kostenaussage (Rezension zu Dlugos, G., Kritische Analyse der ertragsgesetzlichen Kostenaussage, Berlin 1961), in: ZfbF, 16. Jg. (1964), S. 103.

ausgaben, sowie die Kosten für die Demontage entstanden sind" (178).
In der fehlenden Zurechenbarkeit der Anschaffungsausgaben und Er-
haltungsausgaben nach den Verschleißwirkungen auf die Abrechnungsperioden bzw. Erzeugnisse der Einzelperioden wird die Schwierigkeit der Periodenabgrenzung und damit der Ermittlung des Periodenerfolgs besonders deutlich (179). Nach Laßmann ist die Festlegung der Abschreibungskosten daher mit "einer unternehmerischen
Entscheidung verbunden, in der das subjektive Ermessen eine be-
achtliche Rolle spielt" (180).

Im Rechenmodell werden die kalkulatorischen Abschreibungen in Anlehnung an die Vorgehensweise in der Istkostenrechnung verrechnet. Der Bemessung der Abschreibungen liegt das Tageswertprin-
zip zugrunde. Da die Anlagegüter der Eisen- und Stahlindustrie aufgrund ihrer langjährigen Nutzungsmöglichkeit und des in dieser Zeit
verzeichneten technischen Fortschritts in der gleichen Art am Tage
des Verbrauches von den Herstellern nicht mehr angeboten werden,
ist ein Tageswert in Form des Marktpreises nicht abzuleiten. Zum
Ersatz wird vom sogenannten "Anlagen-Wiederbeschaffungswert am
Tage des Verbrauches" ausgegangen. Dieser ergibt sich nach Um-
rechnung des Anschaffungswertes mit Indizes, in denen die Preis-
entwicklung und der Einfluß des technischen Fortschrittes bis zum
Tage des Verbrauches berücksichtigt sind. Die periodenbezogenen
Abschreibungskosten errechnen sich bei Anwendung des linearen Ab-
schreibungsverfahrens dann aus der Division des Wiederbeschaf-
fungswertes und der Nutzungsdauer in Monaten. Für die gesamten
Abschreibungskosten der Kostenstelle "Walzenstraße" (WS) lautet
die Funktion:

$$\text{(DM/PL)} \qquad \text{(DM/PL)} \qquad \text{("1")}$$

$$V_{(41,\,WS)} \;=\; 188\,300 \;\cdot\; PL$$

---

178) Vgl. Riebel, P., Die Bereitschaftskosten in der entscheidungsorientierten Unternehmerrechnung, a.a.O., S. 383; Riebel bezeichnet die Abschreibungskosten daher als "Gemeinausgaben
oder Gemeinkosten offener Perioden", ebenda, S. 383; vgl. auch
in dieser Arbeit S. 25 f.
179) Vgl. sinngemäß auch Riebel, P., Deckungsbeitragsrechnung,
a.a.O., Sp. 384, Sp. 388; vgl. auch in dieser Arbeit S.25 f.,
S. 29 f.
180) Vgl. Laßmann, G., Die Kosten- und Erlösrechnung, a.a.O.,
S. 47.

= Kalkulatorische Zinsen

Die Abgrenzung zum Periodenerfolg ist bei der Ermittlung der Zinsen mit der gleichen Unsicherheit verbunden wie bei den Abschreibungen. Im einzelnen sei hier auf die einschlägige Literatur verwiesen (181).

Im Rechenmodell werden die kalkulatorischen Zinsen nach einem branchenüblichen Zinssatz auf das betriebsnotwendige Kapital errechnet, das sich aus den Restbuchwerten des Anlagevermögens zu Wiederbeschaffungswerten und dem durchschnittlichen Umlaufvermögen zu Tageswerten zusammensetzt. Die Funktion für die Kostenstelle "Walzenstraße" (WS) lautet (182):

(DM/PL)   (DM/PL)   ("1")

$$V_{(42,\,WS)} \quad = \quad 142\,150 \quad \cdot \quad PL$$

- Kostenartengruppe "Überbetriebliche Kosten"

= Werksdienst

= Sozialdienst

= Verwaltungsdienst

= Betriebliche Steuern und Abgaben

Diese Kostenarten gehören zu den Gemeinkosten des überbetrieblichen Bereiches. Sie werden periodenbezogen über alle Kostenstellen hinweg als "Gemeinsame Betriebskosten" (GBK) verrechnet. Die Grundlage für die Bildung des Verrechnungssatzes bilden zu bestimmten Teilen die Lohnsumme und die Abschreibungen des Betriebes. Die Funktionen lauten:

---

181) Vgl. Lücke, W., Die kalkulatorischen Zinsen im betrieblichen Rechnungswesen, in: TfB, 35. Jg. (1965), Ergänzungsheft, S. 3/28; und die dort angegebene Literatur; Laßmann, G., Die Kosten- und Erlösrechnung ..., a.a.O., S. 105/06.

182) Es handelt sich hier um gleichbleibende monatliche Durchschnittswerte, die sich aus den für das Jahr ermittelten Werten der Anlagenbuchhaltung ableiten. Letztere variieren mit den sich ändernden Restbuchwerten von Jahr zu Jahr.

(DM/PL)   (DM/PL)   ("1")

$$V_{(43,\,GBK)} = 192\,800 \cdot PL$$

$$V_{(44,\,GBK)} = 9\,650 \cdot PL$$

$$V_{(45,\,GBK)} = 44\,600 \cdot PL$$

$$V_{(46,\,GBK)} = 43\,350 \cdot PL$$

Nach der Darstellung einiger ausgewählter Funktionen kann nun das folgende System der Verarbeitungskostenfunktionen aufgestellt werden. Dabei werden die Kosteneinflußgrößen aus rechentechnischen Gründen in den Vektoren y und pl zusammengefaßt. Ihre rechnerische Ermittlung als Summengrößen der in der Werkstoff- und Leistungsrechnung abgeleiteten Größen ist aus den Ableitungen und den Verarbeitungskostenmatrizen im Anhang ersichtlich (183).

Vektoren

$\underline{pl}$	Periodenlängen	der Kostenstellen des Feinstahlwalzwerkes
$\underline{y}$	Einflußgrößen/ Periode	" Verarbeitungs- " " kostenarten
$\underline{v}$	mengenmäßiger Verbrauch	" " " " " m. d. Merkm. Kosten- stelle(Kst)
$\underline{pv}$	Preise	" " " " " " " " "
$\underline{kv}$	wertmäßiger Verbrauch	" " " " " " " " "
Kv	Gesamtkosten	" " " " "

Matrizen

$\underline{\underline{R}}_{v/y}$	Koeffizienten	" y- abhängigen Verarbeitungskostenarten
$\underline{\underline{R}}_{v/pl}$	"	" pl- " "

---

183) Vgl. S. 215/217, Anhang I; Bilder 9/14, Anhang II; vgl. im übrigen die Angaben zur allgemeinen Schreibweise auf S. 50, Fußnote 98).

Die Verarbeitungskosten errechnen sich mengen- und wertmäßig in
der Untergliederung nach Kostenarten und Kostenstellen, sowie als
Gesamtkosten aus:

$$(3.1) \qquad \underline{v} = \underline{R}_{v/pl}\,\underline{pl} + \underline{R}_{v/y}\,\underline{y} \qquad\qquad \text{mit}$$

$$(3.2) \qquad \underline{y} = \underline{R}_{y/pl}\,\underline{pl} + \underline{B}_{y/dag}\,\underline{dag} + \underline{B}_{y/zag}\,\underline{zag}$$

$$\underline{B}_{y/xw}\,\underline{xw} + \underline{R}_{y/ewb}\,\underline{ewb} + \underline{R}_{y/ae}\,\underline{ae}$$

$$\underline{B}_{y/zl}\,\underline{zl} + \underline{B}_{y/zw}\,\underline{zw} + \underline{B}_{y/zzw}\,\underline{zzw}$$

$$(3.3) \qquad \underline{kv} = \underline{Dpv}\,\underline{v}$$

$$(3.4) \qquad Kv = \underline{pv'}\,\underline{v}$$

135. Mathematisches Modell der "Originären Betriebsstruktur"

Die in den vorstehenden Abschnitten aufgestellten Funktionensysteme
der Werkstoff-, Leistungs- und Verarbeitungskostenrechnung lassen
sich nun in einem Gesamtsystem - dem Modell der "Originären Be-

triebsstruktur" (Schema I) (184) - darstellen, das die funktionalen Beziehungen zwischen allen kostenbestimmenden Komponenten des Rechenmodells wiedergibt (185). Dieses Modell ist die Grundlage für alle anwendungsbezogenen Rechenoperationen im Hinblick auf Kostenplanung, -kalkulation und -kontrolle.

14. Zusammenfassung der Ergebnisse

Das Ziel der bisherigen Untersuchung bestand darin, für das Feinstahlwalzwerk die Kostenabhängigkeiten aufzuzeigen und in Funktionen zu beschreiben. Das Ergebnis sind die vielschichtigen, ineinander übergehenden Funktionensysteme der Werkstoff-, Leistungs- und Verarbeitungskostenrechnung, die in dem Modell der "Originären Betriebsstruktur" (185) zusammengefaßt werden.

Die Abhängigkeiten wurden ausgehend von den gegebenen Produktionsbedingungen des Betriebes ermittelt. Auf diese Weise konnte der Kostengüterverzehr am Ort seines Entstehens unter weitgehender Vermeidung von Schlüsselungen und den in den Rechensystemen der traditionellen Istkostenrechnung üblichen Leistungs-"Verrech-

---

184) Vgl. Anhang II, Abbildungen.
   Das System enthält zeilenweise die in den vorhergehenden Abschnitten abgeleiteten Werkstoff-, Leistungs- und Verarbeitungskostenfunktionen: (1. 1), (1. 2), (1. 3), (1. 4); (2. 1), (2. 2), (2. 3), (2. 4), (2. 5), (2. 6), (2. 7), (2. 8), (2. 9), (2. 10), (2. 11); (3. 1), (3. 2).
   Die einzelnen Zeilen sind - dargestellt am Beispiel der Ermittlung des Vektors $\underline{xag}$ - wie folgt zu lesen:

$$\underline{0} = \underline{B}_{xag/xp} \, \underline{xp} - \underline{E} \, \underline{xag}$$

   Der Einheitsmatrix kommt - bildhaft gesprochen - somit die Bedeutung einer "Diagonalen" zu, an der die abhängigen Größen zum Zwecke der weiteren Verwendung als Einflußgrößen zu Zwischengrößen "gespiegelt" werden.
   In einem konkreten Rechenfall ergibt sich folgender Rechengang: Aus den Vorgabegrößen errechnen sich "entlang der Diagonalen" die Zwischengrößen. Die Vorgabe- und Zwischengrößen bestimmen die Zielgrößen. Zur Erläuterung der Systemkomponenten vgl. Anhang I, S. 208.
   Die mathematische Darstellungsform eines derartigen Systems geht zurück auf Wartmann, R., Methoden der kurzfristigen Produktions- und Kostenplanung, a. a. O.
185) Vgl. Fußnote 184).

nung" zwischen den einzelnen Kostenstellen bestimmt werden
(Primärkostenstruktur). Die Ermittlung der Koeffizienten wurde
anhand der betrieblichen Aufschreibungen über den mengenmäßigen
Kostengüterverbrauch und seine Einflußgrößen statistisch (186) oder
ausgehend von den betrieblichen Gegebenheiten deterministisch
durchgeführt.

Hiernach können als Ergebnisse aus dem Aufbau des Kostenmodells
zusammenfassend festgehalten werden:

1. Für den Kostengüterverbrauch bestehen in der Regel lineare
    Abhängigkeiten. Eine Ausnahme bilden die intervallfixen Ko-
    stenverläufe, die sich für die Walzen- und Walzenbearbei-
    tungskosten, sowie die in den los- und sortenwechselabhängi-
    gen Nutzungsnebenzeiten anfallenden Brennstoff- und Energie-
    verbräuche ergeben (187). Weiterhin kann festgestellt werden,
    daß sich die Kostenabhängigkeiten nur in Ausnahmefällen, so
    z. B. im Falle des Werkstoffverbrauches, unmittelbar durch
    die Erzeugnisse erfassen lassen. Vielmehr werden in einfa-
    chen oder multiplen Funktionalzusammenhängen andere Ein-
    flußgrößen wirksam, die in direkter, indirekter oder aber kei-
    ner Beziehung zu den Erzeugnissen stehen. Sie können sowohl
    nach den qualitativen Eigenschaften der Produktionsfaktoren
    und der Erzeugnisse als auch den technischen Merkmalen der
    Betriebsanlagen und des Produktionsprozesses differenziert
    sein.

2. Die Komponenten des Kostenmodells - die Faktorpreise, die
    Kostengüterarten, das Erzeugnisprogramm und die sonstigen
    Einflußgrößen - sind hinsichtlich ihrer Wirkungen auf die Peri-
    odenkosten getrennt erfaßt. Sie stellen bis auf die Faktorpreise
    periodenbezogene Größen dar. Mit ihrer Verknüpfung zu einem
    geschlossenen Funktionensystem sind auch die formalen Vor-
    aussetzungen erfüllt, das Kostenmodell als Bestandteil des

---

186) Die Anwendung statistischer Methoden bezieht sich ausschließ-
      lich auf den technologisch bedingten, meßbaren Kostengüter-
      verzehr. Dieses Vorgehen bleibt daher unberührt von der be-
      rechtigten Kritik, die Kilger der Methode der statistischen
      Gemeinkostenplanung entgegenbringt; vgl. Kilger, W., Fle-
      xible Plankostenrechnung, S. 366 ff., S. 372 ff.; und die dort
      angegebene Literatur.
187) Vgl. S. 74 f. und die Bilder 15 und 16, Anhang II. Der Anteil
      der los- und sortenwechselabhängigen Kosten an den gesamten
      Verarbeitungskosten des untersuchten Betriebes beläuft sich
      auf ca. 15 %.

Periodenerfolgs-Rechenmodells im Sinne einer Grundrechnung
für Kalkulations-, Planungs- und Kontrollzwecke heranzuziehen. (Eine zusammenfassende Darstellung aller Komponenten
des Kostenmodells unter besonderer Berücksichtigung der Disponierbarkeit der Kosteneinflußgrößen durch die Betriebs- und
Unternehmensleitung enthält die schematische Übersicht auf
Seite 96.)

2. Absatzstruktur (Erlösmodell)

21. Vorbemerkungen

Dem betrieblichen Leistungsprozeß ist der absatzwirtschaftliche
Kombinations- und Substitutionsprozeß (188) zur Marktverwertung
der im Betrieb erstellten Güter als letztes Glied in der Kette betrieblicher Umsatzprozesse (189) nachgeordnet. In der Erforschung
absatzwirtschaftlicher Zusammenhänge und Verhaltensweisen ist
die betriebswirtschaftliche Absatzlehre von Untersuchungen im Rahmen der Volkswirtschaftslehre (Mikroökonomik) wesentlich beeinflußt worden. "Die mikroökonomische Betrachtung ist jedoch bereits
von ihrem Ansatzpunkt stark modelltheoretisch orientiert. Ihr daraus sich ergebender hoher Abstraktionsgrad macht sie für die Un-
ternehmenspolitik nur bedingt verwertbar. Vor allem steht der dis-
positive Aspekt im Mittelpunkt einer (angewandten) betriebswirtschaftlichen Lehre der Vertriebspolitik, während er in der mirko-
ökonomischen Literatur zurücktritt" (190). Die betriebliche Absatzwirtschaft geht daher in erster Linie von den Fragen aus, welche
Prinzipien oder Teilziele den vertriebs- (absatz-)politischen Maßnahmen zugrunde liegen und welche Mittel und Möglichkeiten dem
Betrieb gegeben sind, diese Ziele zu erreichen.

Die Festlegung der Teilziele vollzieht sich innerhalb des absatzpolitischen Spielraumes des Unternehmens. Sie kann in kurzfristiger
Sicht z. B. auf Fragen der Kunden- und Auftragsselektion (Prinzip
der absatzwirtschaftlichen Selektion) (191), sowie auf solche Fragen
gerichtet sein, die sich aus Konkurrenzbeziehungen zu anderen Unternehmen ergeben (Prinzip der absatzwirtschaftlichen Differenzierung) (191). Daraus leiten sich die Maßnahmen ab, die je nach der

---

188) Vgl. Banse, K., Vertriebs- (Absatz-)politik, in: Handbuch
    der Betriebswirtschaft, 3. Aufl., Bd. IV, Stuttgart 1962, S.
    5590.
189) Vgl. Gutenberg, E., Grundlagen der Betriebswirtschaftsleh-
    re, Band II, Der Absatz, 6. Aufl., Berlin-Göttingen-Heidel-
    berg 1963, S. 1 f.; im folgenden zitiert als: Der Absatz.
190) Vgl. Banse, K., Vertriebs-(Absatz-)politik, a. a. O., S. 5985.
191) Ebenda, S. 5986/87.

Schematische Übersicht
der Komponenten des Kostenmodells unter besonderer Berücksichtigung der Disponierbarkeit der Kosteneinflußgrößen durch die Betriebs- und Unternehmensleitung

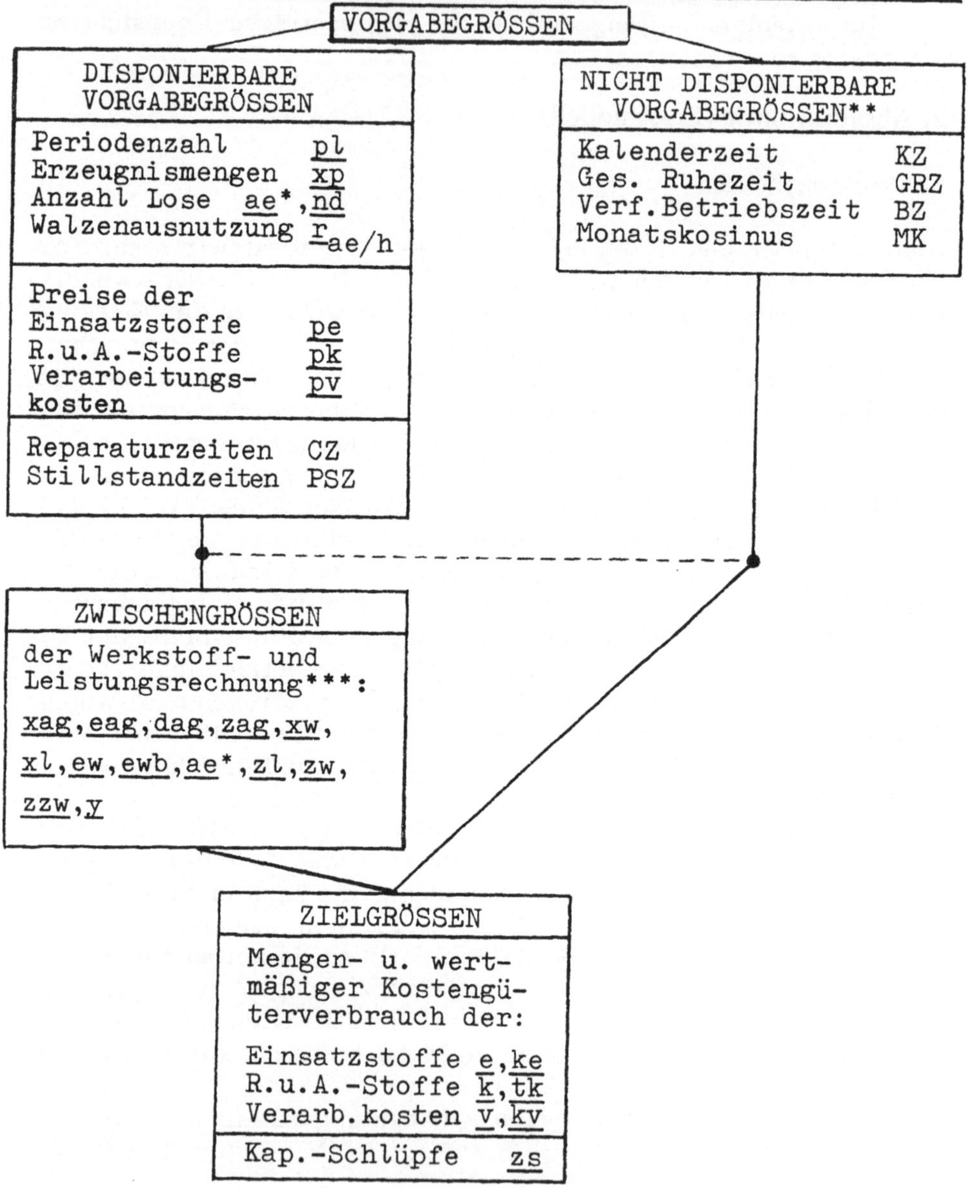

VORGABEGRÖSSEN

DISPONIERBARE VORGABEGRÖSSEN

Periodenzahl	$\underline{pl}$
Erzeugnismengen	$\underline{xp}$
Anzahl Lose $\underline{ae}$*,	$\underline{nd}$
Walzenausnutzung	$\underline{r}_{ae/h}$

Preise der Einsatzstoffe	$\underline{pe}$
R.u.A.-Stoffe	$\underline{pk}$
Verarbeitungs-kosten	$\underline{pv}$

Reparaturzeiten	CZ
Stillstandzeiten	PSZ

NICHT DISPONIERBARE VORGABEGRÖSSEN**

Kalenderzeit	KZ
Ges. Ruhezeit	GRZ
Verf.Betriebszeit	BZ
Monatskosinus	MK

ZWISCHENGRÖSSEN

der Werkstoff- und Leistungsrechnung***:

$\underline{xag}, \underline{eag}, \underline{dag}, \underline{zag}, \underline{xw},$

$\underline{xl}, \underline{ew}, \underline{ewb}, \underline{ae}*, \underline{zl}, \underline{zw},$

$\underline{zzw}, \underline{y}$

ZIELGRÖSSEN

Mengen- u. wert-mäßiger Kostengü-terverbrauch der:

Einsatzstoffe	$e, \underline{ke}$
R.u.A.-Stoffe	$\underline{k}, \underline{tk}$
Verarb.kosten	$\underline{v}, \underline{kv}$

Kap.-Schlüpfe	$\underline{zs}$

---

* Die Anzahl Lose $\underline{ae}$ ist als ganzzahlige Größe eine Vorgabegröße, als nicht ganzzahlige Größe eine abhängige Zwischengröße; vgl. zur Beschreibung der Anwendungsformen des Modells S.115 ff.

** Die nicht disponierbaren Vorgabegrößen erscheinen aus rechen-technischen Gründen als Komponenten des Vektors $\underline{y}$; vgl. S. 217, Anhang I.

*** Vgl. zur näheren Erläuterung Anhang I, S. 208, S.215/217.

betriebsindividuellen Zielsetzung z. B. in der Erhaltung, Erweiterung oder Verminderung des Absatzvolumens bei gleichbleibender oder veränderter Marktform, in der Ausgeglichenheit und Sicherheit im Absatz bestehen können (192). Bei der Durchführung dieser Maßnahmen stehen der Unternehmensleitung verschiedene absatzpolitische Instrumente zur Verfügung, von denen die Wahl der Absatzmethode, die Preispolitik, die Produktgestaltung (einschließlich Sortimentsgestaltung) und Werbung beispielhaft angeführt seien (193). Die Anwendung dieser Instrumente hängt ihrerseits von den Rahmenbedingungen der betrieblichen Dispositionen in bezug auf gesetzliche und vertragliche Regelungen, der wirtschaftlichen Entwicklung der Volkswirtschaft im allgemeinen und der Abnehmerbranchen im besonderen ab.

Beim weiteren Aufbau des Rechenmodells sollte versucht werden, die angeführten absatzpolitischen Maßnahmen und Bedingungen in ihren Auswirkungen auf die Erlöse zu erfassen und in einem System mathematischer Funktionen als Modell der "Absatzstruktur" wiederzugeben. Die Bezeichnung "Absatzstruktur" soll - analog der Vorgehensweise beim Aufbau des Kostenmodells (194) - die Art der Verflechtung zwischen den Komponenten des Erlösmodells - z. B. den Absatzmengen, Verkaufspreisen und ihren Einflußgrößen - zum Ausdruck bringen.

In der Praxis lassen sich die Abhängigkeiten zwischen den Mengen und Einflußgrößen auf der Absatzseite nur sehr viel schwieriger "in den Griff bekommen" als in weiten Bereichen der Kostenseite. Dies liegt daran, daß im Unterschied zu den - zumindest für einen längeren Zeitraum - unverändert bleibenden technologischen Bedingungen des Produktionsprozesses beim Absatzprozeß aufgrund des wechselvollen Marktverhaltens der Anbieter und Nachfrager nicht im gleichen Maße von "festen" Gegebenheiten ausgegangen werden kann. Auf die Absatzmengen wirken zudem Einflußgrößen, die nur z. T. - wie z. B. die Preise - in den Dispositionsbereich der Betriebs- bzw. Unternehmensleitung fallen. Darüber hinaus sind die aus dem marktstrategischen Verhalten der Konkurrenzunternehmen hervorgehenden Einflüsse zu berücksichtigen. Zum anderen können die Preise in der Regel nicht in allen Bereichen autonom vorgegeben werden. Vielmehr beeinflussen sich Absatzmengen und Preise

---

192) Vgl. Banse, K., Vertriebs-(Absatz-)politik, a. a. O., S. 5987.
193) Vgl. Gutenberg, E., Der Absatz, S. 123 ff.
       Zu einer anderen und um die Instrumente "Mengenpolitik, Service, Konditionen u. a." erweiterten Einteilung kommt Banse, K., Vertriebs-(Absatz-)politik, a. a. O., S. 5989/90.
194) Vgl. S. 40 f.

gegenseitig (195). - Eine besondere Problematik für die Preisbildung liegt darin, daß anstelle der einem Erzeugnis eindeutig zuordenbaren Erlöskomponente 'Verkaufspreis' in der Eisen- und Stahlindustrie eine Vielzahl unterschiedlicher Preis- und sonstiger Erlöskomponenten positiver Art - wie z. B. Grundpreise, Qualitäts-, Abmessungs- und andere Aufpreise je Erzeugnis -, sowie negativer Art in Form verschiedener Erlösminderungsarten erfaßt werden müssen. Die einzelnen Komponenten sind darüber hinaus nach weiteren absatzbezogenen Merkmalen - wie z. B. räumliche Merkmale, Merkmale des Absatzweges, der Abnehmerbranchen, Kundengruppen usw. - zu differenzieren. Als erschwerend für die Bildung von erzeugnisbezogenen Verkaufspreisen kommt hinzu, daß die Komponenten oftmals nicht hinreichend genau nach dem Prinzip der Erlösverursachung dem Erzeugnis bzw. der Erzeugnisgruppe zugerechnet werden können. "Wie bei den Kosten, so gibt es auch bei den Erlösen teils direkte, teils nur indirekte Beziehungen zwischen bestimmten Teilerlösen und den Bezugsobjekten, die im Rahmen der Absatzanalyse interessieren, beispielsweise zu Aufträgen, Absatzwegen, Verantwortungsbereichen, Funktionen usw." (196).

Die Untersuchungen zur Quantifizierung der Erlösbeziehungen des Feinstahlwalzwerkes stehen erst am Anfang. Bisher konnten lediglich Teilergebnisse erzielt werden, denen im Hinblick auf ein integriertes Erlösmodell aber auch nur ein begrenzter Aussagewert zukommt. So wurden im ersten Schritt, um überhaupt einige alternative Absatz- und Produktionspläne hinsichtlich ihrer Erfolgsauswirkungen punktuell berechnen zu können, Preisansätze und Absatzmengen für Einzelerzeugnisse in bestimmten Grenzen vorgegeben (197). Dagegen sind die Abhängigkeiten zwischen den Absatzmengen, Preisen und ihren Einflußgrößen noch weitgehend unerforscht. Ein Funktionensystem, das die Absatzaktivitäten und speziellen Absatzziele der Betriebs- und Unternehmensleitung berücksichtigt, konnte bislang nicht entwickelt werden.

---

195) Ähnlich den Preis-Absatzbeziehungen bestehen auf der Beschaffungsseite gegenseitige Abhängigkeiten zwischen den Beschaffungspreisen und -mengen. Wie an anderer Stelle erwähnt (vgl. S. 73, Fußnote 154), sind diese Zusammenhänge in der Praxis allerdings noch nicht hinreichend untersucht, um hierfür Preis-Beschaffungsfunktionen aufstellen zu können.

196) Vgl. Riebel, P., Die Deckungsbeitragsrechnung als Instrument der Absatzanalyse, in: Absatzwirtschaft, hrsg. von Hessenmüller, B. und Schnaufer, E., Baden-Baden 1964, S. 603.

197) Es handelt sich hier um Vorgaben der Verkaufsabteilungen.

Die folgenden Ausführungen bezwecken daher nur die Darstellung
der Erlösseite in ihren Grundzügen, um am Beispiel allgemeiner
Beziehungen eine Verbindung des im voraufgegangenen Teil dieser
Untersuchung aufgebauten Kostenmodells zum Absatzprozeß aufzuzeigen (198). Bei der Erläuterung dieser - stark vereinfachend wie-
dergegebenen - Beziehungen wird auf einige Probleme eingegangen,
die von grundsätzlicher Bedeutung für den Aufbau eines Erlösmodells sind. Die in diesem Zusammenhang gemachten Hinweise sind
nicht als empirisch abgesicherte Lösungsvorschläge, sondern als -
mehr oder weniger - theoretische Anmerkungen zu den Anforderungen dieses relativ wenig untersuchten Forschungsgebietes zu verstehen.

Die Untersuchungen zum Aufbau eines Erlösmodells gehen zweckmäßigerweise von der Beschreibung der Gegebenheiten aus, nach
denen sich der Absatz der Erzeugnisse des jeweils untersuchten Betriebes vollzieht. Für das hier betrachtete Feinstahlwalzwerk gelten
z. B. folgende Tatbestände:

22. Absatzprozeß

Der Verkauf der Feinstahlerzeugnisse erfolgt mit wenigen Ausnah-
men über die seit 1966 in der Eisen- und Stahlindustrie eingeführte
Vertriebsorganisation der "Walzstahlkontore" (199) und den ihnen
angeschlossenen Geschäftsstellen im In- und Ausland. Bei der Ge-
staltung der Absatzwege überwiegen im Inland und im Raume des
Gemeinsamen Marktes Lager- und Streckengeschäfte über den deutschen Stahlhandel, in Drittländern Streckengeschäfte über den Ex-

---

198) An dieser Stelle grenzt sich die vorliegende Arbeit zu den
grundlegenden Untersuchungen ab, die Kolb, J., zum Gegenstand einer eigenen Forschungsarbeit mit dem Thema macht:
Die Erlösrechnung als Bestandteil eines Periodenerfolgsmodells, a. a. O.

199) Das Ziel der Walzstahlkontore, deren Verträge mit Ausnahme
des Vertrages für das Walzstahlkontor Westfalen am 30. 6. 1071
ausliefen, ist der gemeinsame Verkauf von Eisenhüttenerzeug-
nissen zum Zwecke der Erlösstabilisierung, verbunden mit
der Abstimmung langfristiger Investitionsvorhaben, sowie besonderer Rationalisierungs- und Spezialisierungsvereinbarun-
gen. Erzeugnisse, die den kontorvertraglichen Regelungen
nicht unterliegen, werden dagegen direkt vom Werk verkauft.
Vgl. insbesondere Köhler, H. W., Walzstahlkontore, Neuartige Vertriebs-, Investitions- und Produktionsgemeinschaften
der deutschen Stahlindustrie, Düsseldorf 1967.

porthandel. Geringe Bedeutung kommt Direktverkäufen zu, die erst
ab einer festgelegten Mindest-Jahrestonnage zustande kommen. Die
Abwicklung der Geschäfte vollzieht sich auf der Grundlage eines differenzierten Preis- und Rabattsystems (200), dessen Ziel es ist,
dem Stahlhandel über seine bloße Vermittlerrolle hinaus die Funktion der Fertiglagerhaltung zu übertragen. Auf diese Weise soll erreicht werden, die Erzeuger von kostenungünstigen Kleinaufträgen
einzelner Kunden freizuhalten und statt dessen mit größeren Händ-
lerbestellungen zu bedienen. Die Bedeutung, die dem Stahlhandel
somit zukommt, wird bei Betrachtung der Abnehmerstruktur besonders klar. Diese stellt sich in einer kaum übersehbaren Zahl von
Einzelbeziehungen zu Kunden bzw. Kundengruppen dar, die den verschiedensten Abnehmerbranchen angehören, wie z. B. dem Bau-
haupt- und Baunebengewerbe, der Eisen-, Blech- und Metallindu-
strie, dem Bereich des Stahlbaus und der Stahlverformung usw. Aufgrund dieses breitgestreuten Abnehmerkreises ist es dem einzelnen Werk oftmals nicht möglich, kurzfristig und in kleinen Auftragslosen aufgegebenen Kundenbestellungen bei Wahrung wirtschaftlicher Produktionsweise nachzukommen.

23. Originäre Absatzstruktur

231. Grundkomponenten der Absatzstruktur

Bei der Ermittlung der Erlösabhängigkeiten reicht die abstrahie-
rende Einteilung der Erlöskomponenten in Absatzmengen, ihren Verkaufspreisen und Einflußgrößen i. a. nicht aus, um alle in der Wirklichkeit auftretenden Erscheinungsformen zu erfassen. Hierzu ist
vielmehr eine weitergehende Analyse notwendig, die zweckmäßigerweise - entsprechend der Vorgehensweise bei der Beschreibung der
Kostenkomponenten (201) - von einer systematischen Gruppierung
der Erlöskomponenten zu speziellen Sachgebieten ausgeht, aus denen sich die Unterscheidung der zu verwendenden Funktionstypen
ableitet.

Diese Unterscheidung sollte in den Sachgebieten "Absatzmengenrechnung" und "Erlösarten-, Erlösstellen- und Erlösträgerrechnung" (202) zum Ausdruck kommen. Sie stellen Funktionensysteme
dar, aus deren Zusammenwirken sich als Zielgrößen des Modells
der Absatzstruktur in erster Linie die Absatzmengen und die Erlöse einer Periode - untergliedert nach erzeugnis- und absatzbezo-

---

200) Vgl. im einzelnen S. 106.
201) Vgl. S. 42 f.
202) Zur näheren Begriffserklärung vgl. S. 105 f.

genen Merkmalen bzw. nach Erlösarten und sonstigen Erlöskomponenten - errechnen. Analog der Vorgehensweise auf der Kostenseite könnte hierfür die Bezeichnung Funktionensystem der "Originären Absatzstruktur" (203) verwendet werden. Die in der Absatzmengenrechnung wirksam werdenden Einflußgrößen können nach ihrer Disponierbarkeit durch die Betriebs- bzw. Unternehmensleitung unterschieden werden. Als nicht disponierbare - exogene - Einflußgrößen treten gesamtwirtschaftliche Größen auf, die z. B. aus der Entwicklung der Abnehmerbranchen und des Imports abgeleitet werden können. Zu den disponierbaren - endogenen - Einflußgrößen gehören die Bruttoverkaufspreise, sonstige Preiskomponenten - wie z. B. preispolitische Rabatte -, Absatzmengen anderer Erzeugnisse usw. In der Erlösarten-, Erlösstellen- und Erlösträgerrechnung sind die Preis- und sonstigen Erlöskomponenten (204) - wie z. B. Grundpreise, Qualitäts-, Abmessungs- und andere Aufpreise, sowie die verschiedenen Erlösminderungsarten -, im Hinblick auf ihre Zurechenbarkeit zu den Erzeugnissen zu erfassen.

232. Absatzmengenrechnung

Mit der Absatzmengenrechnung ist die Ermittlung der Abhängigkeiten verbunden, nach denen sich die Verkaufsmengen der Erzeugnisse einer Periode errechnen. Sie setzt eine eingehende Kenntnis der Marktstellung des Unternehmens, der Marktgegebenheiten und der Möglichkeiten der Marktbeeinflussung voraus. Für die Vorausschätzung der Absatzmengen bieten sich zwei grundsätzliche Verfahren an: statistische Prognosen und Verkäuferbefragungen. Beispielsweise läßt es die komplizierte Struktur des Feinstahlmarktes wegen der Vielzahl der Einzelerzeugnisse und Kundenbeziehungen unmöglich erscheinen, entweder nur das eine oder das andere Verfahren anzuwenden. Aus diesem Grunde wird es notwendig sein, beide Verfahren miteinander zu kombinieren.

2321. Statistische Prognosen

Die Anwendung statistischer Prognoseverfahren bezweckt, die ökonomischen Beziehungen zwischen Anbietern und Nachfragern mo-

---

203) In Anlehnung an den Begriff "Originäres System" von Wartmann, R. , Methoden der kurzfristigen Produktions- und Kostenplanung, a. a. O.
204) Vgl. hierzu im einzelnen S. 106.

dellhaft darzustellen. Die besonderen - oligopolistischen (205) - Marktformen in der Eisen- und Stahlindustrie legen es nahe, die Absatzmengenschätzung in zwei Schritten vorzunehmen: der Prognose der Liefermöglichkeiten für Gesamtmärkte unter Berücksichtigung der Importe und der Ermittlung der unternehmensspezifischen Anteile je Teilmarkt. Hierbei umfaßt ein Gesamtmarkt die Marktbeziehungen, die für eine Erzeugnisgruppe zwischen sämtlichen Anbietern und speziellen Abnehmerbranchen eines Marktgebietes bestehen. Dagegen bilden die Beziehungen eines Anbieters zu einzelnen Abnehmern bzw. Abnehmergruppen Teilmärkte.

Bei der Betrachtung der gesamtwirtschaftlichen Beziehungen stehen solche Größen im Mittelpunkt, die von der Betriebs- und Unternehmensleitung i. a. nicht beeinflußt werden können (exogene Einflußgrößen). Hierunter fallen die Einflüsse, die von der wirtschaftlichen Entwicklung der Abnehmerbranchen und des Stahlhandels, der Substitutionskonkurrenz (206) und der Importentwicklung im Zeitablauf zu erwarten sind. Bei der Quantifizierung dieser Zusammenhänge zur Ermittlung von Absatzmengenfunktionen kommen sowohl quantitative als auch qualitative Größen in Betracht. Zu den quantitativen Einflußgrößen zählen beispielsweise die Produktion, der Absatz und Lagerbestand der Abnehmer, die Preise gleichartiger Erzeugnisse und der Substitutionsgüter. Qualitative Einflüsse können in Präferenzen der Nachfrager für bestimmte Anbieter, Witterungseinflüssen und auch modischen Einflüssen bestehen (207). Sie sind in der Regel nicht als unabhängige Einflußgrößen des Funktionalzusammenhanges quantifizierbar. Dagegen schlägt sich ihr Einfluß indirekt bei der Zusammenfassung der Einzelerzeugnisse zu Erzeugnisgruppen und in der Differenzierung der quantitativen Einflußgrößen nieder.

Als Ermittlungsmethoden zur Quantifizierung der genannten Beziehungen kommen in erster Linie regressionsanalytische Methoden

---

205) Vgl. Fock, D. , Die Oligopole der Stahlindustrie in der Montanunion - Ihre Struktur und ihr Einfluß auf die Wettbewerbsintensität, Köln-Bonn-Berlin-München 1967.

206) In kurzfristiger Sicht spielt die Substitution von Stahl allerdings nur eine untergeordnete Rolle; vgl. auch Kutscher, H. , Die Vorausschätzungsprogramme Stahl, in: Stahl und Eisen, 91. Jg. (1971), S. 725.

207) Witterungseinflüsse sind auf dem Feinstahlmarkt beispielsweise beim Absatz an die Bauwirtschaft gegeben. Modische Einflüsse treten dagegen indirekt als Folge von Stilwandlungen bei konsumnahen Industriezweigen auf, wie z. B. Möbel-, Rundfunk- und Fernsehindustrie usw.

(abgeleitete Prognoseverfahren) (208) in Frage. Die Anwendung dieser Verfahren setzt allerdings voraus, daß geeignete statistische Daten (209) über die wirtschaftlichen Einflußgrößen verfügbar sind und im erforderlichen Umfang vorliegen. Ist diese Voraussetzung nicht erfüllt, können andere Verfahren herangezogen werden, die im Unterschied zu den abgeleiteten Prognoseverfahren die Vorausschätzung der Zielgröße Absatzmengen nicht in ihrer Abhängigkeit von anderen Einflußgrößen, sondern aus der vergangenen Entwicklung der Zielgröße selbst ableiten (autonome Prognoseverfahren). In diesem Zusammenhang sind insbesondere die Extrapolation von Zeitreihen, Autokorrelation, exponentielle Glättung usw. anzuführen (210).

Von den Liefermöglichkeiten für Gesamtmärkte ist bei der Bestimmung der Anteile auszugehen, die je Teilmarkt auf das Unternehmen entfallen. Auf die Marktanteile wirken im wesentlichen solche Größen, die in den Dispositionsbereich des Unternehmens fallen (endogene Einflußgrößen). Darunter ist die Gesamtheit der verkaufspolitischen Maßnahmen zu verstehen, mit denen entsprechend der strategischen Grundkonzeption des Unternehmens das Absatzvolumen direkt beeinflußt werden soll. Dazu gehören z. B. preispolitische Maß-

---

208) Die Wahl des geeigneten Prognoseansatzes wird weniger durch Probleme bei der mathematischen Aufbereitung als durch eine genaue Analyse der möglichen Einflußgrößen und von der Sicherheit und Vollständigkeit des statistischen Ausgangsmaterials bestimmt. Im einzelnen sei hier auf die einschlägige Literatur verwiesen, aus der hervorgehoben wird: Heiler, S. , Analyse der Struktur wirtschaftlicher Prozesse durch Zerlegung von Zeitreihen, Diss. Tübingen 1966, S. 37 ff. , S. 89 ff.; Kutscher, H. , Die Vorausschätzungsprogramme Stahl, a. a. O. , S. 720/28; derselbe, Statistische Verifizierung, Praxis der Vorausschätzungen und Resultate, in: Stahl und Eisen, 91. Jg. (1971), S. 785/90; Heckmann, N. , Schemmel, F. , Die Anwendung der Regressionsanalyse zur Entwicklung quantitativer Prognosemodelle - ihre Möglichkeiten als Hilfsmittel der Unternehmensplanung, in: ZfbF, 23. Jg. (1971), S. 42/54; Wartmann, R. , Trendextrapolation bei Zeitreihen, in: Metrika (1961), Heft 3, S. 237/46.

209) Vgl. hierzu Wirtschaftsvereinigung Eisen- und Stahlindustrie: Abnehmergruppenstatistik (jährlich) - Einfuhr der BRD an Walzstahlerzeugnissen in der Abgrenzung des Montanunionvertrages (jährlich) - Gesamtabsatz an Walzstahlerzeugnissen (jährlich); Statistisches Bundesamt, Wiesbaden, Monatliche Berichte.

210) Vgl. die Literaturangaben unter Fußnote 208)

nahmen, Service- und Werbeaufwendungen. In der Praxis werden
sich die Auswirkungen derartiger "absatzpolitischer Instrumente auf
die Absatzmengen wegen der Vielzahl der vorkommenden Einflußgrößen allerdings nur in seltenen Fällen statistisch ermitteln (211)
und in Funktionen abbilden lassen. In der Mehrzahl der Fälle wird
man sich damit begnügen müssen, auf der Grundlage von Trendex-
trapolationen Ober- und Untergrenzen für die Marktanteile vorzugeben und anhand dieser Größen alternative Absatzpläne aufzustellen (212). Bei der Festlegung der Marktanteile sollte eine Differenzierung nach erzeugnis- und absatzbezogenen Merkmalen angestrebt
werden, die mit der Untergliederung der Preis- und sonstigen Erlöskomponenten (213) übereinstimmt, da sonst eine Bewertung der
Absatzmengen zur Ermittlung der Periodenerlöse nicht möglich ist.

2322. Verkäuferbefragungen

Führen die statistischen Prognoseverfahren nicht zu den gewünschten Ergebnissen - sei es aufgrund fehlenden Datenmaterials oder
unzureichender statistischer Sicherheit der ermittelten Abhängigkeiten - wird man die Absatzmengen auf dem Wege der Verkäufer-
befragung bestimmen bzw. ergänzen müssen.

Dieses Verfahren geht von den individuellen Verkaufserwartungen
des einzelnen Verkäufers aus. Es bringt den Vorteil mit sich, daß
die Absatzmengen wegen der direkten Beziehungen des Verkäufers
zu seinem Kundenkreis gegebenenfalls in ihrer detailliertesten Untergliederung - nach Einzelerzeugnis, Kunde, Verkaufsbezirk usw. -
geschätzt werden können. Andererseits läuft die Unternehmensleitung Gefahr, daß die subjektiven Erwartungen des Verkäufers nicht
frei von Fehleinschätzungen der tatsächlichen Marktlage sind. Um
dies zu vermeiden, sollten auch bei Anwendung dieses Verfahrens
differenzierte zahlenmäßige Unterlagen über die Verkaufsmengen
vergangener Zeiträume verfügbar sein, die als Richtwert für das
zukünftige Absatzmengenaufkommen herangezogen werden können.

---

211) Zu dieser Schlußfolgerung kommt auch Kolb, J., Die Erlös-
     rechnung als Bestandteil eines Periodenerfolgsmodells, a.
     a. O.
212) Als Kriterium für die wirtschaftliche Beurteilung der Absatz-
     pläne gilt letztlich der mit ihrer Verwirklichung erzielbare
     Periodenerfolg. Hier wird deutlich, daß die Marktanteile nicht
     isoliert, sondern nur simultan mit der Planung sämtlicher für
     den jeweiligen Betrieb wirksam werdenden Kosten- und Erlös-
     einflußgrößen vorausgeschätzt werden können.
213) Vgl. dazu im einzelnen die Ausführungen S. 106 f.

Wenn die vorstehenden Untersuchungen brauchbare zahlenmäßige Ergebnisse erbracht haben, kann hierfür ein Funktionensystem aufgestellt werden, aus dem die Absatzmengen einer Periode errechnet werden. Im Rahmen dieser Arbeit können - wie eingangs erwähnt (214) - zunächst nur vereinfachende formale Zusammenhänge beschrieben werden (215).

Vektoren

$\underline{oe}$ Gesamtwirtschaftliche (exogene) Einflußgrößen für den Absatz von Feinstahlerzeugnissen

$\underline{xoe}$ Absatzmengen / Periode der Feinstahlerzeugnisse je Gesamtmarkt

$\underline{xad}$ Absatzmengenvorgaben   "   "   Erzeugnisse des Feinstahlwalzwerkes m.d.Merkm. Profil(P), Abm.(A), Qual.(Q), Erlösstellen(Est)

$\underline{xa}$ Absatzmengen   "   "   "   "   "   " " "   "

Matrizen

$\underline{R}_{xoe/oe}$ Koeffizienten des gesamtmarktbezogenen Feinstahlabsatzes

$\underline{R}_{xa/xoe}$ "   der unternehmensbezogenen Marktanteile

$\underline{B}_{xa/xad}$ Bündelmatrix " Absatzmengen der Erzeugnisse des Feinstahlwalzwerkes

Das Absatzmengenaufkommen einer Periode errechnet sich je Gesamtmarkt in der Untergliederung nach Erzeugnisgruppen und Abnehmerbranchen in Abhängigkeit gesamtwirtschaftlicher Einflußgrößen aus der nachstehenden Beziehung:

$$(4.1) \qquad \underline{xoe} = \underline{R}_{xoe/oe} \, \underline{oe}$$

---

214) Vgl. S. 99.

215) Vgl. dagegen die für den praktischen Gebrauch schon sehr aussagefähigen Untersuchungsergebnisse einer Prognoserechnung für Spundwanderzeugnisse bei Kolb, J., Die Erlösrechnung als Bestandteil eines Periodenerfolgsmodells, a.a.O.

Ausgehend vom Absatzmengenaufkommen je Gesamtmarkt werden
die unternehmensspezifischen Absatzmengen in der Differenzierung
nach erzeugnis- und absatzbezogenen Merkmalen über die geschätzten Marktanteile und/oder detaillierte Vorgaben ermittelt. Der Zusammenhang lautet:

$$(4.2) \qquad \underline{xa} = \underline{R}_{xa/xoe} \, \underline{xoe} + \underline{B}_{xa/xad} \, \underline{xad}$$

233. Erlösarten-, Erlösstellen-, Erlösträgerrechnung

Die mit der "Erlösarten-, Erlösstellen- und Erlösträgerrechnung"
verfolgte Zielsetzung liegt in der Aufbereitung aller für die Bewertung (216) der Absatzmengen relevanten Preis- und sonstigen Erlöskomponenten, die es anstelle der einem Erzeugnis eindeutig zuordenbaren Erlöskomponente 'Verkaufspreis' zu unterscheiden gilt.
Dabei sollte - entsprechend dem Prinzip der Kostenverursachung
auf der Kostenseite - das Prinzip der Erlösverursachung im Vordergrund stehen.

Eine Erlösanalyse führt zunächst zur Unterscheidung folgender in
der Eisen- und Stahlindustrie vorkommenden "Erlösarten", die je
Marktgebiet, Absatzweg, Abnehmerbranche usw. unterschiedliche
Bedeutung haben können (217):

---

216) Bei Vorliegen gegenseitiger Abhängigkeiten zwischen den Ab-
     satzmengen und Preisen müßte die Mengen- und Erlösplanung
     simultan erfolgen. Beim Aufbau des Funktionensystems für ein
     Erlösmodell wären hierfür die entsprechenden Voraussetzun-
     gen zu schaffen. In der folgenden Darstellung bleiben diese
     Gesichtspunkte allerdings unberücksichtigt.
217) Die folgende Aufzählung erhebt nicht den Anspruch auf Voll-
     ständigkeit; vgl. im einzelnen die ausführliche und systema-
     tische Darstellung bei Kolb, J., Die Erlösrechnung als Be-
     standteil eines Periodenerfolgsmodells, a.a.O.; Hay, P.H.,
     Bodewig, H., Die Erlösanalyse, in: Stahl und Eisen, 85. Jg.
     (1965), S. 866/72. Die Differenzierung der Preis- und sonsti-
     gen Wertkomponenten wird wesentlich durch die im Montan-
     vertrag vom 18.4.1971 enthaltenen Bestimmungen beeinflußt.
     Hiernach sind die Unternehmen der Eisen- und Stahlindustrie
     dazu verpflichtet, ihre Preis- und Verkaufsbedingungen zwecks
     Verhinderung von Preisdiskriminierungen in sogenannten
     "Preislisten" zu veröffentlichen (vgl. Art. 60, 2a); vgl. in
     diesem Zusammenhang die Preislisten des Walzstahlkontors
     Westfalen.

Preiskomponenten   -   Grundpreise, Abmessungsaufpreise, Qualitätsaufpreise, sonstige Aufpreise für Zusatzleistungen

Erlösminderungs-   -   Preispolitische Rabatte, wie z. B. arten mit absatz- politischem Cha- rakter — Positions-, Angleichungsrabatte; Funktionsrabatte, wie z. B. Händlerrabatte bei Lager- und Streckengeschäften, Verbraucherrabatte, Jahresmengenrabatte usw.

"Erlösminderungs-   -   Zölle, Umschlagskosten, Versicherungen, Agenten- und Vertreterprovisionen usw.

arten mit Kostencharakter" (Vertriebseinzelkosten)

usw.

Die Bezeichnung der Vertriebseinzelkosten als "Erlösminderungen mit Kostencharakter" erklärt sich hierin wie folgt: Bisher werden in der Eisen- und Stahlindustrie die Leistungen, die direkt im Zusammenhang mit dem Umsatz anfallen, aber nicht in den Umsatzselbstkosten enthalten sind, als Erlösminderungen ausgewiesen (218). Die nicht als Einzelkosten erfaßbaren allgemeinen Vertriebskosten - wie z. B. Kosten der Vertriebsleitung, Werbung, Marktforschung usw. (219) - werden dagegen über den Bruttoumsatz zwecks Ermittlung von Fabrikateerfolgen auf die Erzeugnisse verrechnet.

Diese Vorgehensweise befriedigt insofern nicht, als im Fall der Vertriebseinzelkosten dem Kostencharakter dieser speziellen Kostenart nicht entsprochen wird und im Falle der allgemeinen Vertriebskosten eine mehr oder weniger willkürliche Verrechnung vorgenommen wird. Bei der hier vertretenen Modellauffassung eines Periodenerfolgs-Rechenmodells sollten im Sinne der Vorgehensweise bei der Ermittlung der Kosten- und Erlösfunktionen auch die Abhängigkeiten im Vertriebskostenbereich zunächst als eigenständiges Funktionensystem dargestellt und dann mit dem (Produktions-)Kosten- und Erlösmodell zusammengefaßt werden.

---

218) Vgl. Brunner, M., Grebe, G., Kosten- und Leistungsrechnung in der Eisen- und Stahlindustrie, in: Rechnungswesen als Führungsinstrument, Schriftenreihe des BDI und RKW, S. 92/93.

219) Vgl. zur differenzierten Darstellung von Vertriebskostenarten Hessenmüller, B., Kosten- und Erfolgsrechnung im industriellen Vertrieb, Baden-Baden 1966, S. 11 ff.

Eine verursachungsgerechte Zuordnung der vorstehenden Erlöskomponenten auf die Erzeugnisse könnte unter der Voraussetzung erfolgen, daß die Gliederung der Erzeugnisse nach den gleichen absatzbezogenen Merkmalen vorgenommen wird und keine gegenseitigen Abhängigkeiten zwischen den Erlösen verschiedener Erzeugnisse bestehen. Das Erzeugnis wäre in diesem Fall der eindeutig kalkulierbare "Erlösträger" (220). Ein solches Vorgehen würde bei der Vielzahl der in der Praxis vorkommenden Kombinationsmöglichkeiten aller Merkmale jedoch zu einer kaum übersehbaren und für die laufende rechnerische Erfassung unpraktikablen Anzahl an Erlösträgern führen. Andererseits ist die Voraussetzung der eindeutigen Zurechenbarkeit nicht in allen Fällen erfüllt. In diesem Zusammenhang kann zwischen "echten" und "unechten Gemeinerlösen" unterschieden werden (221). Um echte Gemeinerlöse, die nur über Äquivalenzziffern oder Schlüsselgrößen dem Erlösträger zugerechnet werden können, handelt es sich beispielsweise, wenn im Falle eines aus mehreren Einzelpositionen bestehenden Auftrages Preisnachlässe als Boni ab einer bestimmten Auftragsgröße, aber für die Gesamtheit des Auftrages gewährt werden. Dagegen stellen Jahresmengenrabatte unechte Gemeinerlöse dar, wenn sie - was aufgrund ihres Einzelerlöscharakters möglich wäre - nicht bei dem einzelnen Auftrag bzw. Erzeugnis, sondern aus Wirtschaftlichkeitsgründen bei der Summe aller von einem Kunden innerhalb eines Jahres bestellten Aufträge erfaßt und ausgewiesen werden.

Es empfiehlt sich deswegen, die Entstehungsbereiche der Erlöse nach der Maßgabe bedeutender Erlösunterschiede bei den Erzeugnissen nach "Erlösstellen" (222) zu gruppieren und innerhalb einer Erlösstelle nach weiteren isoliert erfaßbaren Erlöskomponenten zu unterscheiden. Hierbei sollten aus der Gliederung der Erlösstellen - ähnlich der Bedeutung der Kostenstellen auf der Kostenseite - die wichtigsten, den Absatzprozeß eines Erzeugnisses bestimmenden Merkmale zu entnehmen sein, wie z. B. Art und Ort seiner Ver-

---

220) Unter dem Aspekt der Zurechnung der Erlösarten auf die Erzeugnisse ergibt sich für den Erlösträgerbegriff eine Analogie zum Kostenträgerbegriff, vgl. dazu Laßmann, G., Die Kosten- und Erlösrechnung, a. a. O., S. 119.
221) In Analogie zu den Begriffen "echte" und "unechte Gemeinkosten" bei Riebel, P., Die Preiskalkulation auf der Grundlage von "Selbstkosten" oder von relativen Einzelkosten und Deckungsbeiträgen, a. a. O., S. 584; derselbe, Deckungsbeitragsrechnung, a. a. O., Sp. 389.
222) Vgl. Laßmann, G., Die Kosten- und Erlösrechnung ..., a. a. O., S. 119.

wendung, eingeschlagener Absatzweg usw. (223). Die zusätzlichen Erlöskomponenten einer Erlösstelle - wie z. B. spezielle Zusatzleistungen - stellen für das einzelne Erzeugnis indirekt zurechenbare Erlöse dar. Eine Zurechnung dieser Erlöskomponenten auf die Erzeugnisse erübrigt sich, wenn sie bei der Bestimmung der Periodenerlöse zusätzlich zu den von den Absatzmengen direkt abhängigen Erlösen vorgegeben werden. Erfolgt die Bewertung der Absatzmengen jedoch mit stückbezogenen 'Nettoerlösen' (224) bzw. Verkaufspreisen, kann eine Zurechnung über statistisch ermittelte Anteile vorgenommen werden. Hierbei können allerdings Ungenauigkeiten auftreten, wenn es sich um die Zurechnung echter Gemeinerlöse handelt.

Die Abhängigkeiten zwischen den Preis- und sonstigen Erlöskomponenten können - wenn hierfür quantitative Unterlagen vorliegen - in dem Funktionensystem der Erlösarten-, Erlösstellen- und Erlösträgerrechnung abgebildet werden. Die Verknüpfung dieses Systems mit dem Absatzmengen- bzw. Prognoseteil ergäbe das geschlossene Erlösmodell, mit dem die mengen- und wertmäßigen Einflußgrößen hinsichtlich ihrer Auswirkungen auf die Periodenerlöse für Planungs- und Kontrollzwecke berechenbar sind. Das Funktionensystem könnte ebenfalls für eine Erlösträgerkalkulation verwendet werden. Als Ergebnis einer derartigen Kalkulation (225) erhielte

---

223) Das folgende Beispiel einer 'Erlösstelle' möge den Sachverhalt verdeutlichen:

Profil:	Winkelstahl
Marktgebiet:	Inland
Absatzweg:	Streckengeschäft
Abnehmerbranche:	Landmaschinenindustrie
Zusatzleistung:	Strahlenentzundern, Primer-Anstrich

224) Die Unterscheidung verschiedener Preiskomponenten hat dazu geführt, daß der Begriff "Erlös" in der Eisen- und Stahlindustrie als stückbezogene Größe verstanden wird. Dies steht im Gegensatz zu der Auffassung in der Betriebswirtschaftslehre, in der der Erlös als periodenbezogene Größe das Ergebnis aus dem Produkt zwischen Absatzmengen und Verkaufspreis ist, während in der Eisen- und Stahlindustrie für den gleichen Begriffsinhalt der Begriff 'Umsatz' verwendet wird.

225) Die Durchführung einer Erlösträgerkalkulation beschreibt Kolb am Beispiel eines in sich geschlossenen Funktionensystems für eine Grobstraße; vgl. Kolb, J., Die Erlösrechnung als Bestandteil eines Periodenerfolgsmodells, a. a. O.

man - vergleichbar mit den Kostenträgerkosten einer Kostenkalkulation - die Nettoerlöse der Erzeugnisse. Werden die Absatzmengen einer Periode mit diesen Preisen bewertet, lassen sich auch auf diese Weise - anstelle einer Rechnung mit den ausführlichen Modellbeziehungen - die Periodenerlöse bestimmen. Etwaige, durch die Schlüsselung nicht zurechenbarer Erlöskomponenten verursachte Ungenauigkeiten müßten hierbei allerdings in Kauf genommen werden.

Die alternativen Preisansätze, die in Ermangelung empirisch ermittelter Erlösabhängigkeiten als Vorausschätzungen der Verkaufsabteilungen bisher in das Rechenmodell für das Feinstahlwalzwerk eingingen, wird man bei Vorliegen eines vollständigen Funktionensystems dann auch hierüber errechnen können. Hiermit ist zugleich der theoretische Zusammenhang mit dem zu einem späteren Zeitpunkt aufzubauenden Erlösmodell aufgezeigt worden. Die Darstellung der formalen Beziehungen zur Ermittlung der Periodenerlöse beschränkt sich vorerst auf die folgenden allgemeinen Ableitungen (226):

Vektoren

$\underline{pa}$	Preise bzw. Nettoerlöse	der Erzeugnisse des Feinstahlwalzwerkes m.d.Merkm. Profil(P), Abm. (A), Qual. (Q), Erlösstellen(Est)		
$\underline{u}$	Erlöse / Periode	" Absatzmengen "	"	" " "	"
U	Gesamterlöse	"	"	"	"	"

Die Erlöse einer Periode errechnen sich in der Untergliederung nach erzeugnis- und absatzbezogenen Merkmalen sowie als Gesamterlöse nachstehend aus:

$$(4.3) \qquad \underline{u} = \underline{Dpa}\ \underline{xa}$$

$$(4.4) \qquad \underline{U} = \underline{pa}'\underline{xa}$$

---

226) Vgl. die Angaben zur allgemeinen Schreibweise auf S.50 , Fußnote 98).

234. Mathematisches Modell der "Originären Absatzstruktur"

Die in den vorhergehenden Abschnitten beschriebenen Erlösbeziehungen lassen sich in einem Gesamtsystem - dem Modell der "Originären Absatzstruktur" (Schema X) (227) - darstellen. Dieses Modell ist - gemessen an den bisher vorliegenden zahlenmäßigen Untersuchungsergebnissen - zunächst nur für eine punktuell alternierende Erlösvorausschau und -kontrolle geeignet.

24. Zusammenfassung der Ergebnisse

Das Ziel der vorstehenden Ausführungen bestand darin, die Erlösseite in ihren Grundzügen zu behandeln, um am Beispiel von allgemeinen Beziehungen (228) eine Verbindung des im ersten Teil dieser Untersuchung aufgebauten Kostenmodells zum Absatzprozeß aufzuzeigen. Quantitative Ergebnisse für die zwischen den Absatzmengen, Preisen und ihren Einflußgrößen bestehenden Abhängigkeiten liegen bisher nicht vor, da diesbezügliche Untersuchungen erst am Anfang stehen. Für den praktischen Einsatz des Rechenmodells werden, um überhaupt einige alternative Absatz- und Produktionspläne im Hinblick auf ihre Erfolgsauswirkungen punktuell berechnen zu können, Preise und Absatzmengen für Einzelerzeugnisse in bestimmten Grenzen nach Angaben der Verkaufsabteilungen vorgegeben.

Ein auf empirischen Unterlagen aufbauendes Funktionensystem, das alle wesentlichen Erlösbeziehungen enthält, konnte bislang nicht entwickelt werden.

Bei der Erläuterung der - sehr vereinfachend dargestellten - formalen Beziehungen wurde auf einige grundsätzliche Erkenntnisse hingewiesen, die von allgemeiner Bedeutung für den Aufbau eines Erlösmodells sind. Diese können wie folgt zusammengefaßt werden:

Die Erlöse hängen i. a. von Einflußgrößen ab, die einerseits bei der Vorausschätzung der Absatzmengen und andererseits bei der Auf-

---

227) Vgl. Anhang II, Abbildungen.
   Das System enthält zeilenweise die in den vorhergehenden Abschnitten abgeleiteten Funktionen: (4.1, (4.2).
   Zur Erläuterung der Systemkomponenten vgl. Anhang I, S. 212.
   Die mathematische Darstellungsform eines derartigen Systems geht zurück auf Wartmann, R., Methoden der kurzfristigen Produktions- und Kostenplanung, a. a. O.
228) Vgl. Fußnote 227).

bereitung der für die Bewertung der Absatzmengen in Frage kommenden Preis- und sonstigen Erlöskomponenten zu berücksichtigen sind (229). Die Trennung dieser Problemkreise sollte in den Begriffen "Absatzmengenrechnung" und "Erlösarten-, Erlösstellen- und Erlösträgerrechnung" zum Ausdruck kommen.

Im Zusammenhang mit der Absatzmengenschätzung kann zwischen einer auf 'Gesamtmarkte' und einer auf 'Teilmärkte' bezogenen Einflußgrößenanalyse unterschieden werden. Im ersten Schritt werden sich die Absatzmengen nur für Erzeugnisgruppen und globale Marktgebiete in Abhängigkeit gesamtwirtschaftlicher Einflußgrößen bestimmen lassen. Hiernach können über alternativ vorzugebende Marktanteile die auf das Unternehmen fallenden Absatzmengen ermittelt werden. Die in diesem Zusammenhang aus Bewertungsgründen anzustrebende Differenzierung der Absatzmengen nach erzeugnis- und absatzbezogenen Merkmalen kann mit statistischen Verfahren nur selten erreicht werden, weil die statistischen Unterlagen in den meisten Fällen nicht detailliert genug vorliegen. In diesem Fall wird es notwendig sein, die fehlenden Angaben über Verkäuferbefragungen einzuholen.

Bei der Bewertung der Absatzmengen tritt an die Stelle von den einzelnen Erzeugnissen eindeutig zuordenbaren Verkaufspreisen eine Vielzahl unterschiedlicher Preis- und sonstiger Erlöskomponenten. Diese sind i. a. nach den verschiedensten erzeugnis- und absatzbezogenen Merkmalen differenziert. Die Untergliederung der Einzelerzeugnisse nach allen erlöswirksamen Komponenten würde wegen der zahlreichen Kombinationsmöglichkeiten mit einem für die laufende rechnerische Erfassung zu großem wirtschaftlichen Aufwand verbunden sein. Darüber hinaus ist für bestimmte Erlösarten die Voraussetzung der eindeutigen Zurechenbarkeit nicht immer erfüllt. Die Schlüsselung derartiger "echter" und "unechter Gemeinerlöse" sollte aber wegen der damit verbundenen Ungenauigkeiten grundsätzlich vermieden werden.

Es ist deshalb anzustreben, die Absatzmengen, Preis- und sonstigen Erlöskomponenten, sowie die Einflußgrößen hinsichtlich ihrer Wirkungen auf die Periodenerlöse getrennt zu erfassen und in einem geschlossenen Funktionensystem zu beschreiben. Dieses Erlösmodell könnte dann als Bestandteil des "Periodenerfolgs-Rechenmodells" im Sinne einer Grundrechnung für die Zwecke der Planung

---

229) Darüber hinaus können zwischen den Absatzmengen und Preisen gegenseitige Abhängigkeiten bestehen. Im Rahmen dieser allgemeinen Darstellung wurde darauf aber nicht näher eingegangen.

und Kontrolle verwendet werden. (Eine zusammenfassende Darstellung der wichtigsten Komponenten eines Erlösmodells unter besonderer Berücksichtigung der Disponierbarkeit der Erlöseinflußgrößen durch die Betriebs- und Unternehmensleitung enthält in allgemeiner Form die schematische Übersicht auf Seite 114.)

3. Integrierte Betriebs- und Absatzstruktur (Periodenerfolgs-Rechenmodell)

In den bisherigen Untersuchungen wurden für das Feinstahlwalzwerk die Kosten- und Erlösabhängigkeiten von ihren Einflußgrößen ermittelt bzw. - was die Erlösseite betrifft - mehr in ihrer allgemeinen Form beschrieben und in getrennten Teilmodellen, dem Modell der "Originären Betriebsstruktur" (Kostenmodell) und der "Originären Absatzstruktur" (Erlösmodell), dargestellt. Mit der Verknüpfung beider Systeme zum Modell der "Integrierten Betriebs- und Absatzstruktur" wird der Aufbau des Periodenerfolgs-Rechenmodells abgeschlossen (Schema XIIIa) (230).

Dieses Modell ist die Grundlage für alle anwendungsbezogenen Rechenoperationen im Hinblick auf Planung und Kontrolle des Periodenerfolges, sowie seiner Bestandteile Periodenkosten und Periodenerlöse. Als Komponenten enthält es daher sämtliche Größen, die im Zusammenhang mit dem Aufbau des Kosten- und Erlösmodells unterschieden wurden. Im einzelnen sind dies auf der Kostenseite die Kostengüterarten, Kostengüterpreise, das Erzeugnisprogramm und sonstige Kosteneinflußgrößen, auf der Erlösseite das Absatzprogramm, die Nettoerlöse bzw. Verkaufspreise und die - bisher allerdings nicht empirisch nachgewiesenen - absatzmengenbestimmenden Einflußgrößen.

Der Ansatzpunkt für die Verknüpfung der Teilmodelle ist mit den Beziehungen gegeben, die zwischen dem Absatzprogramm (Zielgröße $\underline{xa}$ des Erlösmodells) und dem Erzeugnisprogramm (Vorgabegröße $\underline{xp}$ des Kostenmodells) bestehen. Die formalen Voraussetzungen für die Verknüpfung werden mit der Angabe von Summierungsvorschriften (Bündelmatrix $\underline{B}_{xp/xa}$) erfüllt, nach denen die Absatzmengen über die absatzbezogenen Merkmale zu dem Erzeugnisbegriff des Betriebes zu bündeln sind. Die Verknüpfungsbeziehungen lauten demnach:

---

230) Dieses System enthält zeilenweise die beim Aufbau des Kosten- und Erlösmodells abgeleiteten Funktionen; vgl. im einzelnen die Schemata I und X. Zur Erläuterung der Systemkomponenten vgl. Anhang I, S. 213.

Vereinfachende schematische Übersicht

der wichtigsten Komponenten eines Erlösmodells unter besonderer Berücksichtigung der Disponierbarkeit der Erlöseinflußgrößen durch die Betriebs- und Unternehmensleitung

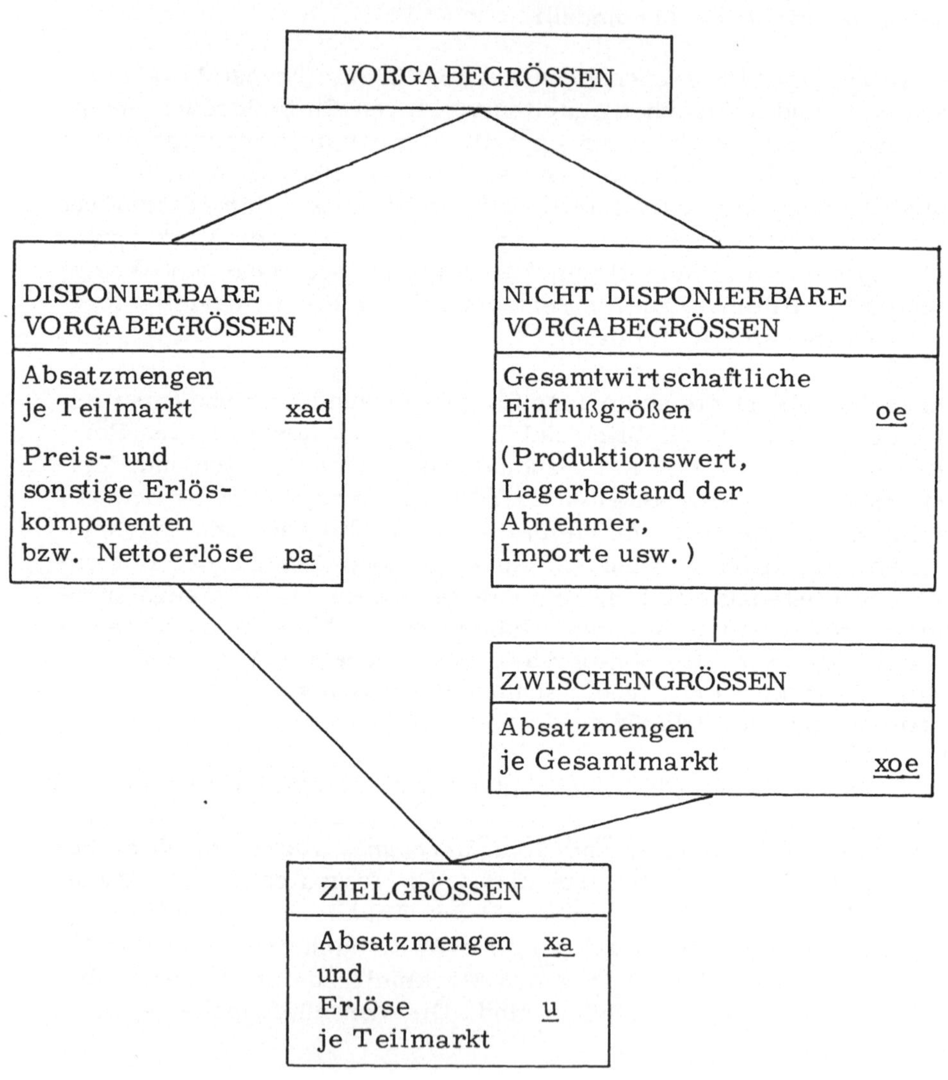

$$(5.1) \qquad \underline{xp} = \underline{B}_{xp/xa}\,\underline{xa}$$

Hiernach bestimmen sich die Erzeugnismengen des Betriebes in direkter Abhängigkeit von den Absatzmengen. Dies bedeutet, daß Gesichtspunkte der Fertiglagerhaltung zunächst vernachlässigt werden. Im Zusammenhang mit der Verknüpfung mehrerer Teilperiodenmodelle wird diese vereinfachende Annahme allerdings aufgegeben (231).

So ist es auch zu verstehen, daß sich der Periodenerfolg G als Differenz zwischen den periodenbezogenen Erlös- und Kostengrößen zunächst ohne Berücksichtigung von Bestandsveränderungen (232) bei den Fertigerzeugnissen errechnet. Unter Verwendung der beim Aufbau des Rechenmodells für die Werkstoff- und Verarbeitungskosten und Erlöse hergeleiteten Beziehungen (233) lautet der Zusammenhang:

$$
\begin{array}{lllll}
 & \text{Erfolg} & \text{Erlöse} & \text{Werkstoff-} & \text{Verarbeitungs-} \\
 & & & \text{kosten} & \text{kosten} \\
(5.2) & G & = \underline{pa'xa} & - (\underline{pe'e} + \underline{pk'k} + & \underline{pv'v}) \\[2mm]
 & & = U & - (Ke \ + \ Tk \ + & Kv)
\end{array}
$$

II. Anwendungen des Modells

Nachdem in den vorhergehenden Abschnitten der Aufbau des Rechenmodells erfolgte, werden im folgenden seine Anwendungsmöglichkeiten beschrieben. Hierbei soll gezeigt werden, daß sich - entsprechend der einleitend formulierten Zielsetzung - die an das Modell gestellten Anforderungen auf der Grundlage eines einheitlichen Rechensystems im Sinne einer Grundrechnung erfüllen lassen.

Im Mittelpunkt dieser Beschreibung stehen Umformungen der originären Beziehungen des Strukturmodells. Obwohl diese bereits zu

---

231) Vgl. dazu im einzelnen die Ausführungen auf S.158 f.
232) Die Ermittlung des Periodenerfolges unter Berücksichtigung von Lagerbestandsveränderungen wirft Probleme der Bestandsbewertung auf, die noch gesondert behandelt werden; vgl. dazu die Ausführungen auf S. 156 f.
233) Vgl. dazu die Beziehungen (1. 7), 3. 4) und (4. 4).

einem großen Teil praktisch erprobt werden konnten, ist eine Darstellung der numerischen Ergebnisse wegen des Modellumfanges (234) an dieser Stelle nicht möglich. Aus diesem Grunde beschränken sich die folgenden Ausführungen auf die Wiedergabe der formalen Zusammenhänge.

1. Kalkulationsrechnung

11. Inhalt der Kalkulationsrechnung

Der mit Kalkulationsrechnungen verfolgte Zweck liegt in der Ermittlung stück- bzw. einflußgrößenbezogener Kosten- und Erlösgrößen. Beispiele hierfür sind Kostenträgerkosten, Nettoerlöse, Fabrikateerfolge, Deckungsbeiträge usw. Das vorliegende Rechenmodell wurde in erster Linie für die Ermittlung periodenbezogener Kosten, Erlöse und Erfolge konzipiert und aufgebaut. Es ist daher anzunehmen, daß stückbezogene Rechnungen im Rahmen dieser Untersuchung von untergeordneter Bedeutung sind. Wenn trotzdem die Kalkulationsrechnung (235) als eine der wesentlichen Anwendungen dieses Modells herausgestellt wird, so hat dies folgende Gründe:

- Kalkulationsergebnisse werden beispielsweise zur Bewertung der Halb- und Fertigfabrikatebestände benötigt. Im Zusammenhang mit Preisüberlegungen für einzelne Erzeugnisse kommt ihnen - auch heute noch - in der Praxis Bedeutung zu. Hierzu ist allerdings kritisch anzumerken, daß stückbezogene Einzelgrößen für die Preisstellung keine ausreichenden Beurteilungsgrößen darstellen, weil sie keinen Vergleich mit den (Perioden-)Erfolgsveränderungen ganzer Erzeugnisprogramme zulassen. Das Rechenmodell sollte als mehrzweckorientiertes System aber dennoch in der Lage sein, in Anlehnung an die bisher in der Praxis gebräuchlichen Verfahren auch "diese Größen mindestens in der bisherigen Genauigkeit zu bestimmen" (236).

---

234) Das vorliegende Funktionensystem der "Integrierten Betriebs- und Absatzstruktur" (Schema XIII a) beinhaltet ca. 6500 Zeilen- und 7500 Spaltenvariablen.
235) Im folgenden werden lediglich die Fragen der Kostenkalkulation behandelt. Dagegen bleiben die Gesichtspunkte der Erlöskalkulation, wie sie bei der Beschreibung des Erlösmodells bereits angedeutet wurden (vgl. S.109), berücksichtigt.
236) Vgl. Laßmann, G., Die Kosten- und Erlösrechnung ..., a.a. O., S. 148.

- Eine Kostenanalyse, in der die Einflußgrößen hinsichtlich ihrer Kostenauswirkungen gewichtet werden, bedingt die Bewertung dieser Größen mit den von ihnen verursachten Kosten.

  Dieser Analyse kommt im Rahmen der vorliegenden Untersuchung nicht zuletzt deswegen besondere Bedeutung zu, weil hier am Beispiel der ermittelten Kostensätze noch einmal die wesentlichen Unterschiede (237) des Rechenmodells gegenüber denjenigen Systemen der Kosten- und Erlösrechnung aufgezeigt werden können, die in erster Linie auf stückbezogenen Rechnungen aufbauen.

- Bei Planungs- und Kontrollrechnungen wird aus Gründen einer rationelleren Rechenweise oftmals nicht von den originären - periodenbezogenen - Beziehungen des Strukturmodells ausgegangen, sondern von den bestimmten Einflußgrößen zugerechneten Kosten, Erlösen und Erfolgen.

12. Originäre Betriebsstruktur mit zugerechneten Kostenarten, Einsatz-, Rest- und Ausfallstoffen

Das Modell der "Originären Betriebsstruktur" enthält alle kostenbestimmenden Komponenten des Rechenmodells in ihrer funktionalen Verknüpfung. Im einzelnen sind dies die Kostengüterarten, Kostengüterpreise, das Erzeugnisprogramm und sonstige Kosteneinflußgrößen. Diese Größen wurden beim Aufbau des Kostenmodells zur Charakterisierung ihrer gegenseitigen Beziehungen in Vorgabe-, Zwischen- und Zielgrößen eingeteilt (238). Für die Zielgrößen des Kostenmodells - den mengen- und wertmäßigen Kostengüterverbrauch - ergaben sich funktionale Abhängigkeiten sowohl von den Vorgabegrößen (z. B. Erzeugnisprogramm, Periodenlänge, Sortenwechsel, Anzahl Lose usw.) als auch von den Zwischengrößen (z. B. Einsatzmengen, Betriebsmittelzeiten usw.). Hierbei kennzeichnete der von den Zwischengrößen abhängige Kostengüterverbrauch indirekte Kostenbeziehungen zu den Erzeugnissen oder anderen Vorgabegrößen.

Die Ermittlung des wertmäßigen Kostengüterverbrauches erfolgte in der Weise, daß die periodenbezogenen Kostengütermengen mit den zugehörigen originären Preisen bewertet wurden. Ersetzt man bei diesem Rechengang die Kostengütermengen durch ihre Einfluß-

---

237) Darauf wurde einleitend in allgemeinen Ausführungen bereits eingegangen; vgl. dazu S. 20 f.
238) Vgl. dazu die schematische Übersicht auf S. 96.

größenbeziehungen, so lassen sich daraus zusätzliche Ergebnisse
im Hinblick auf eine verursachungsgerechte Zurechnung des Kostengüterverbrauches auf seine Einflußgrößen ableiten. Dieser - auch
als "Selbstkostengleichung" (238) bekannte - Zusammenhang ermöglicht die Berechnung der Selbstkosten einer Periode auf zweierlei
Art: einerseits aus der Bewertung der periodenbezogenen Kostengütermengen mit originären Preisen, andererseits aus der Bewertung der periodenbezogenen Einflußgrößenmengen mit "bestimmten"
Kostensätzen.

Kostensätze ergeben sich zunächst aus der Zurechnung des Kostengüterverbrauches auf die ihn unmittelbar bewirkenden Einflußgrößen. Da die im ersten Schritt bewerteten Einflußgrößen ihrerseits
von anderen Zwischengrößen abhängen, können auch für diese Größen Kostensätze ermittelt werden. Auf diese Weise kann die Kostenzurechnung für alle Einflußgrößen des Kostenmodells bis zu den Vorgabegrößen erfolgen, für die keine Abhängigkeiten von anderen Größen mehr bestehen. Dabei wird in jeder Phase dem Kostenverursachungsprinzip entsprochen, da der Kalkulation jeweils direkt oder
indirekt proportionale Beziehungen zwischen dem Kostengüterverbrauch und den Einflußgrößen zugrunde liegen.

Das Verfahren der "Einflußgrößenkalkulation" (240) erfüllt neben
einer verursachungsgerechten Kostenzurechnung weitere Anforderungen an im Zusammenhang mit Planungs- und Kontrollrechnungen
anzustrebende Aussagen. So können die Kostensätze in weitestgehen-
der Differenzierung nach Primärkostenarten (241) oder Kostenartengruppen, sowie unter Berücksichtigung alternativer Preisansätze
für die einzelnen Kostengüter ermittelt werden. Darüber hinaus be-
reitet es rechnerisch keine Schwierigkeiten, für die Zwecke der Be-

---

239) In dieser Gleichung kommt zum Ausdruck, daß die Summe des
"wertmäßigen Inputs" eines Betriebes mit der Summe seines
"wertmäßigen Outputs" übereinstimmt. Oder anders ausgedrückt: Die für die Produktion anfallenden Gesamtkosten eines
Betriebes können nicht höher oder niedriger sein als der gesamte wertmäßige Kostengüterverzehr.
Vgl. dazu insbesondere Adam, H., Messen und Regeln in der
Betriebswirtschaft, Würzburg 1959, S. 115 f.
240) Diese Kalkulationsart ist vergleichbar mit der von Kilger beschriebenen "Bezugsgrößenkalkulation".
241) Die Vorteile einer erzeugnisbezogenen primären Kostenartenrechnung für die Kostenanalyse, -planung und -kontrolle stellt
insbesondere heraus Schubert, W., Kostenträgerstückrechnung als (primäre) Kostenartenrechnung?, in: BFuP, 17. Jg.
(1965), S. 358/71.

118

standsbewertung (242) nach aktivierungsfähigen und nicht aktivierungsfähigen Kosten zu unterscheiden. Eine vollständige Darstellung der einzelnen Kalkulationsschritte ist aus Platzgründen an dieser Stelle nicht möglich. Es sei daher auf die Umformungen und die
Abbildung im Anhang verwiesen, in der die Kalkulationsrechnung auf
der Grundlage der "Originären Betriebsstruktur" durchgeführt ist
(Schema II) (243). Im folgenden werden lediglich die Ergebnisse herausgestellt, die im Zusammenhang mit der Zurechenbarkeit des Kostengüterverbrauches auf die Erzeugnisse von Interesse sind.

Die Zurechnung des Kostengüterverbrauches auf der Grundlage der
im Kostenmodell enthaltenen Funktionalbeziehungen ist mit der Er-

---

242) Auf die hiermit verbundenen Probleme - z. B. Bewertung mit
Teil- oder Vollkosten - wird an anderer Stelle noch näher eingegangen.

243) Vgl. Anhang II, Abbildungen.
Das System baut auf dem Funktionensystem der "Originären
Betriebsstruktur" auf und enthält spaltenweise die auf die Einflußgrößen zugerechneten Verarbeitungskosten, Einsatz-,
Rest- und Ausfallstoffe sowohl in der Untergliederung nach Kostengüterarten als auch summarisch. Zur Erläuterung der Systemkomponenten vgl. Anhang I, S. 208/209.

Die einzelnen Spalten sind - dargestellt am Beispiel der Ermittlung der Verarbeitungskostensatzmatrix $\underline{Cvy}$ - wie folgt
zu lesen:

$$\underline{o} = \underline{Dpv}\ \underline{R}_{v/y} - \underline{E}\ \underline{Cvy}$$

Der Einheitsmatrix kommt - bildhaft gesprochen - somit die
Bedeutung einer "Diagonalen" zu, an der die ermittelten Kostensätze zum Zwecke der Bewertung der Zwischen- und Vorgabegrößen "gespiegelt" werden:

In einem konkreten Anwendungsfall ergibt sich folgender Rechengang: Aus der Multiplikation der Kostengüterpreise mit
den Verarbeitungskostenkoeffizienten werden die Kostensätze
der direkten "Kosteneinflußgrößen" bestimmt. Die Kostensätze
der Zwischen- und Vorgabegrößen errechnen sich "entlang der
Diagonalen" über die indirekten Beziehungen, die zwischen dem
Kostengüterverbrauch und diesen Größen bestehen.

Die mathematische Darstellungsform eines derartigen Systems
geht zurück auf Wartmann, R., Methoden der kurzfristigen
Produktions- und Kostenplanung, a. a. O.

mittlung der Kostensätze für die Vorgabegrößen abgeschlossen.
Hiernach kann die folgende Selbstkostengleichung aufgestellt werden:

(6.1)
$$
\begin{array}{ccccc}
\text{Selbst-} & \text{Werkstoff-} & \text{Verarbeitungs-} \\
\text{kosten} & \text{kosten} & \text{kosten} \\
\end{array}
$$

$$K = \underbrace{p_e'e + p_k'k}_{} \quad + \quad \underbrace{p_v'v}_{}$$

$$K = \underbrace{(\underbrace{c_{exp}' + c_{kxp}'}_{c_{ekxp}'} + c_{lvxp}')\, x_p}_{} \qquad \text{zurechenb. Kosten}$$

$$
\begin{aligned}
& c_{lxp}' + c_{vae}'\, a_e \quad && \text{losfixe Kosten} \\
&+ C_{lvh}\, h \quad && \left.\begin{array}{l}\text{Sorten-}\\ \text{wechsel}\end{array}\right\} \text{"} \\
&+ c_{vnd}'\, n_d && \\
&+ c_{vp}'\, p_l && \begin{array}{l}\text{perioden-}\\ \text{fixe}\end{array} \quad \text{"}
\end{aligned}
$$

(rechts: nicht zurechenb. Kosten)

Die Ergebnisse der Kostenzurechnung lassen sich wie dolgt zusammenfassen:

Der Kostengüterverbrauch kann bis auf die losfixen, Sortenwechsel- und periodenfixen Kosten den Erzeugnissen verursachungsgemäß zugerechnet werden. Grundlage dieser Zurechnung sind die im Rahmen der technologischen Untersuchungen hergeleiteten Koeffizienten. Im einzelnen sind dies für die zurechenbaren Einsatzkosten c_{exp} und Gutschriften c_{kxp} bzw. gesamten Werkstoffkosten c_{ekxp} die Werkstoffkoeffizienten, für die zurechenbaren mengen- und betriebsmittelzeitabhängigen Verarbeitungskosten c_{lvxp} der Kostenartengruppen "Personalkosten, Brennstoffe und Energie, Hilfs- und Betriebsstoffe, andere Betriebskosten und Kosten der Erhaltung" die Leistungs- und Werkstoffkoeffizienten.

Die nicht zurechenbaren losfixen Kosten c_{vae} enthalten die Walzen- und Walzenbearbeitungskosten, sowie die in den losabhängigen Umbau- und Umstellzeiten anfallenden Brennstoff- und Energiekosten. Gesondert sind die in der Zeit für den erstmaligen Einbau des Walzenbesatzes (Sortenwechselzeit) sich ergebenden Brennstoff- und

Energiekosten (Sortenwechselkosten) (244) c_{vnd} zu berücksichtigen.
Aus dem Umstand, daß der erste verschleißbedingte Umbau bereits
in dem erstmaligen Einbau des Walzenbesatzes enthalten ist (245),
erklärt sich die Korrektur der losabhängigen Brennstoff- und Energiekosten um den in der Umbauzeit anfallenden Teil C_{lvh}.

Zu den nicht zurechenbaren periodenfixen Kosten c_{vp} zählen die vor-
gabezeit- und periodenlängenabhängigen Verarbeitungskosten der
Kostenartengruppen "Personalkosten, Brennstoffe und Energie,
Werksgeräte, Hilfs- und Betriebsstoffe, Andere Betriebskosten,
Kosten der Erhaltung, Kapitaldienst und Überbetriebliche Kosten".

Die besondere Bedeutung dieser Ergebnisse liegt in der getrennten
Erfassung des Losgrößeneinflusses (246) auf die betrieblichen Verarbeitungskosten. Dadurch wird es möglich, die Auswirkungen beliebiger Losgrößen auf den Periodenerfolg ohne zusätzlichen Aufwand zu berechnen und sichtbar zu machen. Dies kennzeichnet - wie
an anderer Stelle bereits angedeutet (247) - den wesentlichen Unterschied zu den stückbezogenen Größen der (Grenz-) Plankostenrechnung, bei deren Bestimmung in den meisten Fällen durchschnittliche

---

244) In der Literatur wird der Begriff "Sortenwechselkosten" nicht
immer einheitlich gebraucht. So werden zur Bestimmung der
Sortenwechselkosten die hier als losfixe Kosten und Sortenwechselkosten bezeichneten Kosten zusammengefaßt; vgl.
Graef, R., Die simultane Bestimmung der Sortenfolge und
Losgrößen, a.a.O., S. 771. Bei strenger Auslegung des Ko-
stenverursachungsprinzips bedeutet dies aber eine unzulässige
Vermengung von verschleißbedingten und programmbedingten
Kosteneinflüssen, obwohl eigentlich nur letztere bei klar voneinander abgegrenzten Sortenbegriffen Kosten des Sortenwech-
sels bewirken. Die beim Wechsel innerhalb einer Sorte verursachten Kosten sollten daher klar von den Kosten getrennt werden, die sich als Folge eines Wechsels zwischen verschiedenen Sorten ergeben. Die gleiche Auffassung vertritt auch Gutenberg und grenzt die auf Verschleißursachen zurückzufüh-
renden Kosten mit der Bezeichnung "losfixe Kosten der Produktion" von den Sortenwechselkosten ab; vgl. Gutenberg, E.,
Die Produktion, a.a.O., S. 201 f., S. 210 f.
245) Vgl. dazu die Ausführungen auf S. 66.
246) Hierbei handelt es sich zunächst um den Einfluß der walztechnischen Losgröße. Die im Rahmen der Losgrößenplanung auftretenden Gesichtspunkte der Lagerhaltung werden an anderer
Stelle aufgegriffen; vgl. dazu die Ausführungen auf S. 160 f.
247) Vgl. S. 20 f.

oder geplante Losgrößen zur Erfassung der losabhängigen und Sortenwechselkosten unterstellt werden (248). Die Berücksichtigung alternativer Losgrößen macht bei Rechnungen dieser Art jeweils neue Plankalkulationen erforderlich (249).

Wie an anderer Stelle bereits erwähnt, werden bei bestimmten Fragestellungen - z. B. bei der Bewertung von Fertigfabrikatebeständen und bei Preisüberlegungen für einzelne Erzeugnisse - auch im Rahmen dieser Untersuchungen stückbezogene Größen zu ermitteln sein. Aus diesem Grunde ist es erforderlich, die im obigen Zusammenhang als nicht zurechenbar erkannten Kosten auf die Erzeugnisse zu verteilen. Die Schlüsselung von nicht zurechenbaren Kosten bzw. Gemeinkosten setzt eine Entscheidung über die zu wählende Schlüsselgrundlage voraus. Hierbei gilt das Prinzip, daß die Schlüsselgröße der Höhe der zu verteilenden Kosten proportional ist (Proportionalitätsprinzip) (250).

Die Verteilung der nicht zurechenbaren Kosten wird im folgenden in zwei Schritten vorgenommen:

---

248) Daraus ist weiterhin zu folgern, daß der Inhalt des Begriffes "Zurechenbare Kosten" bzw. "Grenzkosten" in der vorliegenden Untersuchung enger gefaßt wird als dies in der Literatur zur (Grenz-)Plankostenrechnung üblich ist. Dort sind die losfixen und Sortenwechselkosten in den "Grenzkosten" enthalten. Vgl. in diesem Zusammenhang die Ausführungen zur Kalkulation von Rüstkosten bei Kilger, W., Flexible Plankostenrechnung, a. a. O., S. 338/39 und die dort angegebene Literatur, sowie insbesondere S. 585.

249) Ebenda, S. 585.

250) Dieses von Rummel aufgestellte Prinzip verlangt proportionale Beziehungen zwischen dem Kostengüterverbrauch und den Einflußgrößen oder zwischen den Einflußgrößen und der Erzeugnismenge. Das Proportionalitätsprinzip ist für die vorstehend behandelten Kostenbeziehungen erfüllt. Für die restlichen Kostenelemente bleibt nur eine konventionell oder willkürlich bedingte Zurechnung auf die Erzeugnisse über "Hilfs"- bzw. "Schlüssel"-Größen übrig. Zum Grundsatz der Proportionalität vgl. Rummel, K., Einheitliche Kostenrechnung auf der Grundlage einer vorausgesetzten Proportionalität der Kosten zu betrieblichen Größen, 3. Aufl., Düsseldorf 1967; die Bedeutung des Proportionalitätsprinzips für die Kostenrechnung erörtert Schneider, P., Kostentheorie und verursachungsgemäße Kostenrechnung, in: ZfhF NF., 13. Jg. (1961), S. 677 ff., S. 689 ff.

Im ersten Schritt werden die losfixen Kosten auf der Grundlage der im Kostenmodell enthaltenen Koeffizienten für die Walzenhaltbarkeiten (Matrix $R_{ae/xl}$) den Erzeugnissen zugeteilt (251). Die Vorgehensweise impliziert gewissermaßen die Annahme voller Walzenausnutzung und - damit gleichbedeutend - ganzzahliger Walzlose (252); eine Annahme, die für die mit der Kalkulation verfolgten Zwecke nur bedingt realistisch ist (253).

Im zweiten Schritt werden die so ermittelten Kostensätze daher auf der Basis normaler, durchschnittlicher vergangenheitsbezogener oder zukünftig zu erwartender Losgrößen zu korrigieren sein. Die Wahl dieser Größe wird dabei vom jeweiligen Kalkulationsziel bestimmt. In den gleichen Zusammenhang fallen auch die Überlegungen für die Schlüsselung der Sortenwechselkosten. Dagegen sind die periodenfixen Kosten nach anderen Schlüsselgrößen zu verteilen.

Im Hinblick auf die Darstellung der formalen Zusammenhänge empfiehlt es sich aus rechnerischen Gründen, den letztgenannten Schritt erst nach weiteren Umformungen der originären Modellbeziehungen durchzuführen. Die folgende Beschreibung geht daher zunächst von der Schlüsselung der losfixen Kosten in der oben angegebenen Weise aus (Schema II) (254):

---

251) Dies geschieht dadurch, daß in Gleichung (6.1) die Loshäufigkeiten $\underline{ae}$ durch die originäre Modellbeziehung (2.9)

$$\underline{ae} = R_{ae/xl}\, \underline{xl} + \underline{r}_{ae/h}\, h$$

ersetzt werden.

252) Vgl. dazu auch die graphische Darstellung des Kosteneinflusses der Losgröße in den Bildern 15 und 16 in Anhang II.

253) Die Verteilung der losfixen Kosten auf der Grundlage voller Walzenausnutzung ist eigentlich nur bei Überlegungen zur Staffelung von Mindermengenaufpreisen im Rahmen der Preisfindung und unter Umständen auch im Falle der Bewertung von Lagerbeständen (vgl. S. 159) von Bedeutung.

254) Vgl. hierzu die Anmerkungen zu den Fußnoten 243), S. 119, und 251), S. 123.

(6.2)

$$
\begin{aligned}
K &= \underbrace{p_e'e + p_k'k}_{\text{Werkstoffkosten}} + \underbrace{p_v'v}_{\text{Verarbeitungskosten}} \qquad \text{(Selbstkosten)} \\[2mm]
&= \underbrace{(\underline{c_{exp}'} + \underline{c_{kxp}'} + \underline{c_{vxp}'})\,\underline{xp}}_{\underline{c_{xp}'}}
\end{aligned}
$$

"bedingt" zurechenb. Kosten

$$
\begin{array}{ll}
+\ C_{vh} & h \\
+\ \underline{c_{vnd}'} & \underline{nd} \\
+\ \underline{c_{vp}'} & \underline{pl}
\end{array}
\left.
\begin{array}{l}
\text{Sorten-} \\
\text{wechsel} \\
\text{Kosten} \\
\text{perio-} \\
\text{denfixe} \\
\text{Kosten}
\end{array}
\right\}
\text{nicht zurechenb. Kosten}
$$

Darin bezeichnen zusätzlich zu den in der Gleichung (6.1) ermittelten Kostensätzen die Vektoren $\underline{cvxp}$ und $\underline{cxp}$ Kostensätze der - in der Annahme voller Walzenausnutzung - bedingt zurechenbaren Verarbeitungskosten bzw. der gesamten Werkstoff- und Verarbeitungskosten (255).

13. Konzentrierte Betriebsstruktur mit zugerechneten Kostenarten, Einsatz-, Rest- und Ausfallstoffen

Die Ausführungen des vorhergehenden Abschnittes standen unter dem Gesichtspunkt der Zurechnung des Kostengüterverbrauches auf der

---

255) Die in Fußnote 251), S. 123, angedeuteten Umformungen ergeben für

$$
\underline{c_{vxp}'} = \underline{c_{lvxp}'} + \underline{c_{vae}'}\ \underline{R}_{ae/xl}\ \underline{B}_{xl'xw}\ \underline{R}_{xw/xp} \quad \text{und}
$$

$$
C_{vh} = C_{lvh} + \underline{c_{vae}'}\ \underline{r}_{ae/h}
$$

Im Unterschied zu C_{lvh} in Gleichung (6.1) enthält C_{vh} zusätzlich den Kostenbetrag, mit dem die in der Annahme voller Walzenausnutzung kalkulierten Kostensätze $\underline{cvxp}$ bzw. $\underline{cxp}$ korrigiert werden; vgl. dazu S. 127 f., insbesondere S. 128 f.

Grundlage der originären Kostenbeziehungen. Entsprechend der Unterscheidung zwischen direkt und indirekt proportionalen Beziehungen zwischen dem Kostengüterverbrauch und seinen Einflußgrößen ergab die Kalkulation Kostensätze für die Vorgabegrößen (z. B. Erzeugnisse, Periodenlängen, Sortenwechsel, Anzahl Lose usw.) und Zwischengrößen (z. B. Einsatzmengen, Betriebsmittelzeiten usw.) des Kostenmodells.

Für eine Vielzahl von praktischen Anwendungsfällen sind die Kostensätze der Zwischengrößen von untergeordneter Bedeutung. Hier kommt es vielmehr darauf an, die mit einer Veränderung der Vorgabegrößen und der Kostengüterpreise verbundenen Kostenauswirkungen direkt zu berechnen. Derartige Anwendungsfälle bestehen z. B. in der Ermittlung der Auswirkungen alternativer Erzeugnisprogramme auf die Periodenkosten oder alternativer Preisansätze auf die erzeugnisbezogenen Kosten. Damit diese Rechnungen ohne großen Rechenaufwand durchgeführt werden können, empfiehlt es sich, die originären Beziehungen des Kostenmodells in der Weise umzuformen, daß aus ihnen sämtliche Zwischengrößen durch Auflösen von Gleichungssystemen eliminiert werden. Das Ergebnis dieser Umformungen ist ein Funktionensystem, in dem der Kostengüterverbrauch unter Berücksichtigung aller direkten und indirekten Kostenbeziehungen in unmittelbarer Abhängigkeit von den Vorgabegrößen ausgedrückt ist und die Zwischengrößen nur noch in der Eigenschaft als abhängige Größen auftreten. Dieses System wird als Modell der "Konzentrierten Betriebsstruktur" (Schema III) (256) bezeichnet.

---

256) Vgl. Anhang II, Abbildungen.
Das System enthält zeilenweise die beim Aufbau des Kostenmodells hergeleiteten Werkstoff-, Leistungs- und Verarbeitungskostenfunktionen in unmittelbarer Abhängigkeit von den Vorgabegrößen (zunächst ohne Berücksichtigung ganzzahliger Walzlose $\underline{ae}$): (1.1), (1.2), (1.3), (1.4); (2.1), (2.2), (2.3), (2.4), (2.6), (2.7), (2.8), (2.9), (2.10), (2.11); (3.1), (3.2); zur Erläuterung der Systemkomponenten vgl. Anhang I, S. 210. Die einzelnen Zeilen sind - dargestellt am Beispiel der Ermittlung des Vektors $\underline{zag}$ - wie folgt zu lesen:

$$\underline{zag} = \underline{R}_{zag/xp}\,\underline{xp}$$

Die mathematische Darstellungsform eines derartigen Systems geht zurück auf Wartmann, R., Methoden der kurzfristigen Produktions- und Kostenplanung, a. a. O.

Darauf aufbauend können die in Gleichung (6. 2) ermittelten Werkstoff- und Verarbeitungskostensätze in vereinfachter Weise wie folgt (Schema IV) (257) hergeleitet werden:

(6. 3)

$$\underset{\substack{\text{Selbst-}\\\text{kosten}}}{K} = \underset{\substack{\text{Werkstoff-}\\\text{kosten}}}{\underline{pe'\underline{e}} + \underline{pk'\underline{k}}} + \underset{\substack{\text{Verarbeitungs-}\\\text{kosten}}}{\underline{pv'\underline{v}}}$$

$$= (\underset{cexp'}{\underline{pe'\underline{R}}_{e/xp}} + \underset{ckxp'}{\underline{pk'\underline{RX}}_{k/xp}} + \underset{cvxp'}{\underline{pv'\underline{R}}_{v/xp}}) + \underline{xp} \quad \text{"bedingt" zurechenb. Kosten}$$

$$\underset{cxp'}{\underline{cxp'}} + \underset{cvnd'}{\underline{pv'\underline{R}}_{v/nd}} + \underline{nd}$$

$$+ \underset{Cvh}{\underline{pv'\underline{R}}_{v/h}} \quad h$$

$$+ \underset{cvp'}{\underline{pv'\underline{RP}}_{v/pl}} \quad \underline{pl}$$

"bedingt" zurechenb. Kosten

nicht zurechenb. Kosten

bzw.

$$K = \underline{cxp'}\underline{xp} + \underset{cvpnh'}{\underline{pv'\underline{R}}_{v/pnh}} \quad \underline{pnh}$$

bei Komposition der Vektoren $\underline{pl}$, $\underline{nd}$, h zu $\underline{pnh}$.

---

257) Vgl. Anhang II, Abbildung.
Das System baut auf dem Funktionensystem der "Konzentrierten Betriebsstruktur" auf und enthält die auf die Vorgabegrößen zugerechneten Einsatz-, Rest- und Ausfallstoffe und Verarbeitungskosten sowohl in der Untergliederung nach Kostengüterarten als auch summarisch. Zur Erläuterung der Systemkomponenten vgl. Anhang I, S. 210.
Die mathematische Darstellungsform eines derartigen Systems geht zurück auf Wartmann, R., Methoden der kurzfristigen Produktions- und Kostenplanung, a. a. O.

14. Konzentrierte Betriebsstruktur mit Kostenanalyse und Vollkostenrechnung

Die "Konzentrierte Betriebsstruktur" ist weiterhin Ausgangspunkt für Untersuchungen, in denen die erzeugnisbezogenen Kostensätze hinsichtlich ihrer Entstehung nach Einflußgrößen analysiert und gewichtet werden. Hieraus lassen sich gegebenenfalls Hinweise für Kostensenkungsmaßnahmen gewinnen, die sich letztlich auf die Preisstellung für das einzelne Erzeugnis auswirken können.

In diese auf die Erzeugniseinheit bezogene Kostenanalyse gehen sowohl die zurechenbaren als auch nicht zurechenbaren Kosten ein. Dabei kommt letzteren wegen der bestehenden Zurechnungsschwierigkeiten allerdings nur im Zusammenhang mit der Ermittlung von Vollkostensätzen der Erzeugnisse Bedeutung zu. Diese werden beispielsweise dann erforderlich, wenn die Bewertung der Fertigfabrikatebestände in der Handels- und Steuerbilanz auf Vollkostenbasis durchgeführt werden soll. Darüber hinaus ist es nach den branchenüblichen Kalkulationsrichtlinien (258) üblich, in die regelmäßig zu erstellenden Kostenberichte auch Vollkostenkalkulationen einzubeziehen.

Im folgenden werden zunächst die Ergebnisse dieser Untersuchung dargestellt (Schema V) (259):

---

258) Vgl. Kostenrechnungs-Richtlinien Eisen- und Stahlindustrie, Düsseldorf 1960.

259) Vgl. Anhang II, Abbildungen.
Das System baut auf dem Funktionensystem der "Konzentrierten Betriebsstruktur" auf und enthält zusätzlich zu den in Schema IV dargestellten Kostensätzen eine Untergliederung der erzeugnisbezogenen Verarbeitungskostensätze nach Kosteneinflußgrößen, sowie die zugeschlüsselten Verarbeitungskosten. Zur Erläuterung der Systemkomponenten vgl. Anhang I, S. 210. Die mathematische Darstellungsform eines derartigen Systems geht zurück auf Wartmann, R., Methoden der kurzfristigen Produktions- und Kostenplanung, a. a. O.

(6. 4)

$$
\begin{array}{ll}
\text{Selbst-} & \text{Werkstoff-} \qquad\qquad \text{Verarbeitungs-} \\
\text{kosten} & \quad\text{kosten} \qquad\qquad\quad \text{kosten}
\end{array}
$$

$$
\begin{aligned}
K \;=\;& \underline{pe'e} + \underline{pk'k} \;+\; \underline{pv'v} \\[2mm]
\;=\;& (\underline{cexp'} + \underline{ckxp'} \;+\; \underline{cdagvxp'} \;+\; \underline{czagvxp'} \\
 & \qquad\qquad\quad +\; \underline{cxwvxp'} \;+\; \underline{cewbvxp'} \\
 & \qquad\qquad\quad +\; \underline{caevxp'} \;+\; \underline{czlvxp'} \\
 & \qquad\qquad\quad +\; \underline{czwvxp'} \;+\; \underline{czzwvxp'} \\[2mm]
 & \qquad\qquad\quad +\; \underline{cpvxp'})\; \underline{xp}
\end{aligned}
$$

zurechenb. Kosten — $\underline{cvxp'}$

zugeschlüsselte Kosten

Darin bezeichnen zusätzlich zu den in der Gleichung (6. 3) ermittelten Kostensätzen die Vektoren cdagvxp, czagvxp, cxwvxp, cewbvxp, caevxp, czlvxp, czwvxp, czzwvxp, Kostensätze der direkt zurechenbaren Verarbeitungskosten in der Untergliederung nach den Einflußgrößen dag, zag, xw, ewb, ae, zl, zw, zzw und der Vektor cpvxp Kostensätze der zugeschlüsselten losfixen, Sortenwechsel- und periodenfixen Kosten.

Während sich die nach Einflußgrößen unterteilten Kostensätze verursachungsgerecht aus den Modellbeziehungen herleiten, wird die Ermittlung der zugeschlüsselten Kosten von den Dispisitionen über die zu verwendenden Verteilungsgrößen beeinflußt. Hierbei gelten folgende Gesichtspunkte:

Die periodenfixen Kosten werden wegen des fehlenden Ursache-Wirkungs-Zusammenhanges zwischen der Periodenlänge und den betrieblichen Leistungseinheiten unter Verwendung solcher Verteilungsgrößen bzw. Äquivalenzziffern (260) zugerechnet, die die Kapazitätsbeanspruchung der Betriebsanlagen durch die Leistungsein-

---

260) Vgl. Vormbaum, H. , Kalkulationsarten und Verfahren, Stuttgart 1966, S. 16.

heiten wiedergeben (261). Im vorliegenden Fall werden dafür die
Betriebszeiten der einzelnen Produktionsstufen bzw. Kostenstellen
herangezogen. Bei der Festlegung dieser Größen wird jeweils von
normalen Betriebsverhältnissen (262) ausgegangen. Die losabhängigen und Sortenwechselkosten werden dagegen auf der Grundlage
zweckorientiert zu bestimmender Losgrößen verteilt. So kommen
z. B. bei Preisüberlegungen für einzelne Erzeugnisse in Abhängigkeit der jeweiligen Marktlage geschätzte Losgrößen in Frage.

Die Verteilung vollzieht sich in vereinfachter Darstellung nach folgenden Rechenschritten: Ausgehend von den normalen Betriebszeiten je Kostenstelle und den disponierten Losgrößen je Sorte
($\underline{RX}_{pnh/xp}$) lassen sich "Beschäftigungsgrade" $\underline{bg}^*$ für die Betriebsanlagen der einzelnen Kostenstellen, die Sortenwechsel und Wal-
zenausnutzung in Abhängigkeit des Erzeugnisprogrammes $\underline{xp}$ bestimmen (263). Bei normalen Betriebsverhältnissen nehmen diese
den Wert "1" an, d. h. "Beschäftigungsabweichungen $\underline{db}^*$" zwischen
den als "normal vorgegebenen" und den "tatsächlich angefallenen"
Betriebssituationen für die Periodenlängen, Sortenwechsel und Walzenausnutzung $\underline{pnh}$ treten nicht auf, so daß sich das folgende System
von "Schlüsselgleichungen" ergibt:

$$\underline{bg}^* = \underline{pnh}$$
$$= \underline{RX}_{pnh/xp}\,\underline{xp}$$

$$\text{für } \underline{db}^* = \underline{pnh} - \underline{bg}^* = \underline{0}$$

---

261) Vgl. dazu auch Laßmann, G. , Die Kosten- und Erlösrechnung,
a. a. O. , S. 151.

262) Darunter sind aus den Aufschreibungen vergangener Perioden
ermittelte Durchschnittswerte für die Betriebszeiten zu verstehen.

263) Dis Disposition der Lösgröße für die Verteilung der losfixen
Kosten erfolgt über die Parametergrößen "Walzenausnutzungs-
grade" $r_{ae/h}$. Diese können zwischen "voller" Walzenausnutzung (100%) und einer "mindestzulässigen" Walzenausnutzung
schwanken, deren Bestimmung sich nach der Höhe der Einfahrverluste richtet.
Vgl. dazu S. 50 und S. 63, sowie zur Festlegung von Mindest-
walzlosgrößen S. 142/143.

Ersetzt (264) man in Gleichung (6.3) $\underline{pnh}$ durch diese Beziehung,
so ergeben sich die zugeschlüsselten Kosten $\underline{cpvxp}$ aus:

(6.5)

$$
\begin{array}{lll}
\text{Selbst-} & \text{Werkstoff-} & \text{Verarbeitungs-} \\
\text{kosten} & \text{kosten} & \text{kosten}
\end{array}
$$

$$
K \quad = \underbrace{\underline{pe'e} + \underline{pk'k}}_{} \quad + \quad \underbrace{\underline{pv'v}}_{}
$$

$$
= (\underline{cexp'} + \underline{ckxp'} + \underline{cvxp'}) \qquad\qquad \text{zurechenb. Kosten}
$$

$$
+ \underbrace{\underline{cvpnh'RX}_{pnh/xp}\,\underline{xp}}_{\underline{cpvxp'}} \qquad\qquad \text{zugeschlüsselte Kosten}
$$

$$
= (\underbrace{\underline{cexp'} + \underline{ckxp'} + \underbrace{\underline{cvxp'} + \underline{cpvxp'}}_{\underline{ctvxp'}})\,\underline{xp}}_{\underline{ctxp'}} \qquad\qquad
\begin{array}{l}\text{gesamte} \\ \text{Verarbei-} \\ \text{tungs-} \\ \text{kosten}\end{array}
$$

$$
\text{Vollkosten}
$$

Weiterhin lassen sich aus dieser Beziehung als Ergebnis der Summierung der zurechenbaren und zugeschlüsselten Kosten die Vektoren $\underline{ctvxp}$ und $\underline{ctxp}$ herleiten, die je Erzeugniseinheit die Kostensätze der gesamten Verarbeitungskosten bzw. der Vollkosten enthalten.

Nach dem hier beschriebenen Verfahren berechnen sich die Vollkostensätze in der Weise, daß die nicht zurechenbaren Kosten zunächst wertmäßig bestimmt und danach auf die Erzeugnisse verteilt werden. In diesem Zusammenhang ist aber auch die Vorgehensweise

---

264) Das Ersetzen von $\underline{pnh}$ durch $\underline{pnh} = \underline{bg}^* - \underline{db}^*$ führt zu einer Veränderung der "Konzentrierten Betriebsstruktur", die in Schema VI dargestellt ist.
Vgl. Anhang II, Abbildungen.
An dem veränderten System läßt sich erkennen, daß sich "Beschäftigungsabweichungen" in dem oben definierten Sinne auf die Größen $\underline{ae}$, $\underline{zl}$, $\underline{y}$, $\underline{v}$, $\underline{bg}^*$ und $\underline{zs}$ auswirken. Zur Erläuterung der Systemkomponenten vgl. Anhang I, S. 210.

denkbar, die Umlage der nicht zurechenbaren Kosten erst mengenmäßig vorzunehmen und anschließend die gesamten erzeugnisbezogenen Kostengütermengen zur direkten Ermittlung der Vollkostensätze mit den originären Kostengüterpreisen zu bewerten. Hiermit ist der zusätzliche Vorteil verbunden, daß die Vollkostenermittlung ohne Kalkulation anderer Einflußgrößen unmittelbar für die Erzeugnisse durchgeführt und die Auswirkungen von Preisänderungen bei den Kostengütern mit geringerem rechnerischen Aufwand sichtbar gemacht werden können. Hiernach ergeben sich für Gleichung (6.5) unter Verwendung von $\underline{RT}_{v/xp}$ als Koeffizientenmatrix des zurechenbaren und zugeschlüsselten mengenmäßigen Verbrauches an Verarbeitungskosten folgende Umformungen (Schema VII) (265):

(6.6)

$$
\begin{aligned}
\overset{\text{Selbst-}}{\text{kosten}} \quad K \ = \ & \overbrace{\underline{pe}'\underline{e} \ + \underline{pk}'\underline{k}}^{\text{Werkstoff-kosten}} \quad \overbrace{+\underline{pv}'\underline{v} \qquad\qquad\qquad\qquad}^{\text{Verarbeitungskosten}} \\[2mm]
= \ & \Big[\underline{pe}'\underline{R}_{e/xp} + \underline{pk}'\underline{RX}_{k/xp} + \underline{pv}'\big(\underbrace{\underline{R}_{v/xp} + \underline{R}_{v/pnh}\underline{RX}_{pnh/xp}}_{\underline{RT}_{v/xp}}\big)\Big]\,\underline{xp} \\[6mm]
= \ & \big(\underbrace{\underline{pe}'\underline{R}_{e/xp}}_{\underline{cexp}'} + \underbrace{\underline{pk}'\underline{RX}_{k/xp}}_{\underline{ckxp}'} + \underbrace{\underline{pv}'\underline{RT}_{v/xp}}_{\underline{ctvxp}'}\big)\,\underline{xp} \\
& \qquad\qquad\qquad\underbrace{\phantom{\underline{pe}'\underline{R}_{e/xp} + \underline{pk}'\underline{RX}_{k/xp} + \underline{pv}'\underline{RT}_{v/xp}}}_{\underline{ctxp}'}
\end{aligned}
$$

---

265) Vgl. Anhang II, Abbildungen.
Das System baut auf dem Funktionensystem der "Konzentrierten Betriebsstruktur" auf und enthält die zur Ermittlung von Vollkostensätzen umgeformten Beziehungen zwischen dem Kostengüterverbrauch und dem Erzeugnisprogramm. Im Hinblick auf die Vollkostenermittlung unterscheidet es sich von der Darstellung in Schema V in der rechnerischen Vorgehensweise bei der Verteilung der nicht zurechenbaren Kosten. Zur Erläuterung der Systemkomponenten vgl. Anhang I, S. 211.
Die mathematische Darstellungsform eines derartigen Systems geht zurück auf Wartmann, R., Methoden der kurzfristigen Produktions- und Kostenplanung, a.a.O.

15. Integrierte Betriebs- und Absatzstruktur mit Erfolgsanalyse und Fabrikateerfolgsrechnung

Die Kalkulationsrechnung stand bisher unter dem Gesichtspunkt der
Zurechnung des Kostengüterverbrauches auf der Grundlage der im
Kostenmodell enthaltenen Beziehungen. Mit der Integration des Ko-
sten- und Erlösmodells zum Periodenerfolgs-Rechenmodell sind die
formalen Voraussetzungen erfüllt, weitere stückbezogene Größen
in Form spezieller Erfolgsgrößen - wie z. B. Deckungsbeiträge und
Fabrikateerfolge - zu ermitteln.

Als Deckungsbeitrag wird im folgenden die Differenz zwischen dem
Verkaufspreis bzw. Nettoerlös und den zurechenbaren Kosten eines
Erzeugnisses verstanden (266).

Danach erfolgt die Bestimmung des Periodenerfolges aus rechnerischen Gründen nicht anhand der originären Kosten- und Erlösbeziehungen des Strukturmodells, sondern ausgehend von den als Ergebnis der Plankalkulation ermittelten Deckungsbeiträgen. Bei dieser Vorgehensweise muß allerdings sichergestellt sein, daß Veränderungen der originären Preisbestandteile jederzeit durch Neukalkulationen nachgehalten werden können.

---

266) Riebel entwickelt dagegen bei der Planung und Kontrolle des
Erfolges nicht nur eine Abgrenzung des Deckungsbeitrages.
Vielmehr leitet er auf der Grundlage einer Hierarchie von
Bezugsgrößen für Kosten und Erlöse ein System von Deckungsbeiträgen ab. Jede Differenz aus Erlösen und speziellen Kosten wird als spezieller "Deckungsbeitrag" erfaßt und für bestimmte Aussagen verwendet; vgl. Riebel, P., Das Rechnen
mit Einzelkosten und Deckungsbeiträgen, in: ZfhF (1959), S.
225; derselbe, Deckungsbeitragsrechnung, a.a.O., Sp. 383;
vgl. auch die Ausführungen in dieser Arbeit auf S. 24 f.

Dagegen werden in der (Grenz-)Plankostenrechnung als Dek-
kungsbeiträge nur die Bruttogewinne der betrieblichen Erzeugnisse bezeichnet. Diese Abgrenzung stimmt mit der hier zugrunde gelegten grundsätzlich überein, unterscheidet sich allerdings im Hinblick darauf, welche Kosten noch zu den "zurechenbaren" bzw. "Grenzkosten" zu zählen sind. Dieser Unterschied wurde bereits an anderer Stelle erwähnt; vgl. daher
S. 122, Fußnote 248).

Praktische Bedeutung haben Deckungsbeiträge für die Festlegung von Preisuntergrenzen (267) der Erzeugnisse (268). Die Überlegungen hierzu können aufgrund der feinen Untergliederung der Deckungsbeiträge nach erlösbestimmenden Merkmalen differenziert für Einzelaufträge, Marktgebiete, Kundengruppen u. a. m. vorgenommen werden. Im Hinblick auf die Kostenzusammensetzung dieser Größen ist allerdings zu beachten, daß es sich hier um Deckungsbeiträge über die zurechenbaren Kosten handelt und folglich darin die nicht zurechenbaren Kostenbestandteile nicht erfaßt sind. Aus diesem Grunde kann es insbesondere bei langfristigen Preisüberlegungen, nach denen außer den zugerechneten Kosten auch die übrigen Kosten durch die Erlöse gedeckt werden müssen (269), vorteilhaft sein, die auf Deckungsbeiträge abgestellte Analyse zu einer geschlossenen Erfolgsanalyse unter Einbeziehung der nicht zurechenbaren Kosten auszuweiten. Die Verbindung sämtlicher stückbezogenen Erlös- und Kostenbestandteile ermöglicht schließlich die Ermittlung von Fabrikateerfolgen, denen aber - wie dies zum Teil auch für die Vollkosten galt - lediglich als branchenübliche Vergleichsgröße (270) Bedeutung zukommt.

267) Damit sind im vorliegenden Fall kostenorientierte Preisuntergrenzen gemeint. Zu einer Erweiterung dieses Fragenkreises um finanzwirtschaftliche Aspekte vgl. insbesondere Raffee, H., Kurzfristige Preisuntergrenzen als betriebswirtschaftliches Problem, Beiträge zur betriebswirtschaftlichen Forschung, Bd. 11, Köln und Opladen 1961.

268) Es ist wiederum darauf hinzuweisen, daß es sich hierbei mehr um eine in der Praxis verbreitete Handhabung handelt. Richtigerweise muß die Preisuntergrenzenbestimmung im Zusammenhang mit der Periodenerfolgsermittlung ganzer Erzeugnisprogramme gesehen werden; dazu S. 147 f., S. 154/155.

269) Die Auffassung entspricht der praktischen Vorgehensweise einer selbstkostenorientierten Verkaufspreisbildung in der Eisen- und Stahlindustrie.
Dagegen wird in der betriebswirtschaftlichen Literatur von vielen Autoren die Ansicht vertreten, daß die Preisbildung auf der Basis von Selbstkosten wegen des "Fixkostenproblems" die Markteinflüsse nicht berücksichtigt und dem erwerbswirtschaftlichen Prinzip nicht entspricht; vgl. dazu Kilger, W., Flexible Plankostenrechnung, a.a.O., S. 570 ff., insbesondere S. 574 und S. 576; und die dort angegebene Literatur. Auf die hier angesprochenen speziellen Probleme kann im Rahmen dieser Arbeit allerdings nicht näher eingegangen werden.

270) Die Ermittlung von Fabrikateerfolgen ist ebenfalls in den Kostenrechnungs-Richtlinien der Eisen- und Stahlindustrie vorgesehen. Vgl. Kostenrechnungs-Richtlinien Eisen- und Stahlindustrie, Düsseldorf 1960.

Im Zusammenhang mit der Ermittlung von Deckungsbeiträgen bleibt
noch zu erwähnen, daß "spezifische" (271) bzw. auf die jeweilige
Engpaßeinheit der Produktionsfaktoren bezogene Deckungsbeiträge
für die im Rahmen dieser Untersuchung anstehenden Entscheidungsprobleme nicht erforderlich werden. Dafür sind zwei Gründe zu nennen. Erstens sind bei dem untersuchten Betrieb gleichzeitig mehrere Engpässe möglich, so daß zur Lösung der Probleme die simultanen Ansätze der mathematischen Programmierung eingesetzt werden müssen (272). Zweitens würde die Ermittlung spezifischer Dek-
kungsbeiträge der hier vertretenen Modellauffassung widersprechen, nach der der Periodenerfolg als "oberste Beurteilungsgröße
der Kosten- und Erlösrechnung" (273) heranzuziehen ist.

Innerhalb des Rechensystems können die genannten Erfolgsgrößen
in einfacher Weise anhand der konzentrierten Kosten- und Erlösbeziehungen ermittelt werden, die als Modell der "integrierten Be-
triebs- und Absatzstruktur" (Schema XIII b) (274) dargestellt sind.
Die Bewertung der mengenmäßigen Strukturbeziehungen mit den
Verkaufs- und Kostengüterpreisen ergibt die Kosten- und Deckungsbeitragssätze der zurechenbaren und nicht zurechenbaren Kosten
und Erlöse, so daß für die Ermittlung des Periodenerfolges in Er-
gänzung zu Gleichung (5. 2) die folgende Beziehung gilt:

---

271) Diese Bezeichnung findet sich bei Riebel, P. , Deckungsbeitragsrechnung, a.a.O. , Sp. 390.
Böhm und Wille verwenden den Ausdruck "Leistungserfolgs-
satz"; vgl. Böhm, H.-H. , Wille, F. , Deckungsbeitragsrechnung und Optimierung, München 1967, S. 24; Kilger spricht
dagegen von "Bruttogewinn pro Einheit der Engpaßbelastung";
vgl. Kilger, W. , Flexible Plankostenrechnung, a.a.O. , S.
645.
272) Darauf wird im Rahmen der Planungsrechnung noch ausführlich eingegangen; vgl. dazu die Ausführungen auf S. 145 f.
273) Vgl. Laßmann, G. , Die Kosten- und Erlösrechnung, a.a.O. ,
S. 69 f.
274) Vgl. Anhang II, Abbildungen.
Dieses System unterscheidet sich von der in Schema XIII a abgebildeten "Integrierten Betriebs- und Absatzstruktur" in der
Verwendung konzentrierter - statt originärer - Kosten- und
Erlösbeziehungen unter Berücksichtigung ganzzahliger Walzlose ae. Zur Erläuterung der Systemkomponenten vgl. Anhang
I, S. 213. Die mathematische Darstellungsform eines derartigen
Systems geht zurück auf Wartmann, R. , Methoden der kurz-
fristigen Produktions- und Kostenplanung, a.a.O.

(6. 7)

$$
\text{Erfolg} \quad \overbrace{\text{Erlöse}}^{} \qquad \overbrace{\text{Kosten}}^{}
$$
$$
G \;=\; \underline{pa}'\underline{xa} \;-\; (\underline{pe}'\underline{e} + \underline{pk}'\underline{k} + \underline{pv}'\underline{v})
$$

$$
\overbrace{\phantom{pa'xa - (pe'R_{e/xp} + pk'RX_{k/xp} + pv'RL_{v/xp})\,xp}}^{\text{zurechenbare Kosten}}
$$
$$
\underline{pa}'\underline{xa} \;-\; (\underbrace{\underline{pe}'\underline{R}_{e/xp} + \underline{pk}'\underline{RX}_{k/xp} + \underline{pv}'\underline{RL}_{v/xp}}_{\underline{clxp}'})\,\underline{xp}
$$

$$
\overbrace{\phantom{(pv'R_{v/ae}ae + pv'RL_{v/h}h + pv'R_{v/nd}nd + pv'RP_{v/pl}pl)}}^{\text{nicht zurechenbare Kosten}}
$$
$$
-\,(\underbrace{\underline{pv}'\underline{R}_{v/ae}\underline{ae}}_{\underline{cvae}'} + \underbrace{\underline{pv}'\underline{RL}_{v/h}\underline{h}}_{\text{Clvh}} + \underbrace{\underline{pv}'\underline{R}_{v/nd}\underline{nd}}_{\underline{cvnd}'} + \underbrace{\underline{pv}'\underline{RP}_{v/pl}\underline{pl}}_{\underline{cvp}'})
$$

$$
\overbrace{\phantom{(pa'xa - clxp'B_{xp/xa})}}^{\text{Deckungsbeiträge}} \qquad\qquad \overbrace{}^{\substack{\text{nicht zurechenbare}\\ \text{Kosten}}}
$$
$$
=\;\underbrace{(\underbrace{\underline{pa}'\underline{xa} - \underline{clxp}'\underline{B}_{xp/xa}}_{\underline{clxa}'})\,\underline{xa}}_{\underline{glxa}'} \;-\; (\underline{cvae}'\underline{ae} + \text{Clvh}\ \text{h})
$$
$$
-\;(\underline{cvnd}'\underline{nd} + \underline{cvp}'\ \underline{pl})
$$

Darin bezeichnen zusätzlich zu den in Gleichung (6. 1) bereits hergeleiteten Kostensätzen die Vektoren $\underline{clxy}$ und $\underline{glxa}$ Kosten- bzw. Deckungsbeitragssätze der zurechenbaren Kosten und Erlöse in der Untergliederung nach absatzbezogenen Merkmalen (Erlösstellen).

Bei einer Vollkostenbetrachtung treten an die Stelle dieser Beziehung die in Schemata XIV und XV abgebildeten Kosten- und Erlösbeziehungen (275):

---

275) Vgl. Anhang II, Abbildungen.
   Diese Systeme bauen auf dem Funktionensystem der in Schema XIII c dargestellten "Integrierten Betriebs- und Absatz-

(6.8)

$$
\begin{array}{ll}
& \overbrace{\text{Erfolg}}\quad \overbrace{\text{Erlöse}}\qquad \overbrace{\text{Kosten}} \\[4pt]
G \;=\; & \underline{pa}'\underline{xa} \;-\; (\underline{pe}'\underline{e} + \underline{pk}'\underline{k} + \underline{pv}'\underline{v}) \\[6pt]
\;=\; & \underline{pa}'\underline{xa} \;-\; (\underline{cxp}'\underline{xp} + \underline{cvpnh}'\underline{pnh}) \\[6pt]
\;=\; & \underline{pa}'\underline{xa} \;-\; \big(\underbrace{\underline{cxp}'B_{xp/xa}}_{\underline{cxa}'} + \underbrace{\underline{cvpnh}'RX_{pnh/xp}\,B_{xp/xa}}_{\underline{cpvxa}'}\big)\,\underline{xa}
\end{array}
$$

$$
\underbrace{\underline{cxa}' \qquad\qquad \underline{cpvxa}'}_{\underline{ctxa}'}
$$

$$
\overbrace{(\underline{pa}' - \underline{cxa}' - \underline{cpvxa}')}^{\text{Fabrikateerfolge}}\,\underline{xa}
$$

$$
\underbrace{\underline{gxa}'}_{\underline{gtxa}'}
$$

Dabei bezeichnen in der Untergliederung nach absatzbezogenen Merkmalen die Vektoren $\underline{cxa}$, $\underline{cpvxa}$ und $\underline{ctxa}$ Kostensätze der bedingt zurechenbaren (bei voller Walzenausnutzung), zugeschlüsselten bzw. Voll-Kosten, die Vektoren $\underline{gxa}$ und $\underline{gtxa}$ Deckungsbeitragssätze (bei voller Walzenausnutzung) bzw. Fabrikateerfolgssätze.

---

struktur" auf, das im Unterschied zu Schema XIII b die Bedingungen ganzzahliger Walzlose $\underline{ae}$ nicht enthält (vgl. auch Schemata III und XI). Sie unterscheiden sich in der rechnerischen Vorgehensweise bei der Verteilung der nicht zurechenbaren Kosten zum Zweck der Ermittlung von Fabrikateerfolgssätzen. Hierbei treffen sinngemäß die Ausführungen zu, die im Zusammenhang mit der Beschreibung der Schemata V, VI und VII gemacht wurden (vgl. S. 127 f.).
Zur Erläuterung der Systemkomponenten vgl. Anhang I, S. 213/214.

16. Zusammenfassung der Ergebnisse

Bei bestimmten Fragestellungen ergibt sich auch im Rahmen eines
auf die Ermittlung des Periodenerfolges "als oberste Beurteilungsgröße der Kosten- und Erlösrechnung" (276) ausgerichteten Rechensystems die Notwendigkeit, stückbezogene Größen zu errechnen.
So werden Kalkulationsergebnisse beispielsweise für die Bewertung
von Fertigfabrikatebeständen benötigt. Nach den bisher in der Praxis gebräuchlichen Verfahren der Entscheidungsfindung kommt ihnen weiterhin Bedeutung im Zusammenhang mit Preisüberlegungen
für einzelne Erzeugnisse zu. Hier ist allerdings kritisch darauf hinzuweisen, daß theoretisch fundierte Beurteilungsgrößen für die
Preisstellung nur in den (Perioden-)Erfolgsveränderungen ganzer
Erzeugnisprogramme gesehen werden können (277). Das hier entwickelte Rechenmodell sollte trotzdem den Anforderungen der Praxis gerecht werden, indem es auch für die Ermittlung der bislang
üblichen Entscheidungsunterlagen herangezogen werden kann. In den
vorstehenden Ausführungen zur Kalkulationsrechnung konnte gezeigt
werden, daß es diese Anforderungen erfüllt.

Darüber hinaus wurde als besonderer Vorteil der Anwendung der
Matrizenrechnung herausgestellt, das Strukturmodell ebenso für die
Ermittlung von kalkulierten Größen heranzuziehen, von denen in Pla-
nungs- und Kontrollrechnungen aus rechnerischen Gründen an Stelle
der originären, periodenbezogenen Kosten- und Erlösbeziehungen
ausgegangen wird. Die hierfür entwickelten Matrizensysteme (278)
können in ihrer Grundkonzeption auch auf andere Betriebsmodelle
übertragen werden. Die Herleitung der Kalkulationsergebnisse zeig-
te unter dem speziellen Aspekt der Zurechenbarkeit des Kostengüterverbrauches noch einmal die wesentlichen Unterschiede auf,
die zwischen dem hier entwickelten Rechenmodell und den vergleichbaren Systemen der Kosten- und Erlösrechnung bereits einleitend
(279) angedeutet wurden.

---

276) Vgl. Laßmann, G., Die Kosten- und Erlösrechnung, a.a.O.,
S. 69.
277) Vgl. hierzu die Ausführungen auf S. 147 f., S. 154/155.
278) Vgl. die Schemata II, IV, V, VII, XIII b, XIV, XV in Anhang
II, Abbildungen, sowie zur Erläuterung der Systemkomponenten Anhang I.
279) Vgl. die Ausführungen auf S. 20 ff.

2. Planungsrechnung

21. Inhalt der Planungsrechnung

Die Planung als "geistige Vorwegnahme künftiger Ereignisse, rationales, gestaltendes Denken für die Zukunft" (280) wird durch folgende Bestimmungsgrößen (281) gekennzeichnet: unternehmerische Zielsetzungen als Entscheidungskriterien, Restriktionen der Entscheidungsbereiche und die Aktionsparameter als Entscheidungsgrößen. Sie vollzieht (282) sich in mehreren Teilschritten, nämlich in der Analyse der Lösungsmethoden für das anstehende Entscheidungsproblem, der Gegenüberstellung von Lösungsalternativen bzw. möglichen Plänen, der Entscheidung für einen Plan und schließlich in der Planvorgabe für die durchführenden Stellen.

Im Rahmen der Planung ist dem betrieblichen Rechnungswesen die Aufgabe zugewiesen, Kosten, Erlöse und Erfolge als Zahlenunterlagen aus Vorschaurechnungen für die unternehmerische Entscheidungsfindung bereitzustellen. Die Entscheidung über die mit der Planung verfolgte Zielsetzung, die Auswahl eines möglichen Planes, sowie die Plan-Vorgabe obliegen dagegen der Unternehmensleitung. "Die Aufgaben des Rechnungswesens und die Entscheidungsbildung des Unternehmers sind deshalb getrennt zu behandeln (283)."

Im Hinblick auf das hier zugrunde liegende Untersuchungsziel richten sich die folgenden Ausführungen zur Planungsrechnung daher weniger auf die Erörterung der Frage nach den Zielsetzungen (284)

---

280) Vgl. Gutenberg, E., Planung im Betrieb, in: ZfB, 22. Jg. (1952), S. 699 ff.

281) Adam spricht in diesem Zusammenhang von den "Strukturelementen" der Planung; vgl. Adam, D., Produktionsplanung bei Sortenfertigung, a. a. O., S. 18 f.

282) Ebenda, S. 17.
Vgl. dazu auch Laßmann, G., Die Kosten- und Erlösrechnung ..., a. a. O., S. 31; und die dort angegebene Literatur.

283) Ebenda, S. 30.

284) Diese Problematik ist seit langem Gegenstand von Untersuchungen zur Theorie der Unternehmung. Hierin werden die ökonomischen und außerökonomischen Bedingungen erörtert, die den Bereich möglicher Zielsetzungen einengen. In diesem Zusammenhang wird vor allem die Gewinnmaximierung als entscheidende Zielgröße für unternehmerisches Verhalten in Frage gestellt; vgl. dazu Bidlingmaier, J., Unternehmerische Zielkonflikte und Ansätze zu ihrer Lösung, in: ZfB,

unternehmerischen Handelns als vielmehr darauf, Mittel und Wege
zur Lösung einer konkret gestellten Planungsaufgabe aufzuzeigen.

22. Programmplanung als Planungsaufgabe

Die Planungsaufgabe ergibt sich aus den Handlungsmöglichkeiten,
die der Betriebs- bzw. Unternehmensleitung des untersuchten Betriebes im Rahmen der kurzfristigen Planung gegeben sind. Sie kommen in den Größen zum Ausdruck, die beim Aufbau des Rechenmodells als "disponierbare Vorgabegrößen" (285) (Aktionsparameter
oder Freiheitsgrade) unterschieden wurden. Darunter fallen das Ab-
satz- bzw. Erzeugnisprogramm einschließlich der "Anzahl Lose"
und "Sortenwechsel", die Kostengüter- und Erzeugnispreise (bzw.
Nettoerlöse), sowie als sonstige Kosteneinflußgrößen die Länge des
Planungszeitraumes, die Reparatur- und Stillstandszeiten.

Variationen bei den einzelnen Größen - z. B. den Preisen oder den
Stillstandszeiten - können allerdings nicht isoliert, sondern nur im
Einklang mit dem eigentlichen Betriebszweck - der betrieblichen
Leistungserstellung und Leistungsverwertung - gesehen werden. Aus
diesem Grunde sind letztlich alle der Betriebs- und Unternehmensleitung zur Verfügung stehenden Handlungsmöglichkeiten auf Veränderungen des Erzeugnis- bzw. Absatzprogrammes gerichtet. Dabei kann es sich um Änderungen der quantitativen wie auch der qualitativen Programmzusammensetzung der Erzeugnisse handeln.
Daraus ergibt sich, daß die hier gestellte Planungsaufgabe im wesentlichen von den mit der Programmplanung verfolgten Zielen bestimmt wird.

Zur Verdeutlichung der Aufgabenstellung ist es zweckmäßig, die
Prämissen herauszustellen, die es bei Verwendung des Begriffes
"Programmplanung" zu beachten gilt. Sie ergeben sich aus den Unterschieden zwischen einer statischen und dynamischen Produktionsplanung (286):

    38. Jg. (1968), S. 149/76; und die dort angegebene Literatur;
Laßmann, G., Die Kosten- und Erlösrechnung ..., a. a. O.,
S. 22 f.; und die dort angegebene Literatur.
285) Vgl. dazu S. 96, S. 114.
286) Die folgende Abgrenzung lehnt sich eng an die von Adam dargestellten Zusammenhänge an; vgl. Adam, D., Produktionsplanung bei Sortenfertigung, a. a. O., S. 22 f.

- Die Programmplanung legt die Anzahl der in einer Planungsperiode zu produzierenden Erzeugnisarten (qualitative Programmplanung) und die Mengen der in das Erzeugnisprogramm
  aufzunehmenden Erzeugnisse nach Losen gebündelt fest (quantitative Programmplanung). Sie geht von einer vorgegebenen
  Reihenfolge der Bearbeitungsgänge aus und trifft darüber hinaus keine Aussagen über den zeitlichen Vollzug der Produktion und die sich gegebenenfalls an die Produktion anschließende Lagerzeit der Erzeugnisse bis zum Verkauf. Die Programmplanung kann daher als "statische Produktionsplanung"
  bezeichnet werden.

- Dagegen erweitert die "dynamische Produktionsplanung" den
  Problemkreis um die Fragen des zeitlichen Vollzuges der Produktion, die bei der Abstimmung der Fertigungszeiten zwischen
  den einzelnen Bearbeitungsstufen (zeitliche Ablaufplanung) und
  den Absatzterminen (zeitliche Emanzipation der Produktions-
  von der Absatzentwicklung unter Berücksichtigung von Lagerveränderungen) auftreten.

Die bisher in dem Periodenerfolgs-Rechenmodell enthaltenen Voraussetzungen erlauben lediglich eine Anwendung des Modells zur Lösung der Fragen, die im Zusammenhang mit der Programmplanung
auftreten. Da das Rechenmodell - entsprechend der einleitend vor-
genommenen Abgrenzung (287) - in erster Linie als statisches Modell zur Ermittlung monatsbezogener Kosten, Erlöse und Erfolge
herangezogen werden soll, ist die Beantwortung dieses Fragenkom-
plexes im weiteren Verlauf der Untersuchung vorrangig gegenüber
den sich bei einer komparativ-statischen Modellbetrachtung ergebenden Fragen (288) zu behandeln.

221. Nebenbedingungen der Programmplanung

Bei der Programmplanung sind wie bei jeder anderen unternehmerischen Planungsaufgabe bestimmte Nebenbedingungen zu berücksichtigen, die den Entscheidungsbereich des Unternehmers und damit seine Handlungsmöglichkeiten begrenzen. Sie sind teils auf au-
ßerbetriebliche, vom Unternehmer nicht beeinflußbare Daten - wie
z. B. die gesetzlich verfügbare Betriebszeit -, teils auf unternehmerische Dispositionen zurückzuführen - wie z. B. wirtschaftlich
vertretbare Mindestlosgrößen.

---

287) Vgl. S. 19.
288) Darauf wird an anderer Stelle noch eingegangen.
     Vgl. S. 155 f.

Im folgenden werden die für den untersuchten Betrieb typischen Nebenbedingungen der Programmplanung dargestellt und mit den Beziehungen des Periodenerfolgs-Rechenmodells verknüpft (289).

2211. Absatzbedingung

Die Frage nach den Absatzmöglichkeiten ist eng verbunden mit den Ermittlungen im Rahmen der Absatzmengen- bzw. Absatzprognoserechnung (290). Hier muß allerdings unterschieden werden, ob diese Ermittlungen bereits zu endgültigen Absatzplänen bzw. Verkaufsvorgaben geführt haben oder nicht. Was die statistischen Untersuchungsergebnisse und die Verkaufsvorausschätzungen betrifft, so können hiermit lediglich mögliche Absatzspielräume aufgezeigt werden. Dagegen beziehen sich die Aussagen aus den Verkäuferbefragungen in vielen Fällen auf bereits eingegangene Kundenbestellungen oder langfristig bestehende Lieferverträge, sp daß hier von festen Verkaufsvorgaben gesprochen werden kann. Vor allem bei einer kurzfristigen, d. h. monatsbezogenen Planung muß im allgemeinen von vorgegebenen Auftragsbeständen ausgegangen werden, deren Höhe allerdings in Abhängigkeit der jeweiligen Marktsituation schwanken kann. Die nach Berücksichtigung der Auftragsvergaben verbleibende restliche Betriebskapazität definiert somit den Spielraum für weitere Planungsüberlegungen.

Wird der in der Planungsperiode $\underline{pl}$ mögliche Absatzspielraum der Erzeugnisse $\underline{xa}$ in der Untergliederung nach Marktgebieten, Kundengruppen und sonstigen absatzbezogenen Merkmalen durch die Untergrenzen $\underline{R}^{-}_{xab/pl}\ \underline{pl}$ für vorgegebene Auftragsbestände bzw. Mindestmengen und die Obergrenzen $\underline{R}^{+}_{xab/pl}\ \underline{pl}$ für absetzbare Höchstmengen dargestellt, so lautet die Absatzbedingung:

$$(7.1) \qquad \underline{R}^{-}_{xab/pl}\ \underline{pl} \ \leq\ \underline{B}_{xab/xa}\ \underline{xa} \ \leq\ \underline{R}^{+}_{xab/pl}\ \underline{pl}$$

Darin beziehen sich die Bündelvorschriften der Matrix $\underline{B}_{xab/xa}$ auf solche Erzeugnisse, für die wegen bestehenden Absatzverbundes gemeinsame Absatzgrenzen angegeben werden.

---

289) Dabei wird die konzentrierte Form des Rechenmodells zugrunde gelegt; vgl. dazu auch die Schemata III, XI und XIII b in Anhang II, Abbildungen.

290) Vgl. dazu die Ausführungen auf S. 101 f.

2212. Einsatzbedingung

Weitere Restriktionen für die Programmplanung des untersuchten
Betriebes können sich aufgrund der begrenzten Produktionsmöglich-
keiten der vorgelagerten Produktionsstufen für den Werkstoffeinsatz
ergeben.

Werden die zur Deckung des erzeugnisabhängigen Werkstoffeinsat-
zes $\underline{e}$ in der Planungsperiode $\underline{pl}$ verfügbaren Einsatzmengen mit
$\underline{R}_{e/pl}\,\underline{pl}$ bezeichnet, so lautet die Einsatzbedingung:

$$(7.2) \qquad \underline{R}_{e/xp}\,\underline{xp} \;\leq\; \underline{R}_{e/pl}\,\underline{pl}$$

Darin beinhaltet die Matrix $\underline{R}_{e/xp}$ die spezifischen Faktoreinsatz-
mengen der Erzeugnisse $\underline{xp}$.

2213. Losgrößenbedingung

Die Losgrößenbedingung ergibt sich aus der Forderung nach wirtschaftlich vertretbaren Mindestlosgrößen bei anteilmäßig hohen losfixen Kosten, Sortenwechselkosten und Einfahrverlusten (291). Die
Festlegung von Mindestlosgrößen setzt eine unternehmerische Entscheidung voraus, die unter Beachtung der produktionstechnischen
Gegebenheiten, des Produktionsverbundes der Erzeugnissorten und
der Marktlage getroffen werden muß.

Bei der Bestimmung des Losgrößenspielraumes wird - in Anlehnung
an den hier zugrunde gelegten "Walzlosgrößen"-Begriff - zunächst
den technischen Gegebenheiten der Kaliberaufteilung der Walzen und
des Walzprozesses, sowie den damit verbundenen Kostenauswirkungen Rechnung getragen (292). Gesichtspunkte der Fertiglagerhaltung

---

291) Dadurch, daß die Festlegung der Mindestwalzlosgröße unter
   Beachtung der Einfahrverluste vorgenommen wird, konnten
   die auf den Einfahreffekt zurückgehenden Kostenauswirkungen
   beim Aufbau des Kostenmodells vernachlässigt werden; vgl.
   dazu die Ausführungen auf S. 50, S. 63.
   Vgl. auch Steinecke, V., Optimale Programmplanung, a. a.
   O., S. 68 und 69.
292) Einen Anhaltspunkt hierzu geben die degressiven Kostenverläufe der tonnenbezogenen losabhängigen Kosten, wie sie in
   Anhang II, Abbildungen 15 und 16 dargestellt sind.

sind vorerst ausgeklammert. Sie werden im Zusammenhang mit einer simultanen Betrachtung von losfixen, Sortenwechsel- und Lagerkosten an anderer Stelle aufgegriffen (293).

Die Disposition der Mindestlosgrößen erfolgt je Kaliberfolge durch Festlegung der in Prozent der Haltbarkeiten gemessenen Ausnutzungsgrade $r_{xl/h}$ der Fertigwalzen (294) der Kaliberfolge. Die größtmöglichen Walzlosgrößen werden je Kaliberfolge durch die technisch möglichen Haltbarkeiten der Fertigwalzen der Kaliberfolge und deren ganzzahlige Vielfache $\underline{RV}_{xl/ae}\,\underline{ae}$ bestimmt. Als Losgrößenbedingung ergibt sich demnach:

$$(7.3) \qquad \underline{RV}_{xl/ae}\,\underline{ae} - \underline{r}_{xl/h}\,h \leq \underline{R}_{xl/xp}\,\underline{xp} \leq \underline{RV}_{xl/ae}\,\underline{ae}$$

Darin beinhaltet die Matrix $\underline{R}_{xl/xp}$ Bündelvorschriften, nach denen die Erzeugnismengen $\underline{xp}$ unter Berücksichtigung der Ausbringungsverluste im Adjustagebetrieb zu den Walzlosmengen $\underline{xl}$ je Kaliberfolge zusammengefaßt werden.

2214. Kapazitätsbedingung

Als direkte Beschränkung der betrieblichen Leistungsbereitschaft ist die in einer Planungsperiode zur Verfügung stehende Betriebszeit anzusehen. Sie ist - wie die Untersuchungen zur Leistungsrechnung gezeigt haben (295) - mit Ausnahme der disponierbaren Stillstand- und Reparaturzeiten durch die gesetzlichen Bestimmungen über die betriebliche Ruhezeit von außen vorgegeben und somit der Dispositionsmöglichkeit der Betriebs- bzw. Unternehmensleitung entzogen (296).

---

293) Vgl. dazu die Ausführungen auf S. 158 f., S. 160 f.
294) Die Fertigwalzen weisen i. a. die geringste Haltbarkeit von den Walzen einer Kaliberfolge auf und werden daher am stärksten beansprucht. Es ist im Rahmen dieses Modells theoretisch aber jederzeit möglich, mindestzulässige Losgrößen für andere Walzen eines Walzenbesatzes vorzugeben.
295) Vgl. dazu S. 70 f.
296) In bezug auf zeitliche Anpassungen des Betriebes an schwankende Auftragslagen werden die Betriebsweisen der Kurz- und Mehrarbeitszeit über die Stillstandszeit vorgegeben. Letztere beeinflußt neben der gesetzlichen Ruhezeit und der Reparaturzeit die zur Verfügung stehende Betriebszeit (vgl. dazu die Zeitbilanz der verfügbaren Betriebszeit auf S. 70 f.). Um die

Hiervon ausgehend beinhaltet die für jede Bearbeitungsstufe des Betriebes aufzustellende Kapazitätsbedingung die Forderung, daß die in der benötigten Betriebszeit gemessene Kapazitätsinanspruchnahme der Betriebsmittel die verfügbare Betriebszeit nicht überschreiten darf. Diese Aussage ist gleichbedeutend mit der Nichtnegativitätsbedingung für den "Kapazitätsschlupf" $\underline{zs}$ als Maßgröße für die ungenutzte Inanspruchnahme der einzelnen Betriebsmittelkapazitäten. Ist $\underline{R}_{zs/pl}\,\underline{pl}$ die in der Planungsperiode $\underline{pl}$ verfügbare Betriebszeit, so lautet die Kapazitätsbedingung:

$$(7.4) \quad \underline{RL}_{zs/xp}\,\underline{xp} + \underline{R}_{zs/ae}\,\underline{ae} + \underline{R}_{zs/nd}\,\underline{nd} + \underline{rl}_{zs/h}\,h \;\leq\; \underline{R}_{zs/pl}\,\underline{pl}$$

Darin beinhalten die Matrizen $\underline{RL}_{zs/xp}$, $\underline{R}_{zs/ae}$, $\underline{R}_{zs/nd}$ und $\underline{rl}_{zs/h}$ den Teil des spezifischen Zeitbedarfes in der benötigten Betriebszeit je Bearbeitungsstufe, der sich auf die Nutzungshaupt- und Unterbrechungszeiten, die losabhängigen Zeiten bzw. die Sortenwechselzeiten bezieht.

Wird die in dieser Beziehung enthaltene Annahme ganzzahliger Walzlose $\underline{ae}$ und demzufolge auch die Losgrößenbedingung aufgehoben, so verändert sich nach Elimination dieser Größen die Kapazitätsbedingung zu:

$$(7.5) \quad \underline{R}_{zs/xp}\,\underline{xp} + \underline{R}_{zs/nd}\,\underline{nd} + \underline{r}_{zs/h}\,h \;\leq\; \underline{R}_{zs/pl}$$

Darin sind in der Matrix $\underline{R}_{zs/xp}$, im Unterschied zu $\underline{RL}_{zs/xp}$ bei ganzzahligen Walzlosen neben den Nutzungshaupt- und Unterbrechungszeiten nun auch die auf die Erzeugniseinheit bezogenen losabhängigen Zeiten zusammengefaßt.

Kostenwirkungen derartiger Dispositionen richtig zu erfassen, ist das Rechenmodell in der Weise anzupassen, daß in den Funktionen für die Mehrarbeitskosten die bisher verwendete Einflußgröße benötigte Betriebszeit (vgl. S.   ) durch die die verfügbare Betriebszeit bestimmenden Einflußgrößen ersetzt wird.

222. Optimierungsrechnung

Nachdem der Entscheidungsbereich durch die Nebenbedingungen abgesteckt ist, schließt sich als weitere Aufgabe der Planungsrechnung an, die für die Betriebs- bzw. Unternehmensleitung bestehenden Planalternativen aufzuzeigen und hinsichtlich ihrer Auswirkungen auf den kurzfristigen Periodenerfolg zu berechnen. "Bei Planungsrechnungen dient grundsätzlich die Handlungsalternative mit dem größten kurzfristigen Monatserfolg als Vergleichsbasis für eine betriebswirtschaftliche Beurteilung von anderen Handlungsmöglichkeiten" (297). Im folgenden soll daher zunächst untersucht werden, ob das hier entwickelte Rechenmodell mit der Ermittlung des Perioden-Erfolgsmaximums auch die an Optimierungsrechnungen geknüpften Voraussetzungen erfüllt.

Die Zielsetzung einer auf die Programmplanung bezogenen Optimierungsrechnung besteht in der Suche nach der Mengenkombination der Erzeugnisse, die unter Beachtung der oben angeführten Nebenbedingungen zum maximalen Periodenerfolg führt. Die mathematische Formulierung dieser Optimierungsaufgabe ist bei Verwendung der in Schema XIII b angeführten Beziehungen für die Ermittlung des Periodenerfolges G

(7. 6)

$$G = \underbrace{pa'xa}_{\text{Erlöse}} - (\underbrace{clxp'xp}_{\substack{\text{zure-} \\ \text{chen-} \\ \text{bare} \\ \text{Kosten}}} + \underbrace{cvae'ae}_{\substack{\text{losfixe} \\ \text{Kosten}}} + \underbrace{Clvh\ h + cvnd'nd}_{\substack{\text{Sortenwechsel-} \\ \text{kosten}}} + \underbrace{cvp'pl}_{\substack{\text{perio-} \\ \text{den-} \\ \text{fixe} \\ \text{Kosten}}})$$

(Kosten)

sowie der Nebenbedingungen für den Absatz (7. 1), den Einsatz (7. 2), die Losgrößen (7. 3) und die Kapazitäten (7. 4) in Schema XVII (298) wiedergegeben. Hierbei handelt es sich um ein gemischt-ganzzahliges Optimierungsproblem, in dem außer den Absatz- und Erzeug-

---

297) Vgl. Laßmann, G., Die Kosten- und Erlösrechnung ..., a. a. O., S. 44.
298) Vgl. Anhang II, Abbildungen und zur Erläuterung der Systemkomponenten vgl. Anhang I, S. 214.

nismengen xa bzw. xp die ganzzahligen Werte für die Sortenwechsel
nd und die Anzahl Walzlose ae zu bestimmen sind. Dagegen sind h
und pl vorgegebene Größen, die mit der Anzahl der Planungsperioden variieren.

Die Lösung dieses Problems ist wegen der komplexen Problem-
struktur und der Vielzahl der Restriktionen mit den herkömmlichen
Verfahren, in denen die Auswahl der Erzeugnisse anhand stückbezogener Größen - wie z. B. auf die Engpaßeinheit eines Produktionsfaktors bezogene, spezifische Deckungsbeiträge - getroffen wird,
nicht mehr möglich. Abgesehen von den Schwierigkeiten der Kosten-
und Erlöszurechnung bei der Ermittlung der Deckungsbeiträge besteht die Kritik an diesen Verfahren im wesentlichen darin, daß in
der Unterstellung jeweils nur eines Engpasses die sich ständig ändernden Produktions- und Absatzbedingungen nicht berücksichtigt
werden. Bei gleichzeitigem Auftreten mehrerer Engpässe führen
nur die simultanen Ansätze der mathematischen Programmierung
(299) zu richtigen Ergebnissen (300). Bislang gelten allerdings auch
diese Verfahren nicht als allgemeingültig für die Lösung von gemischt-ganzzahligen Optimierungsproblemen (301) beliebiger Art.
Für die Lösung von Problemen der vorliegenden Struktur und Grö-

---

299) Die Verfahren der mathematischen Programmierung beruhen
auf der von Dantzig entwickelten Simplexmethode. Hinsichtlich der Darstellung dieser Methode sei auf die Literatur zur
linearen Programmierung verwiesen; vgl. Dantzig, G. B., Lineare Programmierung und Erweiterungen, übersetzt von
Jaeger, A., Berlin-Heidelberg-New York 1966, S. 110 ff.
300) Die gleiche Ansicht wird auch in den neueren Veröffentlichungen zur Deckungsbeitragsrechnung vertreten; vgl. dazu Riebel, P., Deckungsbeitragsrechnung, a. a. O., Sp. 390.
Entgegen der Auffassung von Riebel müssen die Methoden der
linearen Programmierung jedoch nicht von den "Deckungsbeiträgen je Leistungseinheit bzw. den spezifischen Erlösen
und Kosten" ausgehen. Vielmehr können für die Maximierung
des Periodenerfolges auch die periodenbezogenen Kosten und
Erlöse zugrunde gelegt werden.
301) Auf die hiermit verbundene Problematik wird im Rahmen dieser Untersuchung nicht näher eingegangen. Einen Überblick
über Anwendungen, Entwicklungen und Lösungsverfahren der
ganzzahligen linearen Optimierung gibt Korte, B., Ganzzahlige Programmierung - Ein Überblick, in: Lecture Notes in
Operations Research and Mathematical Economics, Berlin-
Heidelberg-New York 1971, S. 61/127.

ßenordnung (302) wird man daher in erster Linie heuristische (303)
Methoden einsetzen müssen, die den Anforderungen in der Praxis
aber genügen.

Das Verfahren der mathematischen Programmierung liefert außer
den Optimalwerten für die Variablen der Zielfunktion mit den simultan ermittelten Opportunitätskosten (304) der Engpaßeinheiten

---

302) Die vorliegende Strukturmatrix beinhaltet 620 Zeilen- und 3150
Spaltenvariablen, von denen 72 die ganzzahligen Größen ae und
nd sind. Wird auf die Losgrößenbedingung verzichtet, entfallen
die Größen ae und damit die Bedingung ganzzahliger Lose. An
die Stelle der Kapazitätsbedingung (7.4) tritt die Bedingung
(7.5). Die mathematische Formulierung der veränderten Optimierungsaufgabe ist in Schema XVI wiedergegeben; vgl. auch
Anhang II, Abbildungen, sowie zur Erläuterung der Systemkomponenten Anhang I, S. 214.

303) An dieser Stelle wird auf ein iteratives Lösungsverfahren zurückgegriffen, das Steinecke für ein ähnliches Problem entwickelt hat. Darin wird das gemischt ganzzahlige lineare Programm auf eine Folge von Lösungen gewöhnlicher linearer Pro-
gramme zurückgeführt, die schrittweise zu ganzzahligen Werten für die Sortenwechsel und Anzahl Lose führen. Der Vorteil dieses Verfahrens liegt darin, daß es der speziellen Struktur des Modells angepaßt ist; vgl. dazu Steinecke, V., Optimale Programmplanung, a.a.O., S. 80 f.

Es bleibt zu prüfen, ob die von "Software"-Herstellern in jüngster Zeit entwickelten Algorithmen zur Lösung des hier anstehenden Problems unter Berücksichtigung wirtschaftlich ver-
tretbarer Rechenzeiten geeignet sind. Diese beruhen - ausgehend von der nicht ganzzahligen optimalen Lösung - auf der
Anwendung des "Branch-and-Bound"-Verfahrens zur Ermittlung der optimalen gemischt-ganzzahligen Lösung; vgl. dazu
Weinberg, F., Einführung in die Methode des Branch and
Bound, in: Lecture Notes in Operations Research and Mathematical Economics, Berlin-Heidelberg-New York 1968.

304) Die Opportunitätskosten bzw. Dualvariablen sind die variablen
Größen des Dualansatzes zu dem hier vorliegenden Maximie-
rungsproblem. Nach dem "Preistheorem der linearen Programmierung" sind bei optimaler Zusammensetzung des Erzeugnisprogrammes das Maximum des Bruttoerfolges und das
Minimum der Opportunitätskosten identisch; vgl. dazu Krelle,
W., Künzi, H.P., Lineare Programmierung, Zürich 1958,
S. 42; zum ökonomischen Inhalt der linearen Programmierung
vgl. weiterhin Beckmann, M.J., Lineare Planungsrechnung,

weitere Ergebnisse, die als Unterlagen für zusätzliche verkaufs-
und preispolitische Überlegungen, sowie im Zusammenhang mit
Überlegungen zur zeitlichen und quantitativen Anpassung des Betriebes von Bedeutung sind. So weisen ceteris paribus, d. h. bei
gleichbleibender Programmzusammensetzung, die Opportinutäts-
kosten der Absatzrestriktion eines im optimalen Programm enthaltenen Erzeugnisses auf eine realisierbare Erfolgsverbesserung in
dieser Höhe hin, wenn die Absatzhöchstmenge dieses Erzeugnisses
um eine Einheit erweitert werden kann. Dabei ist allerdings zu beachten, daß die hierfür gegebenenfalls erforderlichen Werbungs-
und Serviceaufwendungen je Absatzmengeneinheit des Opportunitätskosten für die Angebots-Preisfindung bzw. Preisuntergrenzenbestimmung nicht optimaler Erzeugnisse herangezogen werden. Sie
geben ceteris paribus an, um welchen Betrag die Nettoerlöse bzw.
Verkaufspreise dieser Erzeugnisse mindestens angehoben werden
müssen, um in das optimale Programm aufgenommen zu werden.
Mit der Bewertung der Einsatz- und Kapazitätsrestriktionen erhält
der Betrieb außerdem darüber Informationen, für welche Einsatzgüter bzw. Betriebsmittel sich bei unveränderter Programmkon-
stellation Aufwendungen für Erweiterungen oder Verminderungen
der verfügbaren Kapazitäten lohnen. Schließlich sei noch darauf hingewiesen, daß die Entscheidung über die Annahme eines Zusatzauf-
trages bei Vorliegen mehrerer Engpässe richtig nur unter Berücksichtigung der simultan ermittelten Opportunitätskosten je Engpaßeinheit getroffen werden kann. Dies ist aber nur mit Hilfe der mathematischen Programmierung möglich (305).

Die Aussagefähigkeit der mit Optimierungsrechnungen erzielbaren
Ergebnisse läßt sich durch "postoptimale Analysen" (306) noch wesentlich erhöhen, die im Anschluß an die Ermittlung der optimalen
Lösung durchgeführt werden. So wird beispielsweise im Rahmen
der "Stabilitätsanalyse" für die Eingabedaten der Zielfunktion - wie
z. B. die Verkaufspreise, Kostensätze usw. - und die Nebenbedingungen - wie z. B. die Absatz-, Einsatzgrenzen usw. - der Bereich

---

Ludwigshafen 1959, S. 27/30; Buhr, W. , Dualvariable, Opportunitätskosten und optimale Geltungszahl, in: ZfB, 37. Jg.
(1967), S. 687/708.

305) Vgl. dazu auch Kilger, W. , Flexible Plankostenrechnung, a.
a. O. , S. 680, S. 703/09.

306) Auf die mathematische Darstellung dieser auf spezielle para-
metrische Untersuchungen bei den Eingabedaten zurückgehen-
de Analysen - die im übrigen auch Bestandteil der "Standard-
Optimierungsprogramme" der "Software"-Hersteller sind -
sei an dieser Stelle verzichtet; vgl. dazu Dantzig, G. B. , Lineare Programmierung und Erweiterungen, a. a. O. , S. 305/16.

angegeben, für den die qualitative Programmzusammensetzung der Erzeugnisse der optimalen Lösung unverändert bleibt. Darüber hinaus untersucht die "Sensitivitätsanalyse" die Empfindlichkeit, mit der die zu optimierenden Größen auf Veränderungen der Eingabedaten reagieren. In diesem Zusammenhang können z. B. die Abweichungen vom Perioden-Erfolgsmaximum in Abhängigkeit gezielter Änderungen der Kostengüter- und Verkaufspreise, der Mindestlosgrößen, der Absatzgrenzen usw. ermittelt werden. Diese Rechnungen lassen Rückschlüsse auf die Gewichtung der Kosten- und Erlöseinflußgrößen hinsichtlich ihrer Auswirkungen auf den Periodenerfolg zu, die für absatzpolitische Entscheidungen - z. B. über die Verkaufsförderung einzelner Erzeugnisse in bestimmten Absatzgebieten, Abnehmerbranchen usw. - verwertet werden können.

Diese Anwendungsmöglichkeiten zeigen, daß für die Beurteilung erzeugnisbezogener Fragestellungen - wie z. B. Preisuntergrenzenbestimmung, Annahme oder Ablehnung von Zusatzaufträgen usw. - jeweils die Gesamterfolge bzw. Erfolgsdifferenzen der zur Auswahl stehenden Handlungsalternativen herangezogen werden dürfen. Stückbezogene Einzelgrößen - wie z. B. Grenzkosten- und Deckungsbeitragssätze - stellen deswegen keine ausreichenden Beurteilungsgrößen dar, weil in ihnen nicht die simultan zu betrachtenden qualitativen und quantitativen Erfolgsveränderungen ganzer Erzeugnisprogramme erfaßt werden können.

223. Ermittlungsrechnung

Im Gegensatz zu den Optimierungsrechnungen, die mit der Berechnung der optimalen Handlungsweise die Entscheidungsfindung bereits implizieren, zielen "Ermittlungsrechnungen" (307) auf die Vorausbestimmung von Periodenerfolgen alternativer Dispositionen ab, zu deren Beurteilung realisierte Erfolge vergangener Perioden, der für die Aufrechterhaltung der Betriebsbereitschaft erforderliche Mindesterfolg oder der erreichbare maximale Periodenerfolg herangezogen werden können (308). In Rechnungen dieser Art hat der

---

307) Zur Abgrenzung von Optimierungs- bzw. Alternativmodellen und Ermittlungsmodellen vgl. Laßmann, G., Die Kosten- und Erlösrechnung ..., a.a.O., S. 24; und den dort angegebenen Hinweis auf Kosiol, E., Betriebswirtschaftslehre und Unternehmensforschung, in: ZfB, 34. Jg. (1964), S. 759.

308) Je nachdem, ob das Periodenerfolgsmaximum oder bereits realisierte Erfolge die Vergleichsbasis bilden, spricht Laßmann von "Erfolgsdifferenz"- bzw. "Erfolgsveränderungsrechnungen"; vgl. Laßmann, G., Die Kosten- und Erlösrechnung ..., a.a.O., S. 44.

Periodenerfolg die Bedeutung einer "ökonomischen Vergleichsgröße
für unternehmerische Handlungsmöglichkeiten" (309), an der sich
die Entscheidung für eine der Planalternativen ausrichtet.

Ermittlungsrechnungen entsprechen vor allem bei kurzfristiger Planung den Anforderungen der Praxis eher als Optimierungsrechnungen. Hier kommt es im wesentlichen darauf an, die Auswirkungen
gezielter Einzeldispositionen auf Kosten, Erlöse und Erfolge zu berechnen. Derartige Dispositionen können sich aus den der Betriebs-
bzw. Unternehmensleitung zur Verfügung stehenden Handlungsmöglichkeiten z. B. beim Erzeugnis- und Absatzprogramm einschließlich der disponierbaren Losgrößen, den Kostengüter- und Verkaufspreisen, sowie im Hinblick auf zeitliche Anpassungen des Betriebes ergeben.

Die im Rahmen von Ermittlungsrechnungen berechneten Periodenerfolge können allerdings nur unter bestimmten Voraussetzungen
als Vergleichsgrößen für die unternehmerische Entscheidungsfindung herangezogen werden. So muß sichergestellt sein, dap durch
die einzelnen Dispositionen keine der für den Einsatz, die Betriebsmittelkapazitäten usw. bestehenden Restriktionen verletzt wird. Ist
diese Voraussetzung nicht erfüllt, werden Dispositionsänderungen
erforderlich. Da diese unter betriebswirtschaftlichem Aspekt nur
nach dem Kriterium des größtmöglichen Beitrages zum Periodenerfolg unter gleichzeitiger Berücksichtigung der gegebenen Engpaß-
verhältnisse getroffen werden könne, wird das Ausgangsproblem um
ein Optimierungsproblem erweitert, dessen Lösung mit Hilfe von
Ermittlungsrechnungen allerdings nicht gefunden werden kann. Aus
den an anderer Stelle bereits genannten Gründen (310) müssen dazu
wiederum die simultanen Verfahren der mathematischen Programmierung eingesetzt werden.

Hiernach kann festgehalten werden, daß für die Lösung bestimmter
Fragestellungen eine Trennung zwischen Ermittlungsrechnungen und
Optimierungsrechnungen nicht immer möglich ist. Unter diesem Gesichtspunkt sind auch die folgenden Ausführungen zu sehen, in denen
die Anwendungsmöglichkeiten des Periodenerfolgs-Rechenmodells
zur Ermittlung der Erfolgsauswirkungen von beispielhaft ausgewähl-
ten alternativen Dispositionen geprüft wird. Dabei wird von den kon-

---

309) Je nachdem, ob das Periodenerfolgsmaximum oder bereits re-
     alisierte Erfolge die Vergleichsbasis bilden, spricht Laßmann
     von "Erfolgsdifferenz"- bzw. "Erfolgsveränderungsrechnun-
     gen"; vgl. Laßmann, G., Die Kosten- und Erlösrechnung ...,
     a. a. O., S. 26.
310) Vgl. dazu S. 146/147.

zentrierten Beziehungen des Rechenmodells ausgegangen, auf deren
Grundlage die Berechnung der entscheidungsrelevanten Größen
schneller als mit den originären Modellbeziehungen erfolgen
kann (311).

2231. Alternative Erzeugnisprogramme

Kurzfristige Alternativen beim Erzeugnisprogramm ergeben sich
für den Teil der Betriebskapazität, der nach Berücksichtigung sämtlicher Auftragsvergaben in dem betrachteten Planungszeitraum ver-
bleibt. Verfügt der Betrieb bereits über konkrete Vorstellungen darüber, mit welchen Erzeugnisarten und -mengen die restliche Kapazität ausgefüllt werden soll, können die hierfür anfallenden Kosten,
Erlöse und Erfolge vorausberechnet werden. Wie die Verhältnisse
in der Praxis jedoch zeigen, ergibt sich für die Betriebs- bzw. Unternehmensleitung häufig die Notwendigkeit, die bestehenden Pläne
aufgrund kurzfristig eingehender Bestellungsanfragen neu zu überprüfen und gegebenenfalls zu ändern.

Eine ökonomische Entscheidung über Annahme oder Ablehnung derartiger Anfragen kann nur unter Berücksichtigung der hiermit verbundenen Veränderungen des Periodenerfolges vorgenommen werden. Diese lassen sich aber in einfacher Weise mit dem Rechenmodell unter Verwendung der in Schema XIII b (312) dargestellten Ko-
sten- und Erlösfunktionen ermitteln. Hierzu ist lediglich erforderlich, je Programmalternative die Vorgabevektoren der Absatzmen-
gen $\underline{xad}$, der Nettoerlöse bzw. Verkaufspreise $\underline{pa}$ und der betreffenden Erzeugnissorten $\underline{nd}$ und Loshäufigkeiten $\underline{ae}$ mit den aktuel-
len Größen aufzufüllen. Für die übrigen Vorgabegrößen des Rechen-
modells gelten - soweit sie für den konkreten Planungsfall von Bedeutung sind, wie z. B. die Periodenlängen $\underline{pl}$ und die Kostengüter-
preise $\underline{pv}$, $\underline{pe}$ und $\underline{pk}$ - unverändert die Werte, die ihnen beim Aufbau des Modells unter Zugrundelegung einer normalen Betriebssi-
tuation zugewiesen wurden.

In den Fällen, in denen die einzelnen Planalternativen in dem durch
die Nebenbedingungen abgegrenzten Entscheidungsbereich nicht verwirklicht werden können - was beispielsweise für die verfügbaren
Betriebsmittelkapazitäten je Kostenstelle an den negativen Kapazi-
tätsschlüpfen $\underline{zs}$ leicht zu erkennen ist -, ist zu überlegen, welche

---

311) Allerdings können sich auch Fragestellungen ergeben, für deren Beantwortung es notwendig sein wird, auf die originären
Modellbeziehungen zurückzugreifen; vgl. dazu S. 152/153.
312) Vgl. Anhang II, Abbildungen.

Erzeugnisse zum Zwecke der Verringerung der beanspruchten Engpaßeinheiten aus den Programmplänen herauszunehmen sind. Die
sich in diesem Zusammenhang ergebenden Optimierungsfragen können - wie bereits mehrfach erwähnt (313) - nur unter Zuhilfenahme
der Verfahren der mathematischen Programmierung gelöst werden.

Zu diesem Zweck sind je Programmalternative der Preisvektor $\underline{pa}$,
sowie die geplanten Absatzmengen $\underline{xad}$ als Obergrenzen $R^+_{xab/pl}$ und
der vorgegebene Auftragsbestand als Untergrenzen $\underline{R}^-_{xab/pl}$ in die
als Bestandteil des Periodenerfolgs-Rechenmodells bereits eingeführten "Strukturmatrizen für Optimierungsrechnungen" (Schema
XVI bzw. XVII) einzugeben. Dagegen werden die Sortenwechsel $\underline{nd}$
und die Löshäufigkeiten $\underline{ae}$ innerhalb des Optimierungsvorganges
selbst bestimmt. Dieser vollzieht sich nach dem bereits angedeuteten (314) iterativen Lösungsverfahren für die Lösung von gemischt-
ganzzahligen linearen Optimierungsproblemen. Eine Verkürzung der
hierbei anfallenden Rechenzeiten ist dann erreichbar, wenn auf die
Einhaltung spezieller Losgrößenbedingungen und damit der Bedingung ganzzahliger Walzlose $\underline{ae}$ verzichtet wird (Schema XVI). Die
Entscheidung über die Angabe von Mindestlosgrößen ist von den mit
der Planung verfolgten Zielen abhängig und muß von Fall zu Fall neu
getroffen werden.

Für bestimmte Fragestellungen ergibt sich die Notwendigkeit, auf
die originären Funktionalbeziehungen des Rechenmodells (Schema
XIII a) zurückzugreifen. Dies ist immer dann der Fall, wenn sich
die Dispositionen auf solche Kosteneinflußgrößen (Aktionsparameter) beziehen, die im Modell der Originären Betriebsstruktur (Schema XIII a) als Zwischengrößen auftreten, dagegen im Modell der
Konzentrierten Betriebsstruktur (Schema XIII b) eliminiert sind. So
ist es z. B. denkbar, daß die Kosten- bzw. Erfolgsauswirkungen
vorgegebener Auftragsmengen berechnet werden sollen, die aufgrund spezieller Kundenanforderungen andere als die bei einer Rechnung mit statistisch ermittelten "Normalanteilen" (315) festgelegten Adjustage-Arbeitsgänge beanspruchen. In diesem Fall würde das
Rechenmodell (Schema XIII a) unter Umgehung der Normalanteils-

---

313) Vgl. S. 146/147, S. 150.
314) Vgl. dazu S. 147, Fußnote 303).
315) Diese waren zur Ermittlung "typischer Arbeitsgangfolgen" ge-
     bildet worden; vgl. S. 56 f.

rechnung mit den zusätzlichen Vorgaben für die speziellen Arbeitsgangmengen $\underline{dag}$ durchgerechnet werden (316).

2232. Alternative Losgrößen

Beim Aufbau des Kostenmodells wurde das Ziel verfolgt, die kostenbeeinflussenden Faktoren als variable Größen getrennt zu erfassen, um die hiervon ausgehenden Kostenauswirkungen innerhalb des gleichen Rechensystems berechnen zu können. Diese Feststellung trifft insbesondere für die losabhängigen Walzen-, Walzenbearbeitungs und Nutzungsnebenzeitkosten zu, deren Anteile an den Verarbeitungskosten des untersuchten Betriebes stärker als der anderer Kostenarten ins Gewicht fällt. So wurde davon abgesehen, diese Kosten zum Zwecke der Ermittlung einfacher stückbezogener Kostenfunktionen auf durchschnittliche oder normale Losgrößen zu beziehen. Dadurch, daß die "Zahl der Lose" $\underline{ae}$ als zusätzliche Kosteneinflußgrößen im Rechenmodell berücksichtigt werden, können die Auswirkungen alternativer Losgrößen $\underline{xp}$ auf den Periodenerfolg bei Verwendung der in Schema XIII b angeführten Kosten- und Erlösbeziehungen berechnet werden (317). Die Ergebnisse derartiger Alterna-

---

316) Zur Erläuterung der unterschiedlichen Vorgehensweisen bei der Bestimmung der Arbeitsgangmengen $\underline{dag}$ ergeben sich folgende Zusammenhänge (mit Index "i" = spezieller Kundenwunsch):

a) <u>Rechnung "mit" Normalanteilen:</u>

$$\underline{dag}^i = \underbrace{\underline{R}_{dag/eag}\ \underline{R}_{eag/xag}\ \underline{B}_{xag/xp}\ \underline{B}_{xp/xa}\ \underline{B}_{xa/xad}}_{\text{Normalanteile}}\ \underline{xad}^i$$

b) <u>Rechnung "ohne" Normalanteile:</u>

$\underline{dag}^i$ = zusätzliche Vorgabegröße zu $\underline{xad}^i$ entsprechend der Zuordenbarkeit der Vektorkomponenten von $\underline{dag}$ und $\underline{xa}$, (Komponentengliederung von $\underline{xad}$: Profil (P), Abm. (A), Qual. (Q), Erlösstelle (Est); von $\underline{dag}$: Profil (P), Abm. gr. (AG), Arb. gang (ABG).

317) Dabei erfolgt die Ermittlung ganzzahliger Werte für die Loshäufigkeiten nach der bereits bekannten Beziehung

$$\underline{ae} = \text{entier}\,(\underline{R}_{ae/xp}\ \underline{xp} + \underline{r}_{ae/pnh}\ \underline{pnh})$$

Vgl. dazu Gleichung (2.9), sowie deren konzentrierte Form in Schema III, Anhang II, Abbildungen.

tivrechnungen liefern darüber hinaus Anhaltspunkte für preispolitische Maßnahmen zur Beeinflussung der von den Kunden aufzugebenden Bestellmengen, die in gestaffelten Mindermengenaufpreisen für kleine Losmengen und Mengenrabatten für große Aufträge bestehen können (318).

2233. Alternative Kostengüterpreise

Dispositionsmöglichkeiten bei den Kostengüterpreisen, deren Einflüsse auf den Periodenerfolg mit dem Rechenmodell ermittelt werden sollen, können sowohl bei den "originären Preisen" der vom Markt bezogenen Güter - wie z. B. Werksgeräte, Hilfs- und Betriebsstoffe usw. - als auch bei den "zwischenbetrieblichen Verrechnungspreisen" der von den vorgelagerten Produktionsstufen des Unternehmens bereitgestellten Güter auftreten - wie z. B. dem Werkstoffeinsatz, den Brennstoffen und Energien, Reparaturleistungen usw. Sie erklären sich in erster Linie aus der laufenden Anpassung der Preise an die veränderten Markt- bzw. Produktionsbedingungen. Darüber hinaus kann es für bestimmte Fragestellungen im Rahmen der Planungsrechnung von Bedeutung sein, die Erfolgsveränderungen bei individuell und abweichend von der bisherigen Preisstellung vorgegebenen Wertansätzen zu berechnen. Derartige Fragestellungen können beispielsweise die Auswirkungen von Anschaffungspreisen im Gegensatz zu Tages- bzw. Wiederbeschaffungspreisen bestimmter Kostengüter oder von Teil- im Gegensatz zu Vollkosten der sekundären Kostengüter auf den Periodenerfolg beinhalten.

Für die Durchführung einer auf Alternativen bei den Kostengüterpreisen abgestellten Ermittlungsrechnung sind für jede Preisalternative die Werte in die entsprechenden Preisvektoren für die Verarbeitungskosten pv, den Werkstoffeinsatz pe und die Rest- und Ausfallstoffe pk des Rechenmodells (Schema XIII b) einzusetzen.

2234. Alternative Verkaufspreise

Für Preisüberlegungen ist es von Bedeutung zu wissen, welchen Einfluß verschiedene Preisstellungen - gegebenenfalls verbunden mit Mengenänderungen bei den Erzeugnissen - auf den Periodenerfolg haben. Angesichts der teilweise komplizierten Kosten- und Erlösbeziehungen des untersuchten Betriebes sollten der Preisbildung

---

318) Zur Darstellung des Kosteneinflusses der Losgröße vgl. auch Bilder 15 und 16, Anhang II.

für die Erzeugnisse weniger starre, auf Teil- oder Vollkosten (319)
basierende Kalkulationsschemata als vielmehr die Erfolgsveränderungen alternativer Preisansätze zugrunde gelegt werden. In diesem
Zusammenhang muß auch erwähnt werden, daß die Einhaltung bestimmter Preisgrenzen nur von relativer Bedeutung ist. Es ist durchaus denkbar, die für ein Erzeugnis bestehende Preisgrenze kurzfristig zu unterschreiten, wenn dadurch bei gleichzeitigem kalkulatorischen Preisausgleich (320) mit anderen Erzeugnissen eine Er-
höhung des Periodenerfolges erzielt werden kann.

Derartige Fragestellungen können mit dem hier entwickelten Rechenmodell (Schema XIII b) in einfacher Weise "durchgespielt" werden. Dazu müssen lediglich die Handlungsalternativen bei den Verkaufspreisen und gegebenenfalls auch den Absatzmengen in den entsprechenden Vektoren pa bzw. xad vorgegeben werden.

224. Planung von Fertiglagerbeständen

Während in den vorhergehenden Abschnitten die Ermittlung des Plan-
Erfolges ohne Berücksichtigung der Lagerhaltung von Fertigerzeugnissen erfolgte, wird nun der Problemkreis um die Gesichtspunkte
erweitert, die im Zusammenhang mit der ein- und mehrperiodischen
Planung von Fertiglagerbeständen auftreten.

Bei der Zerlegung des Planungszeitraumes in Teilperioden muß be-
achtet werden, daß es Erzeugnisse geben kann, die in einer Periode abgesetzt, aber nicht hergestellt werden, und Erzeugnisse, die
in der gleichen Periode hergestellt, aber nicht abgesetzt werden.
Dadurch, daß Erzeugung und Absatz einer Periode zeitlich ausein-
anderfallen, werden Lager aufgebaut, die in die folgenden Perioden
übernommen werden, und Lager aus den Beständen der Vorperioden
abgebaut. Diese Lagerbewegungen, über die die einzelnen Perioden
hinsichtlich ihrer Güterströme miteinander verknüpft werden, stellen Vermögensveränderungen dar, die nach der in der Praxis üblichen Vorgehensweise, den Periodenerfolg nach dem Gesamtko-
stenverfahren zu ermitteln, erfaßt werden müssen.

---

319) Auf die bei der Vollkostenermittlung auftretenden Zurech-
nungsprobleme wurde im Rahmen der "Kalkulationsrechnung"
bereits hingewiesen; vgl. dazu S. 122/124, S. 127/128.
320) Die Bedeutung einer Preispolitik im Sinne des kalkulatorischen
Ausgleiches der Erzeugnisse hebt auch Kilger hervor; vgl.
Kilger, W., Flexible Plankostenrechnung, a.a.O., S. 575.

Im folgenden wird nun das Periodenerfolgs-Rechenmodell um die Beziehungen ergänzt, die für seine Anwendung auf ein- und mehrperiodische Erfolgsrechnungen erforderlich sind. Unter formalen Gesichtspunkten handelt es sich hierbei um den Einbau der mathematischen Beziehungen, in denen die Fertiglagerbewegungen zwischen den einzelnen Perioden zum Ausdruck kommen. Unter sachlogischen Gesichtspunkten sind die Aspekte der Erfolgsermittlung unter Berücksichtigung geplanter Bestandsveränderungen bei den Erzeugnissen angesprochen. In diesem Zusammenhang kommt den Problemen der Bewertung der Lagerbestände besondere Bedeutung zu, dessen grundsätzliche Fragen daher zunächst erörtert werden.

2241. Grundsätzliche Fragen der Bestandsbewertung

Die Bewertung von Lagerbeständen ist seit jeher ein vieldiskutiertes Problem im Rahmen der Betriebswirtschaft. Die Diskussion hierüber erbrachte eine Vielzahl von Vorschlägen, in denen sich die Uneinheitlichkeit der Auffassungen über dieses Problem widerspiegelt. Ohne auf einzelne Vorschläge näher einzugehen, seien beispielhaft genannt die Wertansätze der handels- und steuerrechtlichen Vorschriften, die Bewertung zu vollen oder variablen Herstellkosten, zu erwarteten bzw. geschätzten Verkaufspreisen usw.

Die Frage nach dem "richtigen" Wertansatz relativiert sich jedoch von selbst, wenn man sich bewußt macht, daß es hierbei letztlich um die Problematik der Ermittlung des Periodenerfolges geht, d. h. der Zurechnung von Kosten und Erlösen auf bestimmte Abrechnungsperioden (321) (Kalenderzeiträume). Welche Kostenbeträge in den Beständen aktiviert werden, ist eine Frage der Definition des Periodenerfolges und der mit seiner Ermittlung verbundenen Zielsetzung. "Jede Entscheidung über das Ausmaß einer Aktivierung bedeutet zugleich eine Entscheidung über die Höhe des Periodenerfolges" (321).

Der Periodenerfolg wurde in dieser Untersuchung als Kriterium für die wirtschaftliche Beurteilung unternehmerischer Handlungsmöglichkeiten definiert (322). Nach dem Grundsatz der Entscheidungsrelevanz dürfen bei Planungsrechnungen in die Bestimmung des Periodenerfolges nur solche betriebswirtschaftlichen Erfolgsgrößen ein-

---

321) Vgl. hierzu Hummel, S., Die Auswirkungen von Lagerbestandsveränderungen auf den Periodenerfolg - Ein Vergleich der Erfolgskonzeptionen von Vollkostenrechnung und Direct Costing, in: ZfbF, 21.Jg. (1969), S. 156.
322) Vgl. S. 17.

bezogen werden, die den Anforderungen an eine sach- und zeitbezugene Zurechenbarkeit von Kosten und Erlösen auf die Entscheidungsobjekte genügen (323). Bei kurzfristiger Planung ist als das wesentliche Entscheidungsobjekt die qualitative und quantitative Programmzusammensetzung der Erzeugnisse anzusehen (324). Wenn sich die Auswahl der Erzeugnisse an dem hiermit erzielbaren (entscheidungsrelevanten) Periodenerfolg orientiert, müssen folglich die Wertansätze für die Bestandsbewertung der Erzeugnisse so gewählt werden, daß die Aussagefähigkeit des Periodenerfolges als Entscheidungskriterium nicht beeinträchtigt wird. Dies bedeutet, daß nur solche Kostenbeträge aktiviert werden können, die der Sache und Zeit nach (325) eindeutig den Lagerbeständen zugerechnet werden können. Dazu gehören lediglich die Kosten, die sich abhängig zur Erzeugnismenge verhalten (326), und die variablen Lagerkosten (326). Von diesen Wertgrößen wird im folgenden ausgegangen.

---

323) Vgl. auch die grundsätzlichen Ausführungen auf S. 24 f., insbesondere S. 28 f.

324) Zur Begründung vgl. S. 138/140. Andere Entscheidungsgrößen sind z. B. die Kostengüter- und Verkaufspreise, Losgrößen, Adjustage-Arbeitsgänge (Verfahren) usw.

325) Die Ermittlung des Periodenerfolges nach diesen Kriterien entspricht - wie Layer im einzelnen ausgeführt hat - dem Grundsatz ordnungsmäßiger Buchführung der Abgrenzung nach Sache und Zeit. Hiernach kann nur das aktiviert werden, "was dem Unternehmen in Zukunft einen bestimmten Vermögensvorteil bringt", der z. B. in der Einsparung künftiger Ausgaben bestehen kann; vgl. Layer, M., Die Herstellkosten der Deckungsbeitragsrechnung und ihre Verwendbarkeit in Handelsbilanz und Steuerbilanz für die Bewertung unfertiger und fertiger Erzeugnisse, in: ZfbF, 21. Jg. (1969), S. 131/54, insbesondere S. 142 f.; und die dort angegebene Literatur.

326) Zur näheren Erläuterung der Kostenelemente vgl. S. 159/160 In Anlehnung an Layer handelt es sich bei den erzeugnismengenabhängigen Kosten um die "beschäftigungsproportionalen und abbaufähigen beschäftigungsfixen Kosten", die den Herstellkosten der Deckungsbeitragsrechnung entsprechen. Als abbaufähige beschäftigungsfixe Kosten werden solche Kosten bezeichnet, die in der vergangenen Periode nicht entstanden wären, "wenn die auf Lager bedinflichen Leistungseinheiten der Erzeugnisse nicht in der abgelaufenen Periode hergestellt worden wären" (ebenda, S. 134). Diese Kosten sind vor allem für Betriebe mit Einzelfertigung von Bedeutung, dagegen weniger für den dieser Untersuchung zugrunde liegenden Betriebstyp der Sorten- und Massenfertigung.

Wie an anderer Stelle bereits erwähnt (327), erfolgt in der Praxis
die Ermittlung des Periodenerfolges im Rahmen der betrieblichen
Dokumentationsrechnung üblicherweise auch unter Berücksichtigung
periodisierter Periodengemeinkosten. Die Einbeziehung dieser Kosten in die Bestandsbewertung - was auf eine Bewertung zu vollen
Herstellkosten hinausliefe (328) - kann nur aus den mit der Dokumentationsrechnung speziell verfolgten Zielen gerechtfertigt werden. Für kurzfristige - auf die Ermittlung alternativer bzw. erfolgsoptimaler Programmzusammensetzungen ausgerichtete - Entscheidungsrechnungen verbietet sich eine derartige Vorgehensweise, da
sie im Widerspruch zum Kostenverursachungsprinzip steht und demzufolge zu falschen Ergebnissen führen kann.

2242. Modellerweiterungen für

22421. einperiodische Rechnungen

In der Einperiodenplanung hat die Berücksichtigung von Lagerbewegungen nur dann einen Sinn, wenn der Absatz der Erzeugnisse
$\underline{xa}$ von einem bestehenden Lageranfangsbestand $\underline{la}$ gedeckt werden
kann oder ein Lagerendbestand $\underline{le}$ aufgebaut werden soll. Für die
Beziehungen zwischen den Erzeugnis-, Absatz- und Lagermengen
gilt dabei die folgende Bilanzgleichung:

$$\underline{B}_{xp/xa} \; \underline{xa} - \underline{xp} = \underline{la} - \underline{le}$$

Darin enthält die Matrix $\underline{B}_{xp/xa}$ Bündelvorschriften, nach denen die
Absatzmengen über die absatzbezogenen Merkmale (z. B. Absatzge-
biet, Abnehmerbranche usw.) zu dem Erzeugnisbegriff des Betriebes summiert werden. Die Lagermengen $\underline{la}$ werden aus der vergangenen Periode als Anfangsbestand vorgetragen, wohingegen die Größen $\underline{le}$ von den unternehmerischen Erwartungen über die zukünftigen
Absatzmöglichkeiten abhängen und daher je nach Einschätzung (329)
der Marktlage disponierte Mindest- bzw. Pufferbestände, progno-
stizierte Absatzmengen zukünftiger Perioden usw. darstellen.

---

327) Vgl. S. 30 f.
328) Zur Gegenüberstellung der Periodenerfolgsermittlung auf der
     Grundlage der Vollkostenrechnung und Direct Costing vgl. auch
     Hummel, S. , Die Auswirkungen von Lagerbestandsverände-
     rungen auf den Periodenerfolg, a. a. O. , insbesondere S. 165 f.
329) Vgl. dazu die Ausführungen auf S. 101 f.

Unter Berücksichtigung der Beziehung für die Lagerplanung lautet
die Gleichung (7. 6) für die Bestimmung des Periodenerfolges G:

(7. 7.)

$$G = \underbrace{\underline{pa}'\underline{xa}}_{\text{Erlöse}} - \underbrace{(\underline{clxp}'\underline{xp} + \underline{cvae}'\underline{ae} + Clvh \cdot h + \underline{cvnd}'\underline{nd} + \underline{cvp}'\underline{pl})}_{\text{Herstellkosten}}$$

$$- \underbrace{(\underline{cla}'\underline{la} - \underline{cle}'\underline{le})}_{\substack{\text{Bestandsver-}\\ \text{änderungen}}}$$

In der Erfolgsgleichung werden die Vermögensveränderungen durch
die Bewertung der Lageranfangs- und Lagerendbestände mit den
Preisen $\underline{cla}$ bzw. $\underline{cle}$ erfaßt. Der Anfangsbestand wird zu den zurechenbaren Herstellkosten (330) belastet ($\underline{cla}$), der Endbestand zu
den zurechenbaren Herstellkosten abzüglich der variablen Lagerkosten gutgeschrieben ($\underline{cle}$). Zu den variablen Lagerkosten, von de-

---

330) Genauer gesagt, handelt es sich hierbei um die "bedingt" zurechenbaren Kosten, in denen ebenfalls die losabhängigen Kosten enthalten sind; vgl. hierzu die Herleitung der Kostensatz-
vektoren $\underline{cxp}$ der Walzerzeugnisse bzw. $\underline{cxa}$ der Absatzerzeug-
nisse auf S. 124 bzw. S.136. Bei der Ermittlung dieser Kosten-
sätze wurden die losfixen Kosten auf der Grundlage der Walzenhaltbarkeiten "verteilt" (vgl. S. 123). Diese Vorgehensweise kann durch die Implizierung der Annahme voller Walzenausnutzung und - damit gleichbedeutend - ganzzahliger Walzlose gerechtfertigt werden. Im Rahmen der Bestandsbewertung ist eine derartige Annahme durchaus realistisch, da das
Ziel einer Produktion auf Lager ja gerade darin besteht, große
Stückzahlen bzw. Losgrößen zu erreichen. Bei konsequenter
Befolgung des Grundsatzes der Leistungsverbundenheit von Kosten wäre es aber auch jederzeit möglich, die losfixen Kosten
als Einzelkosten der Erzeugnisgruppen (Gruppenlose) zu akti-
vieren; vgl. dazu auch Layer, M., Die Herstellkosten der Dek-
kungsbeitragsrechnung und ihre Verwendbarkeit in Handelsbilanz und Steuerbilanz für die Bewertung unfertiger und fertiger
Erzeugnisse, a.a.O., S. 151/52.

nen vereinfachend (331) angenommen wird, daß sie proportional zu
den pro Periode gelagerten Mengen anfallen, zählen die Kosten aus
den Lagerbeständen, wie z. B. Verzinsung des in den Beständen ge-
bundenen Kapitals, Versicherungskosten der Bestände usw. (332).

Der Vorschlag, die variablen Lagerkosten im Sinne von "Erlösminderungsarten" zu behandeln, kann deswegen nicht zufriedenstellen,
weil hiermit dem Kostencharakter dieser speziellen Kostenart nicht
entsprochen wird. Es ist vielmehr anzustreben, die Kostenabhängigkeiten im Lagerbereich ähnlich der Vorgehensweise bei der Ermittlung der Kostenfunktionen im Produktionsbereich zunächst als
eigenes Funktionensystem abzubilden und anschließend mit dem Pro-
duktionskostenmodell zu verknüpfen. Dies setzt eine differenzierte
Analyse der Lagerkosten voraus, die bislang allerdings noch nicht
verwirklicht werden konnte. Der hier eingeschlagene Weg ist aber
auch geeignet, die mit der Lagerplanung an dieser Stelle verfolgten Zwecke zu erfüllen. Danach sollen im Zusammenhang mit Optimierungsrechnungen die Lagerveränderungen durch die Belastung
des Lagerzuganges bzw. -endbestandes mit Lagerkosten in der Weise beeinflußt werden, daß der Abbau von Fertiglagern einer "zusätzlichen" Produktion vorgezogen wird. Eine derartige, den Gegebenheiten der Praxis nahekommende Planungssituation trifft nur
auf die im folgenden Abschnitt erläuterten mehrperiodischen Rechnungen zu, weil in diesen Fällen die Lagerbewegungen zwischen den
einzelnen Perioden variable Größen sind. Dagegen wird bei einperiodischen Planungsrechnungen - wie oben ausgeführt - davon ausgegangen, daß die Bestände am Anfang und am Ende der Periode disponiert werden.

22422. mehrperiodische Rechnungen

Die Zielsetzung mehrperiodischer (Quartals-)Planungsrechnungen
besteht darin, die Kombination bzw. Kombinationen der Absatz- und
Erzeugnismengen zu bestimmen, die unter Berücksichtigung der
zwischen den einzelnen Perioden möglichen Lagerbestandsveränderungen und der periodenbezogenen Nebenbedingungen für die Betriebsmittelkapazitäten, den Einsatz, Absatz usw. zum maximalen

---

331) Differenzierte Erfassungsmöglichkeiten der Lagerkosten finden sich bei Reichmann, T., Die betrieblichen Anpassungs-
prozesse im Lagerbereich, in: ZfbF, 19. Jg. (1967), S. 762/74.
332) Die periodenabhängigen Lagerkosten - wie z. B. die Perso-
nal-, Energiekosten usw. der Lagerverwaltung, Raumkosten
u. a. - werden unter den Kosten des Verwaltungsdienstes ausgewiesen; vgl. dazu S. 90 / 91.

bzw. zu alternativen Erfolgen des betrachteten Planungszeitraumes führt (333). Im Unterschied zur einperiodischen Rechnung treten hier als zusätzliche Aktionsparameter die Lagerbewegungen zwi-

---

333) Dadurch, daß den Herstellkosten - und hier insbesondere den walzlosabhängigen Kosten - auch Lagerkosten der nicht abgesetzten Erzeugnisse gegenüberstehen, handelt es sich hier - in Erweiterung der bisher in der Verwendung des Begriffes "Walzlosgröße" zum Ausdruck kommenden produktionstechnischen Gesichtspunkte (vgl. S. 61 f.) - zugleich um die Bestimmung "erfolgsoptimaler Erzeugnislosgrößen" unter Berücksichtigung der Gesichtspunkte der Fertiglagerhaltung. In diesem Zusammenhang ist noch einmal auf die Prämissen des hier beabsichtigten komparativ-statischen Modellansatzes hinzuweisen. So werden die im Zusammenhang mit dem zeitlichen Vollzug der Produktion auftretenden Fragen der Abstimmung der Fertigungszeiten zwischen den einzelnen Bearbeitungsstufen des Walz- und Adjustageprozesses und den Absatzterminen an dieser Stelle nicht berücksichtigt. Diese Fragen betreffen den Problemkreis der dynamischen Produktionsplanung, d. h. der simultanen Programm-, Ablauf-, Losgrößen- und zeitlichen Produktionsverteilungsplanung, dessen Behandlung entsprechend der einleitend formulierten Zielsetzung aus dieser Untersuchung ausgeklammert ist (vgl. S. 19 sowie die Abgrenzung zwischen statischer und dynamischer Produktionsplanung auf S. 139/140), vgl. hierzu insbesondere die modelltheoretischen Untersuchungen von Adam, D. , Produktionsplanung bei Sortenfertigung, a. a. O. , S. 129 ff.

Im Rahmen der bereits angeführten (vgl. S. 63, Fußnote 128), S. 64, Fußnote 134), S. 65, Fußnote 136)) empirischen Untersuchung zur dynamischen Produktionsplanung einer bestehenden Stabstahlstraße befaßt sich Kahnis mit dem Teilaspekt der zeitlichen Abstimmung zwischen Produktion und Absatz bei saisonal schwankendem Auftragseingang. Nach den Ergebnissen von Kahnis ist für den von ihm untersuchten Betrieb die auftragsorientierte Fertigungsweise unter dem Gesichtspunkt der Maximierung des Deckungsbeitrages die günstigste Planalternative. Zusätzliche erfolgsversprechende Planungsmöglichkeiten sieht Kahnis zwar im Bereich der Ablaufplanung, geht jedoch auf die hiermit verbundenen Probleme - insbesondere der zeitlichen Abstimmung des Walz- und Adjustageprozesses - nicht näher ein. Im Hinblick auf empirisch untermauerte Erkenntnisse für die dynamische Produktionsplanung in Stab- bzw. Feinstahlwalzwerken kommt der Untersuchung von Kahnis aus diesem Grunde ein begrenzter Aussagewert zu.

schen den Periodenabschnitten auf. Die Lagerbestände am Anfang und am Ende des gesamten Planungszeitraumes ergeben sich wie im Falle der Einperiodenplanung aus den Dispositionen der Betriebs- bzw. Unternehmensleitung.

Das Mehrperiodenmodell wird aus dem Einperiodenmodell unter Berücksichtigung der Lagerveränderungen zwischen den Perioden $n = 1 \ldots t$ entwickelt. Hierfür lautet die Erfolgsgleichung:

(7. 8)

$$G_t = \sum_{n=1}^{t} \left[\underbrace{pa'_n \, xa_n}_{\text{Erlöse}} - \underbrace{(clvxp'_n xp_n + cvae'_n ae_n + Clvh_n h_n + cvnd'_n nd_n + cvp'_n pl_n)}_{\text{Herstellkosten}} \right.$$

$$\left. - \underbrace{\left[cla'_1 la_1 + \sum_{n=1}^{t-1} (cla_{n+1} - cle_n)' le_n - cle'_t le_t \right]}_{\text{Bestandsveränderungen}} \right.$$

mit der Bilanzgleichung für die Lagerveränderungen:

$$B_{xp/xa} \, xa_n - xp_n = le_{n-1} - le_n$$

für alle n, wobei $le_0 = la_1$

Das Mehrperiodenerfolgs-Rechenmodell ist in Schema XVIII als "Strukturmatrix für Optimierungsrechnungen bei Mehrperiodenplanung" für eine Rechnung mit drei Planungsperioden formuliert (334). Im Unterschied zu dem bereits behandelten Optimierungsmodell ohne Berücksichtigung der Gesichtspunkte der Fertiglagerhaltung (Schemata XVI und XVII) enthält dieses System zusätzlich Ober- und Untergrenzen für die Beschränkung des Lagerendbestandes der Erzeugnisse:

$$R^-_{leb/pl} \, pl_n \leq B_{leb/le} \, le_n \leq R^+_{leb/pl} \, pl_n$$

für alle n.

---

334) Vgl. Anhang II, Abbildungen;
vgl. hierzu auch die Fallbeschreibung auf S. 163 f.

Darin beziehen sich die Bündelvorschriften der Matrix $\underline{B}_{leb/le}$ auf solche Erzeugnisse, für die gemeinsame Lagergrenzen angegeben werden.

2243. Fallbeschreibung und Lösungsmöglichkeiten

Die folgenden Ausführungen verfolgen den Zweck, die in den vorhergehenden Abschnitten für die Fertiglagerplanung beschriebenen Modellerweiterungen im Hinblick auf ihre praktische Durchführbarkeit und Lösungsmöglichkeiten zu untersuchen. Dabei wird von Planungssituationen ausgegangen, die die Gegebenheiten der Praxis möglichst wirklichkeitsnah widerspiegeln.

Lagerbestandsveränderungen werden maßgeblich von dem Walzturnus beeinflußt, nach dem der Betrieb die Erzeugnissorten walzt. Der Zeitraum für einen Walzturnus, in dem das gesamte Sortenprogramm einmal hergestellt werden kann, beträgt in der Regel drei Monate. Für diesen Planungszeitraum liegt bereits ein großer Teil der Erzeugnismengen der einzelnen Sorten als fest terminierte Auftragsbestände oder aufgrund langfristiger Lieferverträge fest (335). Planungsüberlegungen sind unter diesen Gesichtspunkten dann nur noch darauf gerichtet, die restliche Betriebskapazität der Einzelmonate auf bestimmte Erzeugnisse entsprechend ihrer Markteinschätzung und nach Maßgabe ihrer Zuordenbarkeit zu dem Walzturnus zu verteilen. Erst bei der Erweiterung des Planungszeitraumes auf sechs oder neun Monate entfallen die durch den Walzturnus auferlegten Restriktionen und es werden dann auch die Möglichkeiten des Lagerauf- und -abbaus zwischen den einzelnen Quartalen eingeplant, da mit jedem Quartalsbeginn ein neuer Walzturnus einsetzt.

Aufgrund dieser praktischen Gegebenheiten sollten sich auch die modellmäßigen Überlegungen zur Fertiglagerplanung auf Periodenabschnitte beziehen, deren Länge durch den Zeitraum für einen Walzturnus bestimmt ist. Danach umfaßt die Länge einer Planungsperiode drei Monate. Da beim Aufbau des Rechenmodells der Monat als Bezugsperiode zugrunde gelegt wurde, müssen die innerhalb einer Planungsperiode zur Verfügung stehenden Faktorvorräte mit dem Vielfachen der in die Rechnung eingehenden Monatsperioden erwei-

***

335) Vgl. auch die Ausführungen auf S. 140 f.

tert werden (336). Einperiodische Rechnungen stellen somit die Hintereinanderschaltung von drei Einmonatsmodellen dar. Dagegen umschließen mehrperiodische Rechnungen mehrere Quartals- bzw. Drei-Einmonatsmodelle. Im Mittelpunkt dieser Rechnungen steht die Optimierung der Lagerbewegungen zwischen den Periodenabschnitten. Auf dieses Problem soll in der folgenden Fallbeschreibung näher eingegangen werden.

Problemformulierung

Gegeben sind

je Periode:

$\underline{R}^-_{xab/pl}\ \underline{pl}$	Auftragsbestände (i.d. Per. terminiert)	der Erzeugnisse	$\underline{xa}$
$\underline{R}^+_{xab/pl}\ \underline{pl}$	Absatzhöchstmengen	" "	$\underline{xa}$
$\underline{r}_{xl/h}$	Mindestwalzlosgrößen (unter Berücksichtigung der Auftragsbestände)	" Walzerzeugnisse	$\underline{xp}$
$\underline{R}^+_{leb/pl}\ \underline{pl}$	Lagerobergrenzen der Endbestände $\underline{le}$ der 1. und 2. Periode	" "	$\underline{xp}$
$\underline{R}^-_{leb/pl}\ \underline{pl}$	Lageruntergrenzen der Endbestände $\underline{le}$ der 1. und 2. Periode	" "	$\underline{xp}$

---

336) Die Anzahl der Monatsperioden wird im Rechenmodell in einfacher Weise durch die Größen "Periodenlängen" ($\underline{pl}$) vorgegeben; vgl. dazu beispielsweise Schema XVII, Anhang II, Abbildungen.

$\underline{R}_{zs/pl}$ $\underline{pl}$	Obergrenzen	der Betriebsmittelkapazitäten des Walz- und Adjustageprozesses	
$\underline{R}_{e/pl}$ $\underline{pl}$	"	" Vormateriallieferungen (Knüppeleinsatz)	
$\underline{pa}$	Verkaufspreise bzw. Nettoerlöse	" Erzeugnisse	$\underline{xa}$
$\underline{clxp}$	Kostensätze	" Walzerzeugnisse	$\underline{xp}$
$\underline{cvae}$	"	" Anzahl Lose	$\underline{ae}$
$\underline{cvnd}$, $Clvh$	"	" Sortenwechsel	$\underline{nd}$, h
$\underline{cla}$, $\underline{cle}$	Preise der Lageranfangs- und Lagerendbestände $\underline{la}$, $\underline{le}$	" Erzeugnisse	$\underline{xp}$

am Anfang und am Ende des Planungszeitraumes:

$\underline{la}$	Lageranfangsbestand der 1. Periode	der Erzeugnisse	$\underline{xp}$
$\underline{le}$	Lagerendbestand der 3. Periode (Pufferbestand)	" "	$\underline{xp}$

Gesucht wird

das mehrperiodische Absatz- und Produktionsprogramm, das unter Berücksichtigung der Lagerveränderungen zwischen den Periodenabschnitten (1 - 2 und 2 - 3 Periode) und den angegebenen Nebenbedingungen zum maximalen (337) Erfolg des gesamten Planungszeitraumes führt.

---

337) Mit dem gleichen Rechenmodell lassen sich selbstverständlich auch die Auswirkungen bestimmter Einzeldispositionen im Hinblick auf den mehrperiodischen Erfolg - z. B. Vorgabe alternativer Lagerendbestände am Ende der 1. und 2. Periode, alternativer Losgrößen usw. - berechnen, wie sie im Zusammenhang mit den Ausführungen über Ermittlungsrechnungen beschrieben wurden (vgl. S. 149 f.). Derartige Fragestellungen

<u>Lösungsmöglichkeiten</u>

Bei der rechnerischen Durchführung der beschriebenen Mehrperiodenplanung ist die Frage zu erörtern, ob die Lösung des Problems
auf dem Wege der Hintereinanderschaltung mehrerer (3) Einperiodenmodelle oder der Simultanrechnung mit dem Mehrperiodenmodell
angestrebt werden söll.

Die grundsätzlichen Vorteile der Verwendung des Mehrperiodenmodells liegen in der optimalen Bestimmung der Schnittstellen zwischen den Perioden. Die Nachteile sind in dem im Vergleich zur
Einperiodenrechnung beträchtlich erhöhten Datenumfang und dem
daraus folgenden höheren Rechenaufwand zu sehen. Dieser resul-
tiert daraus, daß neben den periodenspezifischen Daten (z. B. Nebenbedingungen für den Einsatz, Absatz, die Betriebsmittelkapazitäten usw.) die periodengleichen Strukturbeziehungen für jede Periode zusätzlich gespeichert werden müssen. Darüber hinaus wird
die Rechenbarkeit des mehrperiodischen Systems durch die nunmehr
für jede Periode einzuhaltenden Ganzzahligkeitsbedingungen der Loshäufigkeiten und Sortenwechsel erschwert (338). Obwohl davon ausgegangen werden kann, daß aufgrund der Leistungsfähigkeit heutiger
Rechenanlagen auch Probleme dieser Größenordnung losbar (339)
sind, muß im vorliegenden Fall dennoch von einer derartigen Lö-
sungsmöglichkeit abgesehen werden, weil der hiermit verbundene
Rechenaufwand wirtschaftlich nicht vertretbar ist. Aus Fründen der
Wirtschaftlichkeit empfiehlt es sich, die Lösung der gestellten Planungsaufgabe nicht im Sinne einer Simultanrechnung für alle Perioden, sondern auf dem Wege einer sukzessiven, von den einzelnen
Perioden ausgehenden Rechnung zu suchen (340).

---

gehen jedoch sehr schnell in Optimierungsprobleme über, wenn
mehrere Engpässe bei den Produktionsfaktoren simultan berücksichtigt werden müssen (vgl. S. 150/151). Aus diesem Grunde erweist es sich für das praktische Vorgehen als zweckmäßig, die hier auftretenden Planungsprobleme EDV-mäßig von
vornherein als LP-Rechenmodell aufzubereiten, das sowohl
für Optimierungs- als auch Ermittlungsrechnungen die rechnerische Grundlage darstellt.

338) Im Unterschied zu dem bereits beschriebenen Optimierungsmodell ohne Lagerbeziehungen (Schema XVII) beinhaltet das
Mehrperiodenmodell ca. 1600 Zeilen- und 9800 Spaltenvariablen, von denen ca. 200 die ganzzahligen Größen <u>ae</u> und <u>nd</u>
sind.

339) Der Verfasser bezieht sich hier auf die Information eines Be-
auftragten einer "Softwäre"-Firma.

340) Dieses Vorgehen entspricht auch der in anderen Bereichen der

Den Vorteilen eines geringeren Speicheraufwandes stehen bei sukzessiven einperiodischen Rechnungen die Nachteile entgegen, daß sich befriedigende Lösungen i. a. erst nach mehrmaligem Iterieren erreichen lassen. Es wäre nämlich zufällig, wenn nach der Zerlegung (Dekomposition) des Gesamtproblems in mehrere - periodenbezogene - Teilprobleme die Summe der Teiloptima dem bei einer Simultanrechnung sich ergebenden Gesamtoptimum entsprächen. Die aus diesem Grunde notwendig werdenden Iterationen beziehen sich folglich darauf, die Einperiodenmodelle mit alternativen Vorgaben für die Schnittstellen zwischen den Perioden (Lagerendbestände der 1. und 2. Periode bzw. Lageranfangsbestände der 2. und 3. Periode) wiederholt durchzurechnen (341). An den hierbei für die einzelnen Perioden ermittelten Erfolgen kann dann festgestellt werden, welche Lagerdisposition zu dem somit näherungsweise bestimmten Gesamtoptimum führt. Um die Anzahl der Iterationen nicht zu groß werden zu lassen, sollte die Variation der Lagerbestände nicht zufällig, sondern systematisch vorgenommen werden. Hierfür bietet sich die im Rahmen der mathematischen Statistik bekannte Methode der statistischen "Entwicklungsoperation" (EVOP - Evolutionary Operation) (342) an. Diese Methode liefert aufgrund einfacher, statistisch geplanter und analysierter Versuche Informationen darüber, wie sich die Qualität einer gefundenen Ausgangslösung schrittweise - d. h. für neu gebildete Kombinationen der Einflußfaktoren - verbessern läßt.

Für das vorliegende ökonomische Problem der Mehrperiodenplanung wäre nach den allgemeingültigen Prinzipien dieser Methode

---

Praxis üblichen Behandlung von ähnlich strukturierten Problemen der Mehrperiodenplanung; vgl. hierzu Kaack, J., Integrierte Produktions- und Vertriebsplanung mit Operations Research in einem Industriekonzern, vorgetragen auf dem AKOR-Seminar in Hofgeismar 1972.

341) Dabei wird das für gemischt-ganzzahlige Optimierungsprobleme bereits beschriebene Lösungsverfahren verwendet; vgl. dazu S. 147, Fußnote 303).

342) Diese Methode geht zurück auf den englischen Statistiker Box, G. E. P., Appl. Statistics 6, 3 (1957). Sie wurde für den Gebrauch in der chemischen Industrie ausgearbeitet und wird dort seit langem im Bereich der statistischen Qualitätskontrolle mit Erfolg angewendet; vgl. hierzu insbesondere Zazek, H., Über die Anwendung der statistischen Entwicklungsoperation auf ein galenisches Problem, in: Die Pharmazie, 17. Jg. (1962), S. 142/55.

folgender Arbeitsgang denkbar (343). Dabei wird unterstellt, daß
bereits eine Ausgangslösung derart existiert, wie sie sich im Falle
einer Durchrechnung der Einperiodenmodelle auf der Grundlage
mittlerer(344) Lagerbestände an den Schnittstellen ergeben würde.

In der ersten Phase werden für die Endbestände der 1. und 2. Peri-
ode(Einflußgrößen, Aktionsparameter) vier neue Kombinationen vorgegeben, indem die in der Ausgangslösung disponierten Größen je
zur Hälfte in beiden Richtungen verändert werden. Daran anschließend werden für jede Kombination alle drei Periodenmodelle neu
durchgerechnet. Die in diesen Rechnungen ermittelten Periodenerfolge werden sodann aufsummiert und dem Gesamterfolg der Ausgangslösung gegenübergestellt. Aus diesem Vergleich werden die
weiteren Schritte abgeleitet. Hier sind zwei Fälle zu unterscheiden:
Jeder der für die vier Kombinationen berechnete Gesamterfolg ist
kleiner als derjenige der Ausgangslösung, mindestens eine Kombination erbringt einen höheren Gesamterfolg. Der erste Fall deutet
darauf hin, daß die Ausgangslösung im Bereich eines lokalen Opti-
mums liegt. Die folgenden Rechnungen könnten nun darauf hinzie-
len, den Rechenvorgang mit im Vergleich zur ersten Rechnung re-
duzierten Abständen für die vier Kombinationen zu wiederholen, um
auf diese Weise das lokale Optimum näher zu bestimmen, als dies
durch die Ausgangslösung möglich war. Der zweite Fall leitet eine
neue Phase ein, deren Ausgangspunkt diejenige Kombination mit dem
vergleichsweise höchsten Gesamterfolg ist. Der weitere Ablauf -
die Vorgabe neuer Kombinationen und die Durchrechnung der Periodenmodelle - entspricht demjenigen der ersten Phase. Eine even-
tuelle Fortsetzung der Entwicklungsoperation durch Einleitung zusätzlicher Phasen entscheidet sich im Vergleich der je Kombination aufsummierten Periodenerfolge mit dem Gesamterfolg der Ausgangslösung der letzten Phase.

Gegen die hier beschriebene Methode könnte eingewendet werden,
daß die Rechnung nach dem Auffinden eines lokalen Optimum-Be-
reiches zu früh abbrechen und daher möglicherweise günstigere Lö-

---

343) Vgl. parallel zur verbalen Beschreibung auch die erläuternde
      Darstellung in Anhang I, S. 218.
      Die Anwendungsmöglichkeiten der EVOP-Methode auf Proble-
      me der mehrperiodischen Programmplanung wurden bereits
      erörtert von Steinecke, V., Die Suche nach Lösungen von nicht-
      linearen/nicht-algebraischen Modellen mit mehreren Aktions-
      parametern, vorgetragen auf der AKOR-Tagung in Mainz 1971.
344) Es ist sinnvoll, die Rechnung nicht mit irgendwelchen theore-
      tischen Werten, sondern mit den Erfahrungswerten der Praxis
      beginnen zu lassen.

sungen unberücksichtigt lassen könnte. Dieser Einwand darf jedoch
nicht als grundsätzliche Kritik an dem Verfahren ausgelegt werden.
Denn es wäre theoretisch denkbar, den gesamten durch die Lager-
ober- und Lageruntergrenzen definierten Lösungsbereich in die
Rechnung mit einzubeziehen. Dies ist letztlich aber auch wieder eine Frage des wirtschaftlich noch vertretbaren Rechenaufwandes.
Es hängt somit viel vom Geschick des Planers ab, inwieweit es ihm
gelingt, die Möglichkeiten dieser Methode im Sinne einer den praktischen Anforderungen gerecht werdenden Gesamtlösung auszuschöp-
fen, ohne die Grenzen des wirtschaftlich Zulässigen zu überschreiten.

23. Zusammenfassung der Ergebnisse

Die mit der Planungsrechnung verfolgte Zielsetzung besteht darin,
die für die Betriebs- bzw. Unternehmensleitung bestehenden Handlungsmöglichkeiten hinsichtlich ihrer Auswirkungen auf den kurzfristigen Periodenerfolg und seine Komponenten Kosten und Erlöse
im voraus zu berechnen. Je nach Art der Fragestellung kann dabei
zwischen Optimierungsrechnungen, in denen die Handlungsalternative mit dem größten Periodenerfolg bestimmt wird, oder Ermittlungsrechnungen unterschieden werden, in denen die Erfolgsauswirkungen gezielter Einzeldispositionen ermittelt werden. Hierfür wurden Matrizensysteme (345) entwickelt, die - unter Berücksichtigung
der Gesichtspunkte der Fertiglagerhaltung - auf Probleme der Ein-
perioden- wie auch der Mehrperiodenplanung angewendet werden
können.

In den vorstehenden Ausführungen konnte gezeigt werden, daß das
vorliegende Rechenmodell die an Planungsrechnungen geknüpften
Voraussetzungen erfüllt. Für die Durchführung von Planungsrechnungen erweist es sich als besonderer Vorteil, daß die als Dispositionsmöglichkeiten in Frage kommenden Kosten- und Erlöseinflußgrößen - wie z. B. das Absatz- bzw. Erzeugnisprogramm mit seinen
Bestandteilen "Anzahl Lose" und "Sortenwechsel", die Kosten- und
Verkaufspreise usw. - beim Aufbau des Rechenmodells getrennt erfaßt wurden. So lassen sich nämlich die von ihnen ausgehenden Einflüsse auf den Periodenerfolg auf der Grundlage eines einheitlichen
Rechensystems bestimmen, ohne daß hierfür zusätzliche Sonderrechnungen notwendig werden (346).

---

345) Vgl. insbesondere die Schemata XIII a, XIII b, XVI, XVII,
     XVIII in Anhang II, Abbildungen, sowie zur Erläuterung der
     Systemkomponenten Anhang I.
346) Wie bereits mehrfach erwähnt, ist dieser Vorteil bei den Sy-

3. Kontroll- und Dokumentationsrechnung

31. Inhalt der Kontroll- und Dokumentationsrechnung

Kontrollrechnungen bezwecken die Ermittlung und Analyse der Abweichungen zwischen den geplanten und tatsächlich angefallenen Erfolgen, Erlösen und Kosten einer Planungsperiode. Im Hinblick auf die Durchführung der Kontrolle wird zwischen der periodischen Kontrolle, in der die Abweichungen am Ende des Planungszeitraumes als Dispositionsunterlagen für die Folgeperioden ermittelt werden, und der operativen Kontrolle unterschieden (347), die der Erfassung von Abweichungen während der laufenden Periode zum Zwecke der direkten Einflußnahme zur Beseitigung der Abweichungsursachen dienen.

Die Durchführung von Kontrollrechnungen setzt voraus, daß die in den Plan/Ist-Vergleich eingehenden Ist-Größen in gleicher Weise abgegrenzt und untergliedert sind wie die entsprechenden Plan-Größen. Diese Voraussetzung erfüllt die Dokumentationsrechnung, in der die in den zeit- und stoffwirtschaftlichen Betriebsaufschreibungen, der Kostenvorsammlung und der Fakturierung erfaßten Daten für die Gegenüberstellung mit den Plan-Größen aufbereitet werden. So werden entsprechend der Untergliederung der Grundkomponenten des Periodenerfolgs-Rechenmodells auf der Kostenseite die Istmengen und/oder Istwerte des Kostengüterverbrauches, der Kostengüterpreise, der Erzeugnismengen und sonstigen Kosteneinflußgrößen, auf der Erlösseite die Preis- und sonstigen Wertkomponenten bzw. Nettoerlöse und die nach Gesamt- und Teilmärkten differenzierten Absatzmengen bereitgestellt. Dabei wird den an die Matrizenrechnung geknüpften formalen Anforderungen Rechnung getragen, d. h. sämtliche Ist-Größen werden als Matrizen bzw. Vektoren übergeben.

Hieraus ist zu entnehmen, daß die Dokumentationsrechnung nicht als unmittelbarer Bestandteil des Periodenerfolgs-Rechenmodells aufzufassen ist. Sie erfüllt vielmehr "Rahmenbedingungen", die für die Anwendung des Rechenmodells im Hinblick auf Kalkulation, Planung und Kontrolle innerhalb eines geschlossenen EDV-Programmsystems gegeben sind. Derartige Rahmenbedingungen bestehen in

---

stemen der Kosten- und Erlösrechnung, in deren Mittelpunkt die Bestimmung stückbezogener Größen steht, in der Regel nicht gegeben; vgl. dazu die Ausführungen auf S. 20 f. , S. 121 f.

347) Diese Unterscheidung findet sich auch bei Franke, R. , Betriebsmodelle, a. a. O. , S. 120 f.

der Erfassung, Verarbeitung und Matrizen-Umwandlung sämtlicher
Eingabedaten - wie Vorgabe-, Ist-Größen und Strukturkoeffizienten -
und der Auswertung und Berichterstattung der Rechenergebnisse des
Modells. Die hiermit verbundenen Einzelfragen betreffen allerdings
einen eigenständigen Problemkreis, der im Rahmen dieser Untersuchung nicht eingehender behandelt werden kann (348). Dazu gehören auch die Fragen, die im Zusammenhang mit dem speziellen
Problem der Koeffizienten- oder Datensicherung auftreten. Die Ur-
sache für dieses Problem ist darin zu sehen, daß 'Modelle' mehr
oder minder stark angenäherte Abbilder der Wirklichkeit darstellen sollen und infolgedessen veränderten Ist-Situationen durch Neu-
ermittlung der "bisher gültigen" Koeffizienten angepaßt werden müssen (349). Als möglicher Weg, (Koeffizienten-) "Strukturabweichun-
gen" schnell zu erkennen und zu analysieren, hat sich in der Praxis
das Verfahren der Zeitreihenanalyse bewährt. Nach diesem Verfahren werden die periodisch ermittelten Abweichungen sämtlicher
Komponenten des Rechenmodells im Zeitablauf erfaßt und kontrolliert, die in ihrer Eigenschaft als 'abhängige Größen' (z. B. Werkstoffmengen, Betriebsmittelzeiten usw.) über Koeffizienten (z. B.
Werkstoff-, Leistungskoeffizienten usw.) bestimmt werden. Aus
dem Trend der Abweichungen lassen sich dann Rückschlüsse darauf
ziehen, welche Koeffizienten auf ihre Wirklichkeitsnähe überprüft
bzw. neu ermittelt werden müssen.

Nach dieser Abgrenzung der unterschiedlichen Begriffsinhalte von
Kontrollrechnungen einerseits und Dokumentationsrechnungen andererseits wird im folgenden beschrieben, in welcher Weise das
vorliegende Rechenmodell für die Durchführung von Kontrollrechnungen herangezogen werden kann. Zunächst werden - analog der
Vorgehensweise beim Aufbau des Rechenmodells - die betriebliche

---

348) Es kann darauf hingewiesen werden, daß die o. a. Rahmenbedingungen für den laufenden Einsatz des Rechenmodells in der
Praxis erfüllt sind.

349) Die Aspekte der Datensicherung richten sich demzufolge nicht
auf die Überprüfung der Koeffizienten, in denen bestimmte unternehmerische Zielsetzungen zum Ausdruck kommen (wie z.
B. im Falle des dispositionsbestimmten Kostengüterverbrauches, vgl. S. 78 f.), sondern auf die laufende Beobachtung der
Koeffizienten, die das Ergebnis statistischer Untersuchungen
sind (wie z. B. im Fall des technologisch begründeten Kostengüterverbrauches, vgl. S. 74 f.). Allerdings ist diese Überprüfung nicht mit den statistischen Testverfahren zu verwech-
seln, die im Zusammenhang mit der Ermittlung der Koeffizienten Aussagen über ihre statistische Sicherheit zulassen,
(z. B. T-Test, Bestimmtheitsmaß-Prüfung usw.).

(bzw. Kosten-) und absatzbezogene (bzw. Erlös-)Kontrolle abgehandelt, deren Ergebnisse sodann für die Erfolgskontrolle zusammengefaßt werden. Die Darstellung der formalen Zusammenhänge beschränkt sich aus Gründen der Übersichtlichkeit auf die Rechenschritte, die zur Erläuterung der methodischen Vorgehensweise bei der Ermittlung der Abweichungen erforderlich sind.

32. Betriebliche Kontrolle (Kostenkontrolle)

321. Periodische Kontrollrechnung

Im Rahmen der periodischen Kontrolle wird zunächst die gesamte Abweichung ermittelt, die sich aus der Gegenüberstellung der Plan- und Ist-Kosten der Periode ergibt. Anhand dieser Abweichungen läßt sich global feststellen, in welchem Umfang die zu Beginn der Planungsperiode aufgestellten Kostenpläne eingehalten wurden. Aufgrund der Trennung zwischen Mengen- und Preisbestandteilen kann die Gesamtabweichung dann in Preis- und Verbrauchsabweichungen unterteilt werden.

In einer weitergehenden Abweichungsanalyse werden danach die Verbrauchsabweichungen auf ihre Ursachen untersucht. Diese Analyse erfolgt - entsprechend der Aufteilung der Kosteneinflußgrößen in Vorgabe- und Zwischengrößen - in zwei Schritten: dem Plan/Ist- und dem Richt/Ist-Vergleich. Ziel des Plan/Ist-Vergleiches ist die Ermittlung der Abweichungen, die auf "Planrevisionen" (350) bei den betrieblichen Vorgabegrößen - wie z. B. dem Erzeugnisprogramm, den Losgrößen, der verfügbaren Betriebszeit usw. - zurückgehen. Dagegen werden im Richt/Ist-Vergleich die Ursachen analysiert, die durch "Abgehen vom Wirtschaftlichkeitsprinzip bzw. höhere Gewalt" (350) erklärt werden können. Hier werden auf der Grundlage der am Periodenende angefallenen Ist-Größen des Erzeugnisprogrammes und der sonstigen Vorgabegrößen mit dem Rechenmodell "Richtkosten" (351) ermittelt, die daraufhin unter Berücksichtigung der Unterschiede bei den übrigen Kosteneinflußgrößen bzw. Zwischengrößen mit den Ist-Kosten verglichen werden. Die daraus resultierenden Richtabweichungen können in Abweichungen bei den Zwischengrößen (Zwischenabweichungen) und Restab-

---

350) Vgl. Laßmann, G., Die Kosten- und Erlösrechnung ..., a.a.
O., S. 137.
351) Die Unterscheidung zwischen "Plan-" und "Richt-"Kosten
kommt bei Laßmann durch die Bezeichnung "ex ante-Plankosten" bzw. "ex post-Plankosten" zum Ausdruck;   ebenda,
S. 141.

weichungen (originäre Verbrauchsabweichungen) eingeteilt werden. Sie lassen sich auf Unachtsamkeiten des Personals und zufällige Störungseinflüsse zurückführen. (Eine zusammenfassende Darstellung der Abweichungsarten enthält die folgende allgemeine schematische Übersicht.) (352)

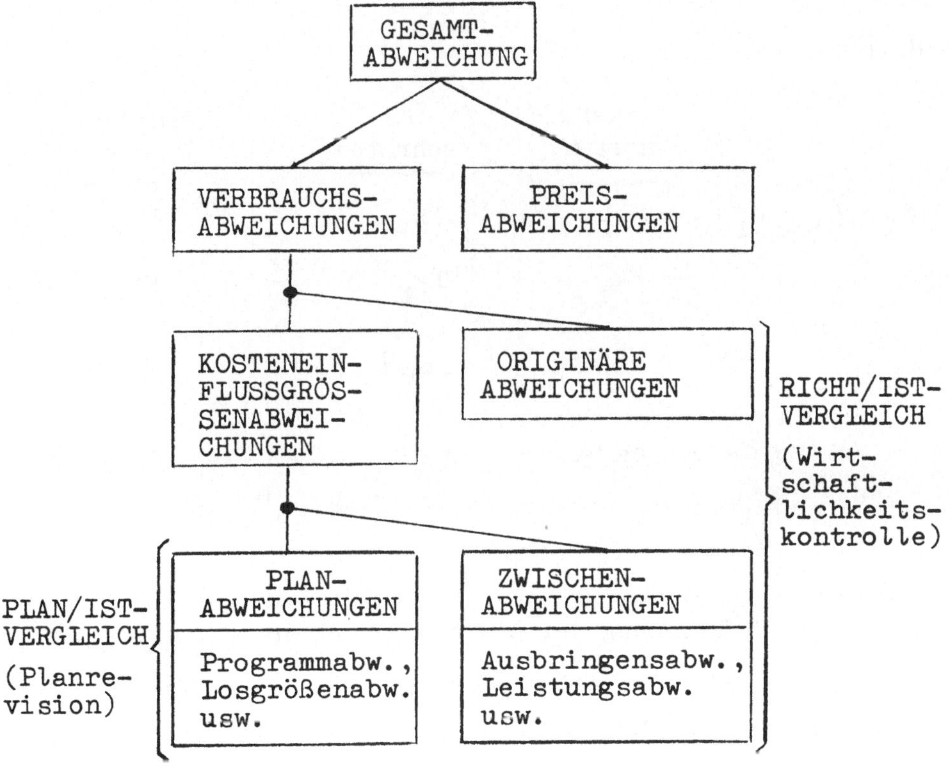

352) Die hier angeführte Bezeichnung der Abweichungen erscheint aus Gründen einheitlicher Abweichungsschemata für die Kosten- und Erlöskontrolle zweckmäßiger als die von Franke speziell für die Kostenkontrolle gewählte Benennung.

Zur Erläuterung der beschriebenen Zusammenhänge reicht es aus, den Plan/Ist- und Richt/Ist-Vergleich am Beispiel der Verarbeitungskosten darzustellen. Die Vergleichsrechnungen für die Einsatzkosten und Gutschriften entsprechen im Prinzip diesen Ausführungen. Die Ermittlung der Gesamtabweichungen wird dagegen für alle Kostengüterarten gemeinsam vorgenommen.

= Gesamtabweichung (Preis- und Verbrauchsabweichungen)

Die Gesamtabweichung dK_G ergibt sich in der Untergliederung nach Einsatzkosten, Gutschriften und Verarbeitungskosten aus der Differenz zwischen den Plan-Kosten Ke_P, Tk_P, Kv_P und den Ist-Kosten Ke_I, Tk_I, Kv_I der Periode

(8. 1)

$$
dK_G = K_P - K_I =
\begin{array}{ccccc}
\overbrace{Ke_P}^{\text{Werkstoff-kosten}} & + & \overbrace{Tk_P}^{\text{Gut-schriften}} & + & \overbrace{Kv_P}^{\text{Verarbeitungs-kosten}} \\
- \ Ke_I & - & Tk_I & - & Kv_I \\
= \ \underline{pe}_P{}'\underline{e}_P & + & \underline{pk}_P{}'\underline{k}_P & + & \underline{pv}_P{}'\underline{v}_P \\
- \ \underline{pe}_I{}'\underline{e}_I & - & \underline{pk}_I{}'\underline{k}_I & - & \underline{pv}_I{}'\underline{v}_I
\end{array}
$$

Sie wird nach Trennung der Mengenbestandteile $\underline{e}_P$, $\underline{k}_P$, $\underline{v}_P$ bzw. $\underline{e}_I$, $\underline{k}_I$, $\underline{v}_I$ und der Preisbestandteile $\underline{pe}_P$, $\underline{pk}_P$, $\underline{pv}_P$ bzw. $\underline{pe}_I$, $\underline{pk}_I$, $\underline{pv}_I$ der Plan- bzw. Ist-Kosten in die Preisabweichungen dKe_{PR}, dTk_{PR}, dKv_{PR} und Verbrauchsabweichungen dKe, dTk, dKv unterteilt:

(8. 2)

$$dK_G = \underbrace{\underbrace{(\underline{pe}_P - \underline{pe}_I)'e_I}_{dKe_{PR}}}_{\text{Werkstoffkosten}} + \underbrace{\underbrace{(\underline{pk}_P - \underline{pk}_I)'\underline{k}_I}_{dTk_{PR}}}_{\text{Gutschriften}} + \underbrace{\underbrace{(\underline{pv}_P - \underline{pv}_I)'\underline{v}_I}_{dKv_{PR}}}_{\text{Verarbeitungskosten}} \quad \text{Preisabweichung}$$

$$+ \underbrace{\underline{pe}_P'(\underline{e}_P - \underline{e}_I)}_{dKe} + \underbrace{\underline{pk}_P'(\underline{k}_P - \underline{k}_I)}_{dTk} + \underbrace{\underline{pv}_P'(\underline{v}_P - \underline{v}_I)}_{dKv} \quad \text{Verbrauchsabweichung}$$

Die Preisabweichungen geben den Unterschied zwischen den mit Plan- und Ist-Preisen bewerteten Ist-Verbrauchsmengen wieder. Werden sie kostenartenweise (353) ermittelt, liefern sie vor allem für die vom Markt bezogenen Güter - wie z. B. Werksgeräte, Hilfs- und Betriebsstoffe usw. - aussagefähige Unterlagen für zukünftige Einkaufsdispositionen. Dagegen werden die Preisabweichungen der von den vorgelagerten Produktionsstufen bereitgestellten Güter - wie z. B. der Werkstoffeinsatz, die Brennstoffe und Energien, Reparaturleistungen usw. - von den leistenden Betrieben kontrolliert.

Die Verbrauchsabweichungen sind das Ergebnis der mit Plan-Preisen bewerteten Differenz zwischen den Plan- und Ist-Verbrauchsmengen. Die Analyse ihrer Ursachen ist Gegenstand des folgenden Plan/Ist- und Richt/Ist-Vergleiches, der am Beispiel der Verarbeitungskosten erläutert wird.

Die Durchführung der periodischen Kontrollrechnung erfolgt auf der Grundlage der Kostenfunktionen des Periodenerfolgs - Rechenmodells. Dabei werden für den Plan/Ist-Vergleich die konzentrierten Modellbeziehungen (Schema III bzw. XIII b) herangezogen, die auch im Rahmen der Planungsrechnung für das Erstellen der Kostenpläne

---

353) Dazu ist die Bewertung der Einsatzgüter $\underline{e}$, Rest- und Ausfallstoffe $\underline{k}$ und Kostenarten $\underline{v}$ mit den Diagonalpreismatrizen $\underline{Dpe}$, $\underline{Dpk}$ bzw. $\underline{Dpv}$ vorzunehmen.

verwendet wurden. Für den Richt/Ist-Vergleich muß auf die originären Modellbeziehungen (Schema I bzw. XIII a) zurückgegriffen werden, da nur so die Zwischenabweichungen und originären Kostenabweichungen errechnet werden können. Es wäre allerdings mit einem zu großen rechnerischen Aufwand verbunden, wollte man sämtliche Zwischengrößen in ihrer ursprünglichen Form in den Vergleich einbeziehen. Aus diesem Grunde wird das originäre Funktionensystem in der Weise umgeformt, daß die Einflußgrößen mit dem größten Kostengewicht getrennt erfaßt bleiben. Das Ergebnis dieser Umformungen wird als "Teilkonzentrierte Betriebsstruktur" (Schema VIII) (354) bezeichnet.

= Plan/Ist-Vergleich (Planabweichungen)

Ein Teil der Verbrauchsabweichung dK_V - bzw. $\underline{dkv}$ bei Untergliederung nach Kostenarten - wird durch Planrevisionen bei den betrieblichen Vorgabegrößen verursacht. Die Höhe dieser Planabweichungen $\underline{dkv_p}$ bestimmt sich nach dem Unterschied zwischen Plankosten $\underline{kv_P}$ und den Richt-Kosten $\underline{kv_R}$, die am Ende der Periode für das tatsächliche Erzeugnisprogramm $\underline{xp_I}$, die Ist-Loshäufigkeiten

---

354) Vgl. Anhang II, Abbildungen.
Das System enthält zeilenweise die beim Aufbau des Kostenmodells hergeleiteten Werkstoff-, Leistungs- und Verarbeitungskostenfunktionen: (1. 1), (1. 2), (1. 3), (1. 4); (2. 3), (2. 4), (2. 6), (2. 7), (2. 8), (2. 9); (3. 1), bezogen auf die Einflußgrößen mit dem größten Kostengewicht: den Erzeugnismengen $\underline{xp}$, den Adjustage-Durchsatzmengen und -zeiten $\underline{dag}$ bzw. $\underline{zag}$, den Erzeugnis- und Einsatzmengen des Walzbetriebes $\underline{xw}$ bzw. $\underline{ew}$, der Anzahl Lose $\underline{ae}$, den Nutzungshaupt-, Unterbrechungs- und losabhängigen Nutzungsnebenzeiten des Walzbetriebes zlw (nach Kompositionen der Vektoren $\underline{zw}$, $\underline{zzw}$ und $\underline{zl}$), sowie der Periodenlängen und Sortenwechsel $\underline{pnh}$. Zur Erläuterung der Systemkomponenten vgl. Anhang I, S. 211.

Die einzelnen Zeilen sind - dargestellt am Beispiel der Ermittlung des Vektors $\underline{dag}$ - wie folgt zu lesen:

$$\underline{dag} = \underline{R}_{dag/xp}\,\underline{xp}$$

Die mathematische Darstellungsform eines derartigen Systems geht zurück auf Wartmann, R., Methoden der kurzfristigen Produktions- und Kostenplanung, a. a. O.

$\underline{ae}_I$, Ist-Sortenwechsel $\underline{nd}_I$ und h_I, sowie die Länge der Planungsperiode $\underline{pl}_I$ und die sonstigen Vorgabezeiten - wie z. B. die Kalenderzeit, verfügbare Betriebszeit usw. (355) - berechnet werden.

(8. 3)

$$\underline{dkv} = \underbrace{(\underline{kv}_P - \underline{kv}_R) + (\underline{kv}_R - \underline{kv}_I)}_{\underline{dkv}_P} \qquad \text{mit}$$

$$\underline{dkv}_P = \underline{Dpv}_P \underbrace{(\underline{v}_P - \underline{v}_R)}_{\underline{dv}_P}$$

$$= \underbrace{\underbrace{\underline{Clvxp}\ \underline{dxp}_P}_{\underline{dkxpv}_P}}_{\text{Programmabweichung}} + \underbrace{\underbrace{\underline{Cvae}\ \underline{dae}_P}_{\underline{dkaev}_P}}_{\text{Losgrößenabweichung}}$$

$$+ \underbrace{\underbrace{\underline{Clvh}\ dh_P\ +\ \underline{Cvnd}\ \underline{dnd}_P}_{\underline{dkhndv}_P}}_{\text{Sortenwechselabweichung}} + \underbrace{\underbrace{\underline{Cvp}\ \underline{dpl}_P}_{\underline{dkplv}_P}}_{\text{Periodenlängenabweichung}}$$

Darin gliedern sich die Planabweichungen $\underline{dkv}_P$ in die Teilabweichungen $\underline{dkxpv}_P$, $\underline{dkaev}_P$, $\underline{dkhndv}_P$ und $\underline{dkplv}_P$, die durch Planänderungen beim Erzeugnisprogramm $\underline{dxp}$, bei den Sortenwechseln $\underline{dnd}_P$

---

355) Für diese nicht disponierbaren Größen (Nebenbedingungen von außen) stimmen Plan- und Ist-Werte in der Regel überein, so daß hierdurch bedingte Planabweichungen im Sinne von Zeitabweichungen unberücksichtigt bleiben können.

und dh_P (356) und den Loshäufigkeiten $\underline{dae}_P$, sowie den Periodenlängen $\underline{dpl}_P$ (356) verursacht werden. Die Matrizen $\underline{Clvxp}$, $\underline{Cvae}$,
$\underline{Clvh}$, $\underline{Cvnd}$ und $\underline{Cvp}$ bezeichnen die bereits eingeführten (357) Kostensätze der zurechenbaren und nicht zurechenbaren Verarbei-
tungskosten, untergliedert nach Kostenarten.

Die für die Planabweichungen ursächlichen Änderungen des Erzeugnisprogrammes, der Losgrößen und Sortenwechsel erklären sich
aus dem Umstand, daß die vor Beginn der Planungsperiode aufgestellten Programmpläne wegen neu eingegangener Bestellungen wiederholt überprüft und gegebenenfalls geändert werden müssen. Die
Kostenauswirkungen derartiger Planrevisionen werden durch die
Planabweichungen aufgezeigt, aus denen daher geeignete Anhaltspunkte für die Planung in den Folgeperioden abgeleitet werden können.

= Richt/Ist-Vergleich (Richt-, Zwischen-,
  originäre Abweichungen)

Der über die Planabweichungen hinausgehende Teil der Verbrauchsabweichungen $\underline{dkv}$ wird durch Richtabweichungen $\underline{dkv}_R$ wiedergegeben, die den Unterschied zwischen den Richt-Kosten $\underline{kv}_R$ und den
Ist-Kosten $\underline{kv}_I$ darstellen:

---

356) Diese Abweichungen sind ex definitione gleich "Null" wegen

$$h_P = h_I \text{ und } \underline{pl}_P = \underline{pl}_I$$

357) Vgl. dazu S. 120/121.

(8. 4)

$$\underline{dkv} = (\underline{kv}_P - \underline{kv}_R) + \underbrace{(\underline{kv}_R - \underline{kv}_I)}_{\underline{dkv}_R}$$

mit

$$\underline{dkv}_R = \underline{Dpv}_P \underbrace{(\underline{v}_R - \underline{v}_I)}_{\underline{dv}_R}$$

$$= \underline{Clvxp}\ \underline{xp}_I + \underline{Cvae}\ \underline{ae}_I + Clvh\ h_I$$

$$+ \underline{Cvnd}\ \underline{nd}_I + \underline{Cvp}\ \underline{pl}_I - \underline{kv}_I$$

<table>
<tr><td align="center">AB-Durchsatz-
abweichung</td><td></td><td align="center">AB-Leistungs-
abweichung</td><td></td><td align="center">AB-Ausbringens-
abweichung</td></tr>
<tr><td align="center">$= \underbrace{\underline{Cvdag}\ \underline{ddag}_O}$</td><td>+</td><td align="center">$\underbrace{\underline{Cvzag}\ \underline{dzag}_O}$</td><td>+</td><td align="center">$\underbrace{\underline{Clvxw}\ \underline{dxw}_O}$</td></tr>
<tr><td align="center">$\underline{dkdagv}_R$</td><td></td><td align="center">$\underline{dkzagv}_R$</td><td></td><td align="center">$\underline{dkxwv}_R$</td></tr>
</table>

<table>
<tr><td align="center">WB-Ausbringens-
abweichung</td><td></td><td align="center">WB-Leistungs-
abweichung</td><td></td><td align="center">Originäre
Abweichung</td></tr>
<tr><td align="center">$= \underbrace{\underline{Cvew}\ \underline{dew}_O}$</td><td>+</td><td align="center">$\underbrace{\underline{Cvzlw}\ \underline{dzlw}_O}$</td><td>+</td><td align="center">$\underbrace{\underline{Dpv}_P\ \underline{dv}_O}$</td></tr>
<tr><td align="center">$+ \quad \underline{dkewv}_R$</td><td></td><td align="center">$\underline{dkzlwv}_R$</td><td></td><td align="center">$\underline{dkdv}_R$</td></tr>
</table>

Darin gliedern sich die Richtabweichungen $\underline{dkv}_R$ in die Zwischen-abweichungen $\underline{dkdagv}_R$, $\underline{dkzagv}_R$, $\underline{dkxwv}_R$, $\underline{dkewv}_R$, $\underline{dkzlwv}_R$ und Rest- bzw. originäre Kostenabweichungen $\underline{dkdv}_R$, die durch originäre Abweichungen bei den Durchsatzmengen $\underline{ddag}_O$, den Arbeitsgangzeiten $\underline{dzag}_O$, den Einsatzmengen $\underline{dxw}_O$ des Adjustagebetriebes und den Einsatzmengen $\underline{dew}_O$, den Zeiten $\underline{dzlw}_O$ des Walzbetriebes bzw. am Ort der Kostenentstehung $\underline{dv}_O$ erklärt werden können. Die Matrizen $\underline{Cvdag}$, $\underline{Cvzag}$, $\underline{Clvxw}$, $\underline{Cvew}$ und $\underline{Cvzlw}$ bezeichnen die bereits eingeführten (358) Kostensätze der zugerechneten Verarbeitungskosten, untergliedert nach Kostenarten. Eine zusammenfassende Darstellung sämtlicher Abweichungsarten des Richt/Ist-Vergleiches enthält das "System der betrieblichen Abweichungsanalyse" (Schema IX) (359).

---

358) Vgl. Schema II, Anhang II, Abbildungen.

359) Vgl. Anhang II, Abbildungen.
Dieses System baut auf dem Funktionensystem der "Teilkonzentrierten Betriebsstruktur" (Schema VIII) auf. Es enthält sämtliche Richt-, Zwischen- und originären Abweichungen der Einsatzkosten, Gutschriften und Verarbeitungskosten sowohl in der Untergliederung nach Kostengüterarten als auch nach Kosteneinflußgrößen. (Die einander entsprechenden Abweichungen sind durch gestrichelte Linien verbunden.) Zur Erläuterung der Systemkomponenten vgl. Anhang I, S. 211/212. Hinsichtlich des Richt/Ist-Vergleiches bei den Verarbeitungskosten wurde von nicht ganzzahligen "Loshäufigkeiten" $\underline{ae}$ ausgegangen, so daß im Unterschied zur Vorgehensweise im Text die "Losgrößenabweichungen" als Zwischenabweichungen ausgewiesen werden (vgl. dazu auch die Anmerkung unter Fußnote 354), S. 176). Darüber hinaus werden im Norm/Ist-Vergleich sogenannte "Norm"- bzw. "Beschäftigungsabweichungen" ermittelt, denen aber nur im Zusammenhang mit Vollkostenbetrachtungen (vgl. dazu S. 127 f.) Bedeutung zukommt.

Die einzelnen Zeilen sind - dargestellt am Beispiel der Ermittlung des Vektors $\underline{ddag}_O$ - wie folgt zu lesen:

$$\underline{ddag}_O = \underline{R}_{dag/xp} \; \underline{xp}_I - \underline{dag}_I$$

Die mathematische Darstellungsform eines derartigen Systems geht zurück auf Wartmann, R., Methoden der kurzfristigen Produktions- und Kostenplanung, a. a. O.

Die Ursachen der Richt-, Zwischen- und Restabweichungen liegen
im wesentlichen bei Mehr- oder Minderleistungen des Personals
und der Betriebsmittel, sowie in zufälligen Störungen des Betriebs-
ablaufes. Darüber hinaus lassen sich betriebstechnische - wie z. B.
veränderte qualitative Eigenschaften der Produktionsfaktoren - und
betriebsorganisatorische Änderungen anführen - wie z. B. veränderte Stellenbesetzungspläne. Da Änderungen dieser Art Auswirkungen auf die Kostenstruktur haben, kann hier von "Koeffizienten- "
bzw. "Standardabweichungen" gesprochen werden. Darauf soll im
weiteren Verlauf der Untersuchung aus den an anderer Stelle genannten Gründen (360) aber nicht näher eingegangen werden.

322. Operative Kontrollrechnung

Das Instrumentarium des periodischen Richt/Ist-Vergleiches liefert - wie gezeigt wurde - mit den nach Einflußgrößenursachen differenzierten Abweichungen aussagefähige Unterlagen für das Erkennen von Unwirtschaftlichkeiten. Allerdings wird der Erfolg der sich
an diese Analyse anschließenden Kostensenkungsmaßnahmen dadurch
wesentlich beeinträchtigt, daß dieser Vergleich erst am Ende der
Periode durchgeführt wird. Es ist daher die Frage, ob nicht durch
Vorverlegung der Kontrollzeitpunkte die Wirksamkeit des Richt/
Ist-Vergleiches verbessert werden kann. Die operative Kontrolle
(361) bezweckt, bereits während der laufenden Periode Unwirtschaftlichkeiten zu erkennen und Maßnahmen zur Beseitigung ihrer
Ursachen auszulösen. Sie kann in regelmäßigen zeitlichen Abständen (z. B. täglich, wöchentlich) oder stichprobenartig erfolgen. Die
Häufigkeit ihrer Durchführung richtet sich nach dem Verhältnis der
erreichbaren Kostensenkung und dem Mehraufwand für die Erfassung der Ist-Daten (362) des Kostengüterverbrauches und seiner

---

360) Zu den hier angesprochenen Fragen der Daten- bzw. Koeffi-
zientensicherung vgl. S. 170/171.

361) Die Bedeutung einer schnellen Durchführung der Kostenkontrolle für den Erfolg von Kontrollmaßnahmen wird auch in der
Literatur zur Plankostenrechnung hervorgehoben; vgl. dazu
Kilger, W., Flexible Plankostenrechnung, a. a. O., S. 504; und
die dort angegebene Literatur.

362) In diesem Zusammenhang ist auf die Vorteile einer automa-
tischen Datenerfassung über Betriebs- und Prozeßrechner hinzuweisen. Derartige Rechenanlagen werden in fast allen neu
zu errichtenden Walzwerken für die Zwecke der Arbeitsvorbereitung und Auftragsplanung eingesetzt. Bei Einrichtung entsprechender Meß- und Wiegegeräte kann darüber gleichzeitig
ein großer Teil der für die Kosten- und Erlösrechnung benö-

Einflußgrößen bei kürzeren Kontrollabständen. Ebenso entscheiden
Wirtschaftlichkeitsgesichtspunkte über den mit der Kontrolle ange-
strebten Detaillierungsgrad. Die operative Kontrolle erstreckt sich
demnach in erster Linie auf die beeinflußbaren (363), kostenmäßig
bedeutsamen Kostengüterarten. Dazu gehören vor allem der Werkstoffeinsatz und von den Verarbeitungskosten die Personal-, Brenn-
stoff- und Energie-, Werksgerätekosten, sowie die Kosten der Erhaltung. Als weiteres Kriterium für die Auswahl der zu kontrollie-
renden Kostengüterarten kommen unregelmäßige Schwankungen des
Kostengüterverbrauches in Betracht, die zwar erst ex post im Rahmen der periodischen Kontrolle festgestellt werden, jedoch Anlaß
für nähere Untersuchungen in den folgenden Perioden geben können.

Die Durchführung der operativen Kontrollrechnung erfolgt auf der
Grundlage der gleichen Kostenfunktionen, die auch im Rahmen des
periodischen Richt/Ist-Vergleiches verwendet wurden (Schema
IX) (364). In diese Rechnung werden allerdings nur die Teile des
Funktionensystems einbezogen, die in einem ursächlichen Zusammenhang mit der gezielten Analyse des Kostengüterverbrauches
stehen. Da sich im Hinblick auf die hierbei auftretenden Arten und
Ursachen der Abweichungen keine neuen Gesichtspunkte ergeben,
kann auf eine - im Prinzip sich wiederholende - Darstellung der
formalen Zusammenhänge verzichtet werden.

33. Absatzbezogene Kontrolle (Erlöskontrolle)

331. Periodische Kontrollrechnung

Die periodische Erlöskontrolle entspricht bezüglich der formalen
Durchführung und Zielsetzung der periodischen Kostenkontrolle. So
wird auch hier aus der Differenz zwischen den Plan- und Ist-Erlösen zunächst die Gesamtabweichung ermittelt, die Aufschluß über
die Erfüllung der am Periodenbeginn aufgestellten Erlöspläne gibt.
Der nächste Schritt besteht darin, die Gesamtabweichung in ihre
wert- und mengenmäßigen Bestandteile aufzuspalten, d.h. in die
Preis- und Absatzmengenabweichungen.

---

    tigten Daten bereitgestellt werden. Im Falle des untersuchten
    Betriebes sind entsprechende Investitionsvorhaben geplant,
    doch muß zunächst noch auf manuelle Betriebsaufschreibun-
    gen zurückgegriffen werden.

363) Zu den nicht beeinflußbaren Kostenarten gehören beispiels-
    weise die kalkulatorischen Abschreibungen und kalkulatori-
    schen Zinsen.

364) Vgl. dazu auch Fußnote 359), S. 180.

182

Daran schließt sich die Analyse der Ursachen an, die zu den Abweichungen bei den Absatzmengen geführt haben. Da die Erlöseinflußgrößen - entsprechend der Untergliederung der Kosteneinflußgrößen - in Vorgabe- und Zwischengrößen aufgeteilt sind, kann auch in diesem Zusammenhang zwischen einem Plan/Ist- und Richt/Ist-Vergleich unterschieden werden (365). Dabei werden die im Plan/Ist-Vergleich auftretenden Planabweichungen durch Planänderungen bei den Absatzmengenvorgaben und den gesamtwirtschaftlichen Vorgabegrößen, wie z. B. der Import-, Lagerentwicklung usw. begründet. Die im Richt/Ist-Vergleich festgestellten Richtabweichungen lassen sich dagegen auf Fehler bei der Absatzmengenvorausschätzung und direkt auf die Verkäuferleistungen zurückführen. Die Ermittlung der Richtabweichungen vollzieht sich in der Weise, daß für die am Periodenende angefallenen Ist-Größen der Absatzmengenvorgaben und der gesamtwirtschaftlichen Vorgabegrößen mit dem Rechenmodell "Richterlöse" (366) bestimmt werden, die daraufhin unter Berücksichtigung der Unterschiede bei den übrigen Erlöseinflußgrößen bzw. Zwischengrößen mit den Ist-Erlösen verglichen werden. (Eine zusammenfassende Darstellung der Abweichungsarten enthält die folgende allgemeine schematische Übersicht.)

---

365) Da bei Aufbau des Rechenmodells die Erlösabhängigkeiten nur in ihren grundsätzlichen Zusammenhängen beschrieben wurden, kommt deshalb den folgenden Ausführungen auch nur allgemeine Bedeutung zu.

366 Der Unterscheidung zwischen "Plan-" und "Richt-"Kosten bzw. "ex ante-Plankosten" und "ex post-Plankosten" auf der Kostenseite - vgl. dazu Fußnote 351), S. 172 - entsprechen auf der Erlösseite die Begriffe "Plan-" und "Richt-"Erlöse bzw. "ex ante-Planerlöse" und "ex post-Planerlöse".

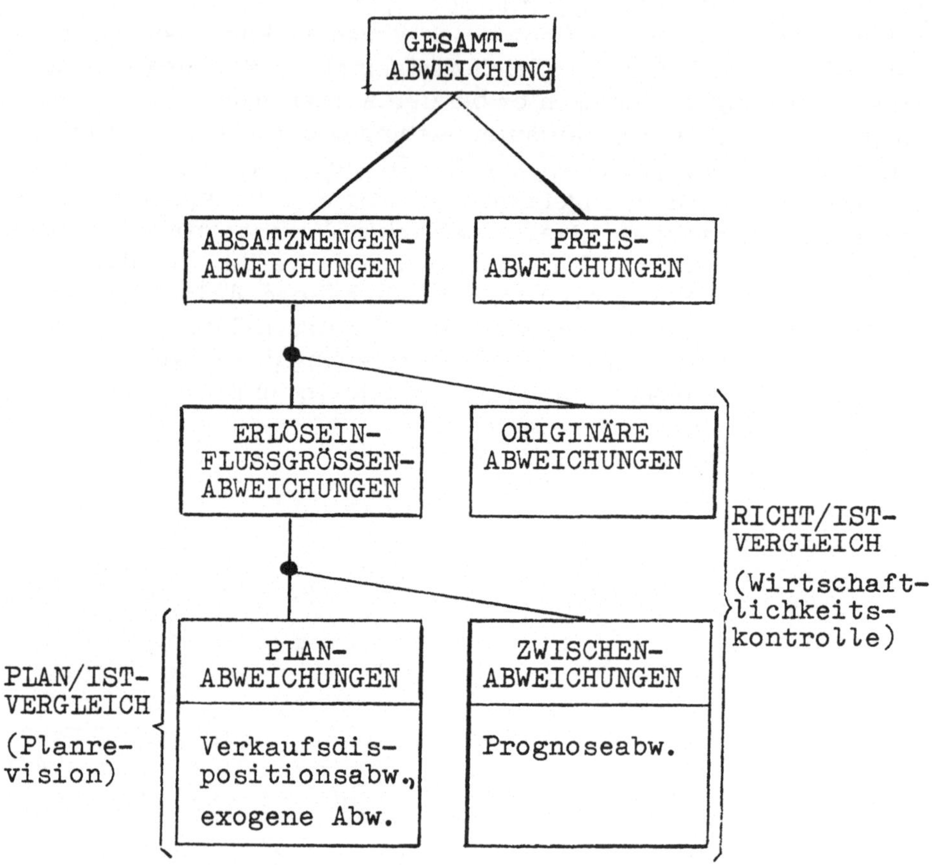

Die Durchführung der periodischen Kontrollrechnung erfolgt anhand
der Erlösfunktionen des Periodenerfolgs-Rechenmodells. Dabei
werden für den Plan/Ist-Vergleich die konzentrierten Modellbeziehungen (Schema XI bzw. XIII b) zugrunde gelegt, wohingegen beim
Richt/Ist-Vergleich für die Ermittlung der Zwischenabweichungen
von den originären Modellbeziehungen (Schema X) ausgegangen wird.
Im einzelnen sind bei der Ermittlung der Abweichungen die folgenden Zusammenhänge zu beachten.

= Gesamtabweichung (Preis- und Absatzmengenabweichungen)

Die Gesamtabweichung dU_G ergibt sich aus der Differenz zwischen den Plan-Erlösen U_P und den Ist-Erlösen U_I der Periode

$$(8.5) \qquad dU_G = U_P - U_I$$

$$= \underline{pa}_P' \; \underline{xa}_P - \underline{pa}_I' \; \underline{xa}_I$$

Sie wird nach Trennung der Mengenbestandteile $\underline{xa}_P$ bzw. $\underline{xa}_I$ und der Preisbestandteile $\underline{pa}_P$ bzw. $\underline{pa}_I$ der Plan- bzw. Ist-Erlöse in die Preisabweichungen dU_{PR} und die Absatzmengenabweichungen dU unterteilt:

$$(8.6) \qquad dU_G = \underbrace{(\underline{pa}_P - \underline{pa}_I)' \; \underline{xa}_I}_{dU_{PR}} \qquad \Big\} \qquad \text{Preisabweichung}$$

$$+ \underbrace{\underline{pa}_P' \; (\underline{xa}_P - \underline{xa}_I)}_{dU} \qquad \Big\} \qquad \text{Absatzmengenabweichung}$$

Die Preisabweichungen geben den Unterschied zwischen den mit Plan- und Ist-Preisen bewerteten Ist-Absatzmengen wieder. Sie sind die Folge von preispolitischen Maßnahmen (367) - wie z. B.

---

367) Da Preisänderungen i. a. mit Mengenänderungen bei den Erzeugnissen verbunden sind, können die Preisabweichungen nicht isoliert von den Planabweichungen gesehen werden, die im Rahmen des Plan/Ist-Vergleiches ermittelt werden. Für die getrennte Darstellung spricht dennoch die einheitliche Vorgehensweise bei der Ermittlung der Kosten- und Erlösabweichungen.

Änderungen von Rabattsätzen, Aufpreisen für Zusatzleistungen
usw. -, die von der Betriebs- bzw. Unternehmensleitung ergriffen werden. In der Untergliederung nach Teilmärkten bzw. Erlösstellen können die Preisabweichungen für die Beurteilung von Alternativen bei zukünftigen Preisstellungen herangezogen werden,
die sich auf spezielle Marktgebiete, Abnehmerbranchen, Kundengruppen usw. beziehen (368).

Die Absatzmengenabweichungen ergeben sich aus der Differenz der
mit Plan-Preisen bewerteten Plan- und Ist-Absatzmengen. Ihre Ursachen werden in dem folgenden Plan/Ist- und Richt/Ist-Vergleich
untersucht.

= Plan/Ist-Vergleich (Planabweichungen)

Ein Teil der Absatzmengenabweichungen dU - bzw. $\underline{du}$ bei Untergliederung nach Erlösträgern - wird durch Planrevisionen bei den
absatzbezogenen Vorgabegrößen verursacht. Die Höhe dieser Planabweichungen $\underline{du}_P$ bestimmt sich nach dem Unterschied zwischen
den Plan-Erlösen $\underline{u}_P$ und den Richt-Erlösen $\underline{u}_R$, die am Ende der
Periode für die tatsächlichen Absatzmengenvorgaben $\underline{xad}_I$ und die
gesamtwirtschaftlichen - exogenen - Ist-Daten $\underline{oe}_I$ - wie z. B. die
Produktionswerte der Abnehmerbranchen, Importe usw. - berechnet werden.

$$(8.7) \qquad \underline{du} = \underbrace{(\underline{u}_P - \underline{u}_R)}_{\underline{du}_P} + (\underline{u}_R - \underline{u}_I) \qquad\qquad \text{mit}$$

$$\underline{du}_P = \underline{Dpa}_P \underbrace{(\underline{xa}_P - \underline{xa}_R)}_{\underline{dxa}_P}$$

$$= \underbrace{\underbrace{\underline{Dpa}_P \, \underline{B}_{xa/xad} \, \underline{dxad}_P}_{\underline{duxad}_P}}_{\text{Verkaufsdispositions-}\atop\text{abweichung}} + \underbrace{\underbrace{\underline{Dpa}_P \, \underline{R}_{xa/oe} \, \underline{doe}_P}_{\underline{duoe}_P}}_{\text{Exogene}\atop\text{Abweichung}}$$

---

368) Hierfür ist die Bewertung der Absatzmengen $\underline{xa}$ mit der Diagonalpreismatrix $\underline{Dpa}$ vorzunehmen.

Darin gliedern sich die Planabweichungen $\underline{du}_P$ in die Teilabweichungen $\underline{duxad}_P$ und $\underline{duoe}_P$, die durch Planänderungen bei den Absatzmengenvorgaben $\underline{dxad}_P$ und den gesamtwirtschaftlichen - exogenen - Daten $\underline{doe}_P$ verursacht werden.

= Richt/Ist-Vergleich (Richt-, Zwischen-,
  originäre Abweichungen)

Der über die Planabweichungen hinausgehende Teil der Absatzmengenabweichungen $\underline{du}$ wird durch Richtabweichungen $\underline{du}_R$ wiedergegeben, die den Unterschied zwischen den Richt-Erlösen $\underline{u}_R$ und den Ist-Erlösen $\underline{u}_I$ darstellen.

$$(8.8) \quad \underline{du} = (\underline{u}_P - \underline{u}_R) + \underbrace{(\underline{u}_R - \underline{u}_I)}_{\underline{du}_R} \qquad \text{mit}$$

$$\underline{du}_R = \underline{Dpa}_P \underbrace{(\underline{xa}_R - \underline{xa}_I)}_{\underline{dxa}_R}$$

$$= \underline{Dpa}_P \, \underline{B}_{xa/xad} \, \underline{xad}_I + \underline{Dpa}_P \, \underline{R}_{xa/oe} \, \underline{oe}_I - \underline{u}_I$$

$$= \underbrace{\underline{Dpa}_P \, \underline{R}_{xa/xoe} \, \underline{dxoe}_O}_{\underline{duxoexa}_R} + \underbrace{\underline{Dpa}_P \, \underline{dxa}_O}_{\underline{dudxa}_R}$$

$$\qquad\qquad \underbrace{\text{Prognose-}}_{} \qquad\qquad \underbrace{\text{Originäre}}_{}$$
$$\qquad\qquad \text{abweichung} \qquad\qquad \text{Abweichung}$$

Darin gliedern sich die Richtabweichungen $\underline{du}_R$ in die Zwischenabweichungen $\underline{duxoexa}_R$ und Rest- bzw. originären Erlösabweichungen $\underline{dudxa}_R$ die durch originäre Abweichungen bei den gesamtmarktbezogenen Absatzprognosen $\underline{dxoe}_O$ bzw. bei den Verkäuferleistungen $\underline{dxa}_O$ erklärt werden können. Eine zusammenfassende Darstellung sämtlicher Abweichungsarten des Richt/Ist-Vergleiches enthält das "System der absatzorientierten Abweichungsanalyse" (Schema XII) (369).

Die Frage nach der Verantwortlichkeit für diese Abweichungen ist i. a. schwieriger zu beantworten als die entsprechende Frage bei der Analyse der Richt-Kostenabweichungen. Hier muß in jedem Fall berücksichtigt werden, daß - im Gegensatz zu den mehr oder weniger gleichbleibenden Betriebssituationen - die sich ständig ändernden Marktverhältnisse immer wieder neue Entscheidungssituationen hervorrufen, auf die sich der einzelne Verkäufer einstellen muß. Dennoch sollte in den Verkaufsabteilungen versucht werden, zu den Abweichungen im einzelnen Stellung zu nehmen, da sich hieraus Hinweise für zukünftige Planungsaufgaben gewinnen lassen.

332. Operative Kontrollrechnung

Wie schon bei der Beschreibung der Kostenkontrolle erwähnt, bestehen die Nachteile eines periodischen Richt/Ist-Vergleiches darin, daß der Erfolg von Kontrollmaßnahmen durch zu spätes Erkennen der Unwirtschaftlichkeiten beeinträchtigt wird. Diese Aussage trifft gleichermaßen auf die periodische Erlöskontrolle zu. Es ist daher auch hier zu überlegen, ob nicht eine operativ, d. h. im Zeitablauf durchgeführte Erlöskontrolle für die Erfüllung des Kontroll-

---

369) Vgl. Anhang II, Abbildung.
   Dieses System baut auf dem Funktionensystem der "Originären Absatzstruktur" (Schema X) auf. Es enthält sämtliche Richt-, Zwischen- und originären Abweichungen der Erlöse sowohl in der Untergliederung nach Erlösstellen (Marktgebiete, Kundengruppen usw.) als auch nach Erlöseinflußgrößen. (Die einander entsprechenden Abweichungen sind durch gestrichelte Linien verbunden.) Zur Erläuterung der Systemkomponenten vgl. Anhang I, S. 212.
   Die einzelnen Zeilen sind - dargestellt am Beispiel der Ermittlung des Vektors $\underline{dxoe}_O$ - wie folgt zu lesen:

$$\underline{dxoe}_O = \underline{R}_{xoe/oe}\,\underline{oe}_I - \underline{xoe}_I$$

   Die mathematische Darstellungsform eines derartigen Systems geht zurück auf Wartmann, R., Methoden der kurzfristigen Produktions- und Kostenplanung, a. a. O.

zweckes geeigneter ist. Bei einer derartigen Kontrolle könnten Abweichungen von den Verkaufsvorgaben schneller erkannt und Dispositionen zur Anpassung an veränderte Marktbedingungen unmittelbar ausgelöst werden.

Mit dem Rechenmodell kann - aufbauend auf dem Instrumentarium des periodischen Richt/Ist-Vergleiches (Schema XII) (370) - die operative Kontrollrechnung in beliebigen Zeitabständen durchgeführt werden, soweit die hierfür erforderlichen Ist-Größen der Absatzmengen und Erlöseinflußgrößen vorliegen. Im Hinblick auf den mit der operativen Kontrolle verfolgten Zweck, auf die laufenden Verkaufsgeschäfte unmittelbar Einfluß zu nehmen, ist allerdings zu beachten, daß die Bereitstellung der Ist-Daten zum Zeitpunkt des Auftragseinganges erfolgen muß. Die Durchführung der Abweichungsanalyse auf der Grundlage von Versandmengen ist dagegen weniger geeignet, da bei Vorliegen längerer Lieferfristen die Abweichungen ungünstigstenfalls erst dann festgestellt werden, wenn die Verkaufsabschlüsse bereits getätigt sind (371).

34. Erfolgskontrolle

Im Rahmen der Erfolgskontrolle werden die in den vorhergehenden Abschnitten getrennt ermittelten Kosten- und Erlösabweichungen für die Kontrolle des Periodenerfolges zusammengefaßt. Die sich dabei ergebenden Erfolgsabweichungen gelten als wichtigste Zielgröße für die Beurteilung der Frage, in welchem Umfang die zu Beginn der Periode aufgestellten Pläne erfüllt wurden. Ihr Zustandekommen erklärt sich aus den in der Kosten- und Erlöskontrollrechnung im

---

370) Vgl. dazu auch Fußnote 369), S. 188.

371) Bei den bisher in der Eisen- und Stahlindustrie üblichen Verfahren der Erlöskontrolle werden als Ausgangsgrößen für die Erlösanalyse die im Rahmen der Verkaufsabrechnung ermittelten effektiven Versandmengen verwendet. Für die Durchführung der operativen Erlöskontrolle im oben beschriebenen Sinne wäre es daher erforderlich, die bestehenden Abrechnungstechniken auf die Erfassung der Ist-Auftragseingangsmengen umzustellen bzw. zu ergänzen. Im Zuge der Weiterentwicklung der Erlösrechnung zu einem aussagefähigen Planungs- und Kontrollinstrument sind diese Gesichtspunkte in jüngster Zeit an verschiedenen Stellen aufgegriffen worden; vgl. dazu insbesondere Brunner, M., Grebe, G., Kosten- und Leistungsrechnung in der Eisen- und Stahlindustrie, a. a. O., S. 100 f.; Kolb, J., Die Erlösrechnung als Bestandteil eines Periodenerfolgsmodells, a. a. O.

einzelnen festgestellten Ursachen. Diese bestehen - wie gezeigt
wurde - einerseits in Planänderungen der von der Betriebs- bzw.
Unternehmensleitung disponierbaren und nicht disponierbaren Ko-
sten- und Erlösvorgaben (Plan/Ist-Vergleich), andererseits in Abweichungen von Wirtschaftlichkeitsnormen aufgrund personell- und
situationsbedingter Einflüsse (Richt/Ist-Vergleich).

Für die mit der Erfolgskontrolle verfolgten Ziele reicht es aus, die
Erfolgsabweichungen als Gesamtabweichungen und in der Untergliederung nach den Ursachen des Plan/Ist-Vergleiches zu errechnen.
Die Ermittlung der Auswirkungen der Wirtschaftlichkeitsabweichun-
gen auf den Periodenerfolg als zusätzliche Erfolgskennziffern ist
dagegen von untergeordneter Bedeutung und kann aus diesem Grunde unterbleiben. Es sind hiernach die folgenden Beziehungen aufzustellen:

Die gesamte Erfolgsabweichung dG_G ergibt sich aus der Gegenüberstellung zwischen dem Plan- und Ist-Erfolg G_P bzw. G_I oder den
gesamten Kosten- und Erlösabweichungen dK_G bzw. dU_G (vgl. Gleichung 8.1 und 8.5) einer Periode:

$$(8.9) \qquad dG_G = G_P - G_I$$

$$= dU_G - dK_G$$

$$= (U_P - K_P) - (U_I - K_I)$$

Hierfür kann bei Verwendung der in Schema XIII b dargestellten
Beziehungen für die Ermittlung des Periodenerfolges geschrieben
werden:

(8. 10)

$$dG_G = \underline{glxa}'\underline{xa} - (\underline{cvae}'\underline{ae}_P + Clvh\,h_P + \underline{cvnd}'\underline{nd}_P + \underline{cvp}'\underline{pl}_P) - (U_I - K_I)$$

$$= \underline{e}'\,(\underbrace{\underline{Dglxa}\,\underline{dxa}_P + \underline{Dglxa}\,\underline{xa}_R}_{\underline{dglxa}_P})$$

$$- (\underline{cvae}'\underline{ae}_P + Clvh\,h_P + \underline{cvnd}'\underline{nd}_P + \underline{cvp}'\underline{pl}_P) - (U_I - K_I)$$

$$= \underline{e}'\,(\underbrace{\underline{Dglxa}\,\underline{B}_{xa/xad}\,\underline{dxad}_P}_{\underline{dglxad}_P} + \underbrace{\underline{Dglxa}\,\underline{R}_{xa/oe}\,\underline{doe}_P + \underline{Dglxa}\,\underline{xa}_R}_{\underline{dgloe}_P})$$

Verkaufsdispositions-abweichung   Exogene Abweichung

$$- (\underline{cvae}'\underline{ae}_P + Clvh\,h_P + \underline{cvnd}'\underline{nd}_P + \underline{cvp}'\underline{pl}_P) - (U_I - K_I)$$

Darin gliedert sich die gesamte Erfolgsabweichung dG_G in die nach Erlösstellen differenzierten Deckungsbeitragsabweichungen $\underline{dglxa}_P$, die nach den durch Planänderungen bei den Absatzmengenvorgaben $\underline{dxad}_P$ und den gesamtwirtschaftlichen - exogenen - Daten $\underline{doe}_P$ verursachten Planabweichungen $\underline{dglxad}_P$ und $\underline{dgloe}_P$ aufgeteilt werden können.

Die Matrizen $\underline{glxa}$, $\underline{cvae}$, Clvh, $\underline{cvnd}$ und $\underline{cvp}$ bezeichnen die bereits eingeführten (372) Deckungsbeitragssätze bzw. Kostensätze der zurechenbaren und nicht zurechenbaren Kosten.

---

372) Vgl. Schema XIII b, Anhang II, Abbildungen.

35. Zusammenfassung der Ergebnisse

Die im Anschluß an die Planung durchzuführende Kontrollrechnung
bezweckt, die Abweichungen zwischen den Plan-, Richt- und Ist-
Größen der Periodenerfolge und seiner Komponenten Kosten und
Erlöse zu ermitteln und nach ihren Ursachen zu analysieren. Hierbei wird zwischen der periodisch, d. h. nach Abschluß der Planungsperiode durchgeführten Kontrollrechnung und der operativ, d. h.
während der laufenden Planungsperiode durchgeführten Kontrollrechnung unterschieden. Unter dem Gesichtspunkt der Wirtschaft-
lichkeitskontrolle kommt der operativen Kontrolle die größere Bedeutung zu, da Unwirtschaftlichkeiten schneller erkannt und Dispositionen zur Beseitigung ihrer Ursachen unmittelbar ausgelöst werden können. Dagegen dienen die periodisch ermittelten Abweichungen in erster Linie als Unterlagen für Dispositionen in den folgenden Planungsperioden.

Die vorstehenden Ausführungen haben gezeigt, daß beide Kontrollrechnungen mit dem entwickelten Rechenmodell (373) durchgeführt
werden können. Hier muß allerdings berücksichtigt werden, daß der
Häufigkeit operativer Kontrollen durch den Mehraufwand bei der Erfassung und Auswertung der Ist-Daten Grenzen gesetzt sind. Es ist
letztlich eine Frage der Wirtschaftlichkeit, in welchen zeitlichen
Abständen und welcher gewünschten Detaillierung die operative Kontrolle erfolgen soll. Im Hinblick auf eine vollständige Wirtschaft-
lichkeitskontrolle wird aber die operative Kontrolle in jedem Fall
durch die periodische Kontrolle ergänzt werden müssen.

---

373) Vgl. Schemata IX und XII, Anhang II, Abbildungen sowie zur
Erläuterung der Systemkomponenten Anhang I.

C. Schluß

Zusammenfassung der wichtigsten Ergebnisse und Ausblick

In der vorliegenden Untersuchung wurde ein betriebswirtschaftliches
Modell für die Zwecke der kurzfristigen Planung, Dokumentation
und Kontrolle eines bestehenden Betriebes der Sortenfertigung -
eines Feinstahlwalzwerkes - auf der Grundlage konkreten empirischen Datenmaterials aufgebaut und rechenbar gemacht. Dabei konnte den Anforderungen Rechnung getragen werden, die sich aus der
Weiterentwicklung der traditionellen Kosten- und Erlösrechnung zu
dem von Laßmann und Wartmann konzipierten Periodenerfolgs-Rechenmodell ergeben. Im einzelnen bestehen diese Anforderungen
darin, die Verwirklichung der genannten Zielsetzungen aus einem
in sich geschlossenen Rechensystem im Sinne einer Grundrechnung
zu ermöglichen, ohne daß hierfür zusätzliche Sonderrechnungen notwendig werden. Weiterhin sollen als wichtigste mit dem Rechenmodell zu ermittelnde Zielgrößen periodenbezogene Erfolge, Kosten
und Erlöse an die Stelle von erzeugnis- oder stückbezogenen Größen
treten, die bei fehlenden Zurechnungskriterien für Kosten und Erlöse keine ausreichenden Entscheidungshilfen für die Unternehmensleitung bei der Lösung planerischer Probleme sein können. Schließlich soll das Betriebsmodell die formalen Voraussetzungen erfüllen, um in ein umfassendes Gesamtunternehmensmodell für ein ge-
mischtes Eisenhüttenwerk integriert werden zu können.

Ausgehend von der Analyse des Produktions- und Absatzprozesses
wurden die Kosten- und Erlösbeziehungen des untersuchten Betriebes unter Verwendung der Matrizenrechnung in zwei zunächst voneinander getrennten Modellteilen - der "Originären Betriebsstruktur" (Kostenmodell) und der "Originären Absatzstruktur" (Erlösmodell) - abgebildet, die daraufhin zu einem geschlossenen Funktionensystem - dem Modell der "Integrierten Betriebs- und Absatzstruktur" (Periodenerfolgs-Rechenmodell) verflochten wurden. Bei
der Untersuchung der spezifischen Kostenabhängigkeiten, die vollständig auf der Grundlage empirischen Materials erfolgen konnte,
ergaben sich bei strenger Auslegung des Verursachungsprinzips mit
Ausnahme der intervallfixen losgrößenbezogenen Kostenverläufe,
der Kosten der Potentialfaktoranpassung und der periodenbezogenen Kosten in der Regel zwar lineare, jedoch nur in wenigen Fällen
direkte Beziehungen zwischen dem Kostengüterverbrauch und den
Erzeugnissen. In der Mehrzahl der Fälle waren in Form einfacher
und multipler Funktionalzusammenhänge zusätzliche Einflußgrößen
zu berücksichtigen, die in teils direkter, teils indirekter oder aber
nicht vorhandener Beziehung zu den Erzeugnissen stehen. - Eine
Quantifizierung der Erlösabhängigkeiten war bisher nicht möglich,

da die diesbezüglichen Untersuchungen erst am Anfang stehen. Die Erlösseite wurde nur in ihren Grundzügen behandelt, um die Verbindung des Kostenmodells zum Absatzprozeß aufzuzeigen.

Die innere Struktur des Rechenmodells kennzeichnet ein vielschichtiges Funktionensystem, das alle wesentlichen Kostenkomponenten - wie Beschaffungspreise, Kostengüter, Erzeugnisprogramm und sonstige Kosteneinflußgrößen - und die wichtigsten Erlöskomponenten in allgemeiner Form - wie Verkaufspreise, Absatzprogramm und sonstige Erlöseinflußgrößen - miteinander verknüpft (374).

Das beim Aufbau des Betriebsmodells verfolgte Prinzip, die kosten- und erlösbeeinflussenden Faktoren hinsichtlich ihrer Auswirkungen auf den Periodenerfolg getrennt zu erfassen, erwies sich als notwendige Voraussetzung für die Anwendung des Rechenmodells im Sinne einer mehrzweckorientierten Grundrechnung.

Aus den originären Modellbeziehungen wurden durch einfache mathematische Umformungen Matrizensysteme hergeleitet, die die Grundlage für die Durchführung von ein- und mehrperiodischen Planungsrechnungen als Ermittlungs- und Optimierungsrechnungen und von Kontrollrechnungen als periodische und operative Kontrollrechnungen bilden. Diese erfüllen die Voraussetzung, die Zielgrößen dieser Rechnungen - wie z. B. Plan/Ist-Kosten, -Erlöse und -Erfolge bestimmter Handlungsalternativen bzw. Kosten-, Erlös- und Erfolgsabweichungen - in jeder gewünschten Untergliederung nach primären Kosten- und Erlösarten, mengen- und wertmäßigen Kosten- und Erlös-, sowie auch Einflußgrößenbestandteilen zu ermitteln. Entscheidend dafür, daß hierbei Sonderrechnungen vermieden werden konnten, ist die Kompatibilität zwischen den Komponenten der einzelnen Systeme. So konnten beispielsweise die Zielgrößen der Kontrollrechnungen verwendet werden, da in beiden Matrizensystemen die Untergliederung der Komponenten nach kosten- und erlösverursachenden Merkmalen aufeinander abgestimmt ist. Dies trifft gleichermaßen auf die im Rahmen der Kalkulationsrechnung ermittelten Kosten- und Deckungsbeitragssätze zu, denen im Rahmen der hier vertretenen Modellauffassung zwar eine untergeordnete Bedeutung zukommt, die jedoch in Planungs- und Kontrollrechnungen aus Gründen einer rationelleren Rechenweise oftmals an Stelle der originären - periodenbezogenen - Kosten- und Erlösbeziehungen des Rechenmodells verwendet werden.

---

374) Das vorliegende Funktionensystem der "Integrierten Betriebs- und Absatzstruktur" (Schema XIII a) enthält - wie an anderer Stelle schon erwähnt (vgl. S. 116, Fußnote 234)) - ca. 6500 Zeilen- und 7500 Spaltenvariablen.

Im Hinblick auf seine Konzeption und seinen Aufbau wurde das hier entwickelte Rechenmodell zu vergleichbaren Systemen der Kosten- und Erlösrechnung abgegrenzt. In diesen Vergleich wurden die Systeme der (Grenz- und flexiblen) Plankostenrechnung und die Deckungsbeitragsrechnung nach Riebel einbezogen, deren Zielsetzung ebenfalls darin besteht, die Kosten- und Erlösgrößen in der Form zu erfassen und aufzubereiten, daß sie im Sinne einer Grundrechnung für die laufenden Planungs- und Kontrollrechnungen verwendet werden können. Die Überlegungen führten zu dem Ergebnis, daß im Zusammenhang mit der Frage, welche Ziel- und Entscheidungsgrößen im konkreten Fall für die Erfüllung der angeführten Rechnungszwecke herangezogen werden und welche Folgerungen sich aus der Verwendung dieser Größen für die rechnerische Durchführung von Entscheidungs- und Kontrollrechnungen ableiten, die eigentlichen Unterschiede bestehen.

In der (Grenz- und flexiblen) Plankostenrechnung wird zur Lösung von Entscheidungsproblemen von stückbezogenen Größen in Form von Grenzkosten und Deckungsbeiträgen ausgegangen. Es konnte gezeigt werden, daß derartige Größen weder für das hier untersuchte Feinstahlwalzwerk noch für andere Betriebe mit ähnlichen Produktionsbedingungen geeignet sind, um die dort vorkommenden flexiblen Kosten- und Erlösabhängigkeiten (z. B. Kosteneinfluß von Losgrößen, Substitutionsmöglichkeiten beim Faktoreinsatz usw.) in einer für Planungs- und Kontrollrechnungen aussagefähigen Form zu erfassen. Im Rahmen dieser Untersuchung galt es daher, ein Rechensystem zu entwickeln, das nicht stückbezogene, sondern periodenbezogene Erfolgsgrößen als Zielgrößen von Entscheidungsrechnungen verwendet. Diese errechnen sich aus einem mathematischen Funktionensystem, dessen Einflußfaktoren ebenfalls als periodenbezogene Größen in Form abhängiger bzw. unabhängiger Variablen erfaßt und die infolgedessen hinsichtlich ihrer Kosten- und Erlösauswirkungen simultan - d. h. ohne zusätzliche Sonderrechnungen, wie sie in der Grenzplankostenrechnung hierfür häufig notwendig werden - berechenbar sind.

Riebel schlägt in der von ihm konzipierten spezifischen Form der Deckungsbeitragsrechnung vor, als Zielgrößen für Entscheidungs- und Kontrollrechnungen Deckungsbeiträge zu verwenden, die objekt- und periodenbezogene oder überperiodisch fortlaufende Ausschnitte aus der sachlichen und zeitlichen Totalrechnung der Unternehmung darstellen. Den an die sach- und zeitbezogene Zurechenbarkeit von Kosten und Erlösen gestellten Anforderungen wird hiermit theoretisch voll entsprochen. In bezug auf ihre Verwendbarkeit für die Praxis können jedoch folgende Einwendungen geltend gemacht werden. Die Ausrichtung von Planung und Kontrolle des Unternehmenserfolges an Größen, die sich unter Beachtung eingegangener recht-

licher und vertraglicher Bindungsdauern (z. B. Arbeits-, Mietver-
träge usw.) im Zeitablauf zu Ausgaben und Einnahmen realisieren,
würde wegen der hier ineinander übergehenden kurz-, mittel- und
langfristigen Aspekte auf kaum überwindbare Schwierigkeiten der
Quantifizierung und datentechnischen Aufbereitung der Kosten- und
Erlösdaten stoßen. Als gangbarer Weg zur Lösung der vielfältigen
Probleme der Praxis hat sich bisher erwiesen, für eingegrenzte
Entscheidungs- und Funktionsbereiche (z. B. Absatz-, Produk-
tions-, Finanz- und Investitionsbereich usw.) zunächst periodenbezogene Teilmodelle aufzustellen und die Planung und Kontrolle
in diesen Teilbereichen auf die beeinflußbaren betriebswirtschaftlichen Erfolgsgrößen zu beschränken. Diese Teilmodelle sollten
dann im letzten Schritt miteinander verflochten werden.

Das in dieser empirischen Untersuchung für den Produktions- und
Absatzbereich eines Feinstahlwalzwerkes aufgebaute Rechenmodell
führt den von Laßmann und Wartmann eingeleiteten und mit dem Betriebsmodell für ein Siemens-Martin-Stahlwerk von Franke fortgesetzten Prozeß weiter, für die Betriebe eines gemischten Eisenhüttenwerkes Betriebsmodelle zu entwickeln und diese in ein Gesamtunternehmensmodell zu integrieren. Auf diesem Weg sind sicherlich noch manche Einzelfragen zu klären, für die zwar formal-
theoretische, jedoch am praktischen Beispiel noch nicht erprobte
Lösungen existieren. In diesem Zusammenhang sei nur auf das Problem der zwischenbetrieblichen Leistungsverrechnung hingewiesen.
Andererseits kann unterstellt werden, daß mit der Entwicklung des
vorliegenden Betriebsmodells Teilfragen allgemeingültig und über-
tragbar auf andere Betriebsbereiche beantwortet wurden, für die
bislang noch keine befriedigenden praktischen Lösungen bereitgestellt werden konnten:

Im Hinblick auf die Untersuchung von Produktions- und Absatzvor-
gängen und die modellmäßige Erfassung ihrer Kosten- und Erlösauswirkungen können insbesondere die bei der Analyse des Walz-
und Adjustageprozesses gewonnenen Erkenntnisse erwähnt werden.
Wenn auch die Erforschung des Absatzprozesses bisher nicht zu
empirisch abgesicherten Ergebnissen führte, konnten dennoch einige grundsätzliche Hinweise für den Aufbau eines Erlösmodelles
gegeben werden. Was die Frage nach der Behandlung von Fertig-
und Zwischenlagern (Lagerprozesse) in einem Periodenerfolgs-
Rechenmodell anbetrifft, so kann festgestellt werden, daß im Zusammenhang mit dem Aufbau des Mehrperiodenmodells für die Fertiglagerhaltung eine praktikable Lösung beschrieben wurde, die in
formaler Hinsicht gleichermaßen für die Behandlung von Zwischenlagern herangezogen werden kann. Schließlich sei darauf hingewiesen, daß die für die Anwendung des Rechenmodells in bezug auf Kalkulation, Planung und Kontrolle entwickelten Matrizensysteme in

ihrer Grundkonzeption allgemeingültige "Bausteine" von Betriebsmodellen (Periodenerfolgs-Rechenmodellen) darstellen, die außer
den Anforderungen an eine Grundrechnung auch die Voraussetzungen für eine EDV-gerechte Problemformulierung erfüllen.

Aus dem bisherigen Einsatz des Rechenmodells als integrierter Bestandteil des Kostenrechnungssystems eines Großunternehmens der
Eisen- und Stahlindustrie konnten Erfahrungen gesammelt werden,
die neben ihrer spezifischen Bedeutung für den untersuchten Betrieb
auch für den Aufbau weiterer Betriebsmodelle verwertbar sind:

Mit dem Aufbau des Rechenmodells sind die Produktionsvorgänge
des untersuchten Betriebes in bezug auf die wichtigsten Abhängigkeiten zwischen den Kostengütern, Erzeugnissen und sonstigen Einflußgrößen analysiert worden. Die als Ergebnisse dieser Analyse
ermittelten Funktionen genügen fast ausnahmslos den Ansprüchen,
die im Hinblick auf ihre statistische Absicherung und Verwendbarkeit für Planungs- und Kontrollrechnungen erfüllt sein müssen. In
den seltenen Fällen, in denen die Bestimmtheitsmaße der statistisch
hergeleiteten Funktionen zunächst nicht voll befriedigen - wie z. B.
die Funktionen für den Werkswasserverbrauch im Walzbetrieb, die
bislang nicht nach Zeitarten untergliederten Leistungsfunktionen im
Adjustagebetrieb -, lassen sich bei Verbesserung der betrieblichen
Aufschreibungen gegebenenfalls genauere Funktionswerte durch er-
neute Auswertungen bestimmen. Da es sich hier aber in der Regel
um Einflüsse mit relativ geringem Kostengewicht handelt, wird die
Frage zusätzlicher Auswertungen jeweils unter dem Gesichtspunkt
der Wirtschaftlichkeit zu beurteilen sein.

Die bisherigen Anwendungen des Rechenmodells haben gezeigt, daß
die Praxis insbesondere den monatlichen Dokumentations- und Kontrollrechnungen großen Wert beimißt. Die Aussagefähigkeit derartiger Rechnungen liegt dabei wesentlich in der Differenziertheit der
Kostenarten-, Kostenträger- und Einflußgrößengliederung des Modells begründet. Planungsrechnungen im Sinne von (Perioden-)Er-
folgsveränderungs- und Optimierungsrechnungen zur Bestimmung
der Erzeugnisprogramme wurden ebenfalls durchgeführt. Von einem
"routinemäßigen" Einsatz des Rechenmodells kann in diesem Zusammenhang allerdings noch nicht gesprochen werden. Dies liegt
im wesentlichen daran, daß als Kriterien für die Auswahl der Pro-
dukte in der Praxis immer noch die - i. a. für einen längeren Zeitraum gleichbleibenden - stückbezogenen Größen in Form von Grenz-
oder Vollkosten-, Deckungsbeitrags- oder Fabrikateerfolgssätzen
herangezogen werden. Letztere werden zwar auch mit dem hier
entwickelten Rechenmodell ermittelt, jedoch ist die Ausrichtung der
Entscheidungen an den theoretisch "richtigeren" Periodenerfolgen
und Erfolgsveränderungen ganzer Erzeugnisprogramme bzw. Pro-

grammalternativen, die bei veränderter Fragestellung immer wieder neue Rechnungen notwendig macht, bisher nicht weit verbreitet.

Mit der Formulierung und dem Aufbau des mathematischen Teils von Modellen sind die Voraussetzungen für ihren praktischen Einsatz noch nicht vollständig erfüllt. Vielmehr muß auch denjenigen Anforderungen Rechnung getragen werden, die sich für die Anwendung der Rechenmodelle im Hinblick auf Planungs- und Kontrollrechnungen innerhalb eines geschlossenen EDV-Programmsystems ergeben. Derartige Anforderungen reichen von der benutzerfreundlichen Eingabe und der Prüfung der in die Modelle eingehenden Daten auf formale und logische Fehler bis zu nach den hierarchischen Entscheidungsebenen des Unternehmens angepaßten Formen der Berichterstattung. Sie stellen die Rahmenbedingungen für die Rechenmodelle dar und erfüllen den Zweck, den Fachabteilungen im Rechnungswesen, Verkauf und Betrieb den Umgang mit dem in den Modellen enthaltenen "Formalismus" zu erleichtern. Für das hier entwickelte Rechenmodell sind diese Voraussetzungen weitgehend verwirklicht. Im Rahmen dieser Untersuchung war es allerdings nicht möglich, hierauf ausführlich einzugehen, da mit diesen Fragen ein eigenständiges Forschungsgebiet angesprochen ist. Die Erfahrung zeigt, daß der erfolgreiche Einsatz derartiger Rechenmodelle und ihre Wertschätzung in der Praxis wesentlich von der Erfüllung der genannten Bedingungen abhängt.

Literaturverzeichnis

I. Bücher und Dissertationen

Adam, A.: Messen und Regeln in der Betriebswirtschaft, Würzburg 1959.

Adam, D.: Produktionsplanung bei Sortenfertigung, Wiesbaden 1969.

Beckmann, M. J.: Lineare Planungsrechnung, Ludwigshafen 1959.

Böhm, H.-H, Wille, F.: Deckungsbeitragsrechnung und Optimierung, München 1967.

Dantzig, G. B.: Lineare Programmierung und Erweiterungen, deutsche Übersetzung von Laeger, A., Berlin - Heidelberg - New York 1966.

Fock, D.: Die Oligopole der Stahlindustrie in der Montanunion - Ihre Struktur und ihr Einfluß auf die Wettbewerbsintensität, Köln - Bonn - Berlin - München 1967.

Franke, R.: Betriebsmodelle, in: Bochumer Beiträge zur Unternehmungsführung und Unternehmensforschung, hrsg. von Besters, H., Busse von Colbe, W., Jaeger, A., Laßmann, G., Schubert, W., Wartmann, R., Institut für Unternehmungsführung und Unternehmensforschung der Ruhr-Universität Bochum, Düsseldorf 1972.

Gutenberg, E.: Grundlagen der Betriebswirtschaftslehre, Bd. 1, Die Produktion, 11. Aufl., Berlin - Heidelberg - New York 1965.

Gutenberg, E.: Grundlagen der Betriebswirtschaftslehre, Bd. 2, Der Absatz, 6. Aufl., Berlin - Göttingen - Heidelberg 1963.

Heiler, S.: Analyse der Struktur wirtschaftlicher Prozesse durch Zerlegung von Zeitreihen, Diss. Tübingen 1966.

Heinen, E.: Betriebswirtschaftliche Kostenlehre, Bd. 1, Begriff und Theorie der Kosten, 2. Aufl., Wiesbaden 1965.

Hendricks, C.: Einfluß relevanter Leistungskomponenten auf die Verarbeitungskosten von Feinstahl-Adjustagen unter besonderer Berücksichtigung der Losgröße, Diss. Aachen 1970.

Hessenmüller, B.: Kosten- und Erfolgsrechnung im industriellen Vertrieb, Baden-Baden 1966.

Hilgenstock, G.: Die Bedeutung von Losgröße und Walzprogramm für die Kostengestaltung einer Fertigstraße, Diss. Clausthal 1963.

Hilgenstock, G.: Probleme der Sortenfolgeplanung an einer Profileisenstraße, Diplomarbeit Köln, WS 1965/66.

Kahnis, W.: Probleme der Produktionsplanung für eine Stabstahlstraße, Diss. Clausthal 1971.

Kern, W.: Die Messung industrieller Fertigungskapazitäten und ihrer Ausnutzung, Köln und Opladen 1962.

Kilger, W.: Produktions- und Kostentheorie, in: Die Wirtschaftswissenschaften, hrsg. von Gutenberg, E., Wiesbaden 1958.

Kilger, W.: Flexible Plankostenrechnung, 3. Aufl., Köln und Opladen 1967.

Kloock, J.: Betriebswirtschaftliche Input-Output-Modelle, Wiesbaden 1969.

Köhler, H. W.: Walzstahlkontore, Neuartige Vertriebs-, Investitions- und Produktionsgemeinschaften der deutschen Stahlindustrie, Düsseldorf 1967.

Kolb, J.: Die Erlösrechnung als Bestandteil eines Periodenerfolgsmodells, Diss. Bochum (in Vorbereitung).

Krelle, W., Künzi, H. P.: Lineare Programmierung, Zürich 1958.

Laßmann, G.: Die Produktionsfunktion und ihre Bedeutung für die betriebswirtschaftliche Kostentheorie, Beiträge zur betriebswirtschaftlichen Forschung, Bd. 6, Köln und Opladen 1958.

Laßmann, G.: Die Kosten- und Erlösrechnung als Instrument der Planung und Kontrolle in Industriebetrieben, Düsseldorf 1968.

Meyhak, H.: Simultane Gesamtplanung im mehrstufigen Mehrproduktunternehmen, Wiesbaden 1970.

Neuefeind, B.: Betriebswirtschaftliche Produktions- und Kostenmodelle für die chemische Industrie, Diss. Köln 1968.

Niebling, H.: Die Verbindung der industriellen Kosten- und Erlösrechnung mit der kurzfristigen Finanzrechnung zu einem Planungs- und Kontrollsystem auf der Grundlage eines mathematischen Modells, Diss. Bochum 1971.

Preßmar, D.: Die Kosten-Leistungs-Funktion industrieller Produktionsanlagen, Diss. Hamburg 1968.

Raffee, H.: Kurzfristige Preisuntergrenzen als betriebswirtschaftliches Problem, Beiträge zur betriebswirtschaftlichen Forschung, Bd. 11, Köln und Opladen 1961.

Riebel, P.: Die Elastizität des Betriebes. Eine produktions- und marktwirtschaftliche Untersuchung, Köln und Opladen 1954.

Riebel, P.: Kosten und Preise verbundener Produktion, Substitutionskonkurrenz und verbundener Nachfrage, Opladen 1971.

Riebel, P.: Ertragsbildung und Ertragsverbundenheit im Spiegel der Zurechenbarkeit von Erlösen, in: Beiträge zur betriebswirtschaftlichen Ertragslehre, Erich Schäfer zum 70. Geburtstag, hrsg. von Riebel, P., Opladen 1971.

Rummel, K.: Einheitliche Kostenrechnung auf der Grundlage einer vorausgesetzten Proportionalität der Kosten zu betrieblichen Größen, 3. Aufl., Düsseldorf 1967.

Siepert, H.-H.: Der Einfluß der Losgröße auf die Produktionsplanung in Walzwerken, Diss. Köln 1958.

Schmalenbach, E.: Kostenrechnung und Preispolitik, 7. Aufl., Köln und Opladen 1956.

Schneider, D.: Die wirtschaftliche Nutzungsdauer von Anlagegütern als Bestimmungsgrund der Abschreibungen, Beiträge zur betriebswirtschaftlichen Forschung, Bd. 14, Köln und Opladen 1961.

Schneider, D.: Grundlagen einer finanzwirtschaftlichen Theorie der Produktion, in: Produktionstheorie und Produktionsplanung, Festschrift für Karl Hax zum 65. Geburtstag, hrsg. von Moxter, A., Schneider, D., Wittmann, W., Köln und Opladen 1966.

Schuhmann, W.: Integriertes Rechenmodell zur Planung und Analyse des Betriebserfolges, in: Festschrift für H. Münstermann, Wiesbaden 1969.

Steinecke, V.: Zur optimalen Programmplanung konkurrierender Walzwerke zweiter Hitze unter besonderer Berücksichtigung von Walzstahl-Verkaufskontoren, Diss. Leoben 1968.

Vogel, D.: Betriebsliche Strukturbilanzen und Strukturanalyse, Würzburg - Wien 1969.

Vormbaum, H.: Kalkulationsarten und Verfahren, Stuttgart 1966.

II. Beiträge in Zeitschriften und Sammelwerken — Vorträge

<u>Abkürzungen:</u>

AGPLAN Schriftenreihe der Arbeitsgemeinschaft Planungsrechnung e. V., hrsg. von J. D. Auffermann, Ph. Kreuzer, K. Schwantag

BFuP Betriebswirtschaftliche Forschung und Praxis

HdB Handwörterbuch der Betriebswirtschaft, hrsg. von H. Seischab und K. Schwantag, 3. Aufl., Stuttgart, Bd. 1: 1956, Bd. 2: 1958, Bd. 3: 1960, Bd. 4: 1962

HWR Handwörterbuch des Rechnungswesens, hrsg. von E. Kosiol, Stuttgart 1970

NB Neue Betriebswirtschaft

ZfB Zeitschrift für Betriebswirtschaft

ZfbF Zeitschrift für betriebswirtschaftliche Forschung

ZfhF, N. F. Zeitschrift für handelswissenschaftliche Forschung, Neue Folge; (1b 1964: ZfbF)

Antoni, W. H., Schneider, E.: Über die Wirtschaftlichkeit einer vollkontinuierlichen Feinstraße, in: Stahl und Eisen, 80. Jg. (1960), S. 641/52.

Arbeitskreis Diercks der Schmalenbach-Gesellschaft: Der Verrechnungspreis in der Plankostenrechnung, in: ZfbF, 16. Jg. (1964), S. 631/68.

Banse, K.: Vertriebs-(Absatz-)politik, in: HdB, hrsg. von H. Seischab und K. Schwantag, 3. Aufl., Bd. IV, Stuttgart 1962, Sp. 5983/94.

Betriebswirtschaftliches Institut der Eisenhüttenindustrie: (Bearb.), Handbuch der Richtkosten- und Planungsrechnung, Teil B des gleichnamigen Arbeitskreises der Wirtschaftsvereinigung Eisen- und Stahlindustrie und des Vereins Deutscher Eisenhüttenleute, Düsseldorf 1971.

Betriebswirtschaftliches Institut der Eisenhüttenindustrie: (Bearb.), Kosten-Rechnungs-Richtlinien Eisen- und Stahlindustrie, Hrsg.: Wirtschaftsvereinigung Eisen- und Stahlindustrie - Betriebswirtschaftlicher Ausschuß, Düsseldorf 1960.

Bidlingmaier, J.: Unternehmerische Zielkonflikte und Ansätze zu ihrer Lösung, in: ZfB, 38. Jg. (1968), S. 149/76.

Billen, H.-H., Sandhöfer, K.-H., Steinecke, V.: Der Einfluß der Walzlosgröße auf die Umwandlungskosten vollkontinuierlicher Feinstahlstraßen, in: ZfB, 35. Jg. (1965), Ergänzungsheft, S. 53/82.

Bleilebens, H., Georganis, K., Prüß, D., Klos, K. M., Wenk, H.-K., Weber, A.: Materialflußuntersuchungen in Walzwerkszurichtereien, in: Stahl und Eisen, 91. Jg. (1971), S. 318/25, S. 388/95.

Brunner, M., Grebe, G.: Kosten- und Leistungsrechnung in der Eisen- und Stahlindustrie, in: Schriftenreihe des BDI und RKW: Rechnungswesen als Führungsinstrument, Praxisbeispiele aus deutschen Unternehmen, Frankfurt 1970.

Bücken, H., Steinecke, V.: Leistungsbetrachtungen an kontinuierlichen Walzenstraßen, in: Stahl und Eisen, 80. Jg. (1960), S. 1261/86.

Buhr, W.: Dualvariable, Opportunitätskosten und optimale Geltungszahl, in: ZfB, 37. Jg. (1967), S. 687/708.

Chenery, H. B.: Engineering Production Functions, in: The Quarterly Journal of Economics, Bd. 63 (1949), S. 507/31.

Graef, R.: Die simultane Bestimmung der Sortenfolgen und der Losgrößen, in: Archiv für das Eisenhüttenwesen, 38. Jg. (1968), S. 768/77.

Gutenberg, E.: Planung im Betrieb, in: ZfB, 22. Jg. (1952), S. 669/84.

Hay, P. H., Bodewig, H.: Die Erlösanalyse, in: Stahl und Eisen, 85. Jg. (1965), S. 866/72.

Heckmann, N., Schemmel, F.: Die Anwendung der Regressionsanalyse zur Entwicklung quantitativer Prognosemodelle - ihre Möglichkeiten als Hilfsmittel der Unternehmensplanung, in: ZfbF, 23. Jg. (1971), S. 42/54.

Höhne, E.: Instandhaltungs- und Reparaturkosten (Begriff und Bedeutung - Erfassung - Auswertung), in: Stahl und Eisen, 76. Jg. (1956), S. 1273/83.

Hummel, S.: Die Auswirkungen von Lagerbestandsveränderungen auf den Periodenerfolg - Ein Vergleich der Erfolgskonzeptionen von Vollkostenrechnung - Direct Costing, in: ZfbF, 21. Jg. (1969), S. 155/80.

Kaack, J. R.: Integrierte Produktions- und Vertriebsplanung mit Operations Research in einem Industriekonzern, vorgetragen auf einem DGOR-Seminar in Hofgeismar 1972.

Kaßnitz, H.: Senkung der Walzenrate und Verbesserung des Last- und Zeitgrades von Profilwalzwerken, in: Stahl und Eisen, 86. Jg. (1966), S. 961/67.

Kilger, W.: Planungsrechnung und Entscheidungsmodelle des Operations Research, in: Unternehmensplanung als Instrument der Unternehmensführung, in: AGPLAN, Bd. 9, Wiesbaden 1965, S. 55/75.

Korte, B.: Ganzzahlige Programmierung - Ein Überblick, in: Lecture Notes in Operations Research and Mathematical Economics, Berlin - Heidelberg - New York 1971, S. 61/127.

Kosiol, E.: Betriebswirtschaftslehre und Unternehmensforschung, in: ZfB, 34. Jg. (1964), S. 743/62.

Kostenrechnungs-Richtlinien Eisen und Stahlindustrie, Düsseldorf 1960.

Kutscher, H.: Die Vorausschätzungsprogramme Stahl, in: Stahl und Eisen, 91. Jg. (1971), S. 720/28.

Kutscher, H.: Statistische Verifizierung, Praxis der Vorausschätzungen und Resultate, in: Stahl und Eisen, 91. Jg. (1971), S. 785/90.

Laßmann, G.: Kritische Analyse der ertragsgesetzlichen Kostenaussage (Rezension zu Dlugos, G., Kritische Analyse der ertragsgesetzlichen Kostenaussage, Berlin 1961), in: ZfB, 16. Jg. (1964), S. 94/110.

Layer, M.: Die Herstellkosten der Deckungsbeitragsrechnung und ihre Verwendbarkeit in Handelsbilanz und Steuerbilanz für die Bewertung unfertiger und fertiger Erzeugnisse, in: ZfbF, 21. Jg. (1969), S. 131/54.

Lücke, W.: Die kalkulatorischen Zinsen im betrieblichen Rechnungswesen, in: ZfB, 35. Jg. (1965), Ergänzungsheft, S. 3/28.

Mertens, P.: Die gegenwärtige Situation der betriebswirtschaftlichen Instandhaltungstheorie, in: ZfB, 38. Jg. (1968), S. 805/36.

Pichler, O.: Kostenrechnung und Matrizenkalkül, in: Ablauf- und Planungsforschung, 2. Jg. (1961), Heft 3/4, S. 29/46.

REFA-Buch, Bd. 2, Zeitvorgabe, 8. Aufl., München 1970.

Riebel, P.: Das Rechnen mit Einzelkosten und Deckungsbeiträgen, in: ZfhF, N. F., 11. Jg. (1959), S. 213/38.

Riebel, P.: Die Preiskalkulation auf der Grundlage von "Selbstkosten" oder von relativen Einzelkosten und Deckungsbeiträgen, in: ZfbF, 16. Jg. (1964), S. 549/612.

Riebel, P.: Die Deckungsbeitragsrechnung als Instrument der Absatzanalyse, in: Absatzwirtschaft, hrsg. von B. Hessenmüller und E. Schnaufer, Baden-Baden 1964, S. 595/627.

Riebel, P.: Die Bereitschaftskosten in der entscheidungsorientierten Unternehmerrechnung, in: ZfbF, 22. Jg. (1970), S. 372/86.

Riebel, P.: Deckungsbeitragsrechnung, in: HWR, Sp. 384/400.

Schneider, E.: Kostentheorie und verursachungsgemäße Kostenrechnung, in: ZfhF, N. F., 13. Jg. (1961), S. 677/707.

Scholler, W., Eckhold, H. G.: Wirtschaftliche Betriebsführung mit Hilfe der Richtkostenrechnung, in: Stahl und Eisen, 86. Jg. (1966), S. 8/16.

Schreiner, A., Ambs, W., Hesse, D., Zelle, K. G.: Zur Anwendung von Simulationsverfahren im Eisenhüttenwesen, in: Stahl und Eisen, 88. Jg. (1968), S. 1234/41, S. 1309/15.

Schubert, W.: Kostenträgerstückrechnung als (primäre) Kostenartenrechnung?, in: BfuP, 17. Jg. (1965), S. 358/71.

Statistisches Bundesamt; Monatliche Berichte, Wiesbaden.

Steffen, M., Steinecke, V.: Einflußgrößenrechnung zur Kostenplanung eines kontinuierlichen Feinstahlwalzwerkes mit Matrizen, in: Stahl und Eisen, 82. Jg. (1962), S. 155/65.

Steinecke, V.: Die Suche nach Lösungen von nicht-linearen/nicht-algebraischen Modellen mit mehreren Aktionsparametern, vorgetragen auf der AKOR-Tagung in Mainz 1971.

Strasser, K.: Über die Bedeutung der Input-Output-Analyse für die Stahlmarkt-Prognose, in: Stahl und Eisen, 87. Jg. (1967), S. 698/701.

Waldschmidt, J.: Grundzüge eines auf Kostenbeeinflussung ausgerichteten Richtkostensystems, in: Stahl und Eisen, 87. Jg. (1967), S. 737/45.

Wartmann, R., Kopineck, H.-J., Hanisch, W.: Funktionales Arbeiten in Kostenrechnung und Planung mit Hilfe von Matrizen, in: Archiv für das Eisenhüttenwesen, 31. Jg. (1960), S. 441/50.

Wartmann, R.: Trendextrapolation bei Zeitreihen, in: Metrika, Heft 3 (1961), S. 237/46.

Wartmann, R. : Methoden der kurzfristigen Produktions- und Kosten-
    planung, Manuskript der Vorlesung für das Fach "Unterneh-
    mensforschung" vom WS 1969/70 und SS 1970 an der Ruhr-
    Universität Bochum.

Weinberg, F. : Einführung in die Methode des Branch and Bound,
    in: Lecture Notes in Operations Research and Mathematical
    Economics, Berlin - Heidelberg - New York 1968.

Weisenfeld, H. , Weißweiler, F. -J. , Steffen, M. , Zeiske, H. :
    Kosten des Umbauens, des Umstellens und des Probewalzens,
    in: Stahl und Eisen, 81. Jg. (1961), S. 725/28.

Wenk, H. -K. : Der Zurichtereibetrieb als ein Schwerpunkt betriebs-
    wirtschaftlicher Arbeit, in: Stahl und Eisen, 87. Jg. (1967),
    S. 660/68.

Wirtschaftsvereinigung Eisen- und Stahlindustrie: Abnehmergrup-
    penstatistik (jährlich) - Einfuhr der BRD an Walzstahlerzeug-
    nissen in der Abgrenzung des Montanunionsvertrages (jähr-
    lich) - Gesamtabsatz an Walzstahlerzeugnissen (jährlich).

Zazek, H. : Über die Anwendung der statistischen Entwicklungs-
    operation auf ein galenisches Problem, in: Die Pharmazie,
    17. Jg. (1962), S. 142/55.

Ziegler, W. : Veröffentlichungen über die Haltbarkeit von Walzen
    (in der Zeit von Herbst 1965 bis Herbst 1966), in: Stahl und
    Eisen, 87. Jg. (1967), S. 393/94.

Anhang I

Abkürzungsverzeichnis und Erläuterungen

Abkürzungsverzeichnis

<u>Schema I</u>   <u>Originäre Betriebsstruktur</u>

Vorgabegrößen

<u>pl</u>	Periodenlängen	
<u>nd</u>	dichotome Hilfsgrößen für Sortenwechsel	
h	Hilfsgröße	" "
<u>xp</u>	Erzeugnismengen	
<u>pv</u>	Preise der Kostenarten	
<u>pe</u>	" " Einsatzstoffe	
<u>pk</u>	" " Rest-und Ausfallstoffe	

<u>Zwischengrößen (abhg. Größen)</u>

<u>xaq</u>	Erzeugnisbündel	(Adjustagebetrieb)
<u>eaq</u>	Arbeitsgang-Einsatzmengen	"
<u>daq</u>	" Durchsatzmengen	"
<u>zaq</u>	" Zeiten	"
<u>xw</u>	Erzeugnismengen	(Walzbetrieb)
<u>xl</u>	Erzeugnisbündel	"
<u>ew</u>	Einsatzmengen (detailliert)	"
<u>ewb</u>	Einsatzbündel	"
<u>ae</u>	Loshäufigkeiten	"
<u>zl</u>	losabhg. Zeiten	"
<u>zw</u>	Walzzeiten	
<u>żzw</u>	walzzeitabhg. Zeiten	
<u>y</u>	direkte Kosteneinflußgrößen	

<u>Zielgrgößen (abhg. Größen)</u>

<u>v</u>	Kostenarten
<u>e</u>	Einsatzstoffe
<u>k</u>	Rest-und Ausfallstoffe
<u>zs</u>	Kapazitätsschlupfe

<u>Schema II</u> - <u>Originäre Betriebsstruktur</u>
           (mit zugerechneten Kostenarten, Einsatz-, Rest-und Ausfallstoffen

— Vorgabe-, Zwischen-, Zielgrößen wie in Schema I

<u>Kostensätze</u>

1. Verarbeitungskosten (bei Annahme voller Walzenausnutzung)

<u>cvy</u>	Kostensätze der zurechenbaren Verarbeitungskosten <u>v</u> je Komp. des Vektors	<u>y</u>
<u>cvzzw</u>	" " " " " " " " "	<u>zzw</u>
<u>cvzw</u>	" " " " " " " " "	<u>zw</u>
<u>cvzl</u>	" " " " " " " " "	<u>zl</u>
<u>cvae</u>	" " " " " " " " "	<u>ae</u>
<u>cvewb</u>	" " " " " " " " "	<u>ewb</u>
<u>cvew</u>	" " " " " " " " "	<u>ew</u>
<u>cvxw</u>	" " " " " " " " "	<u>xw</u>
<u>cvzaq</u>	" " " " " " " " "	<u>zaq</u>

cvdag	Kostensätze	der	zurechenbaren	Verarbeitungskosten	v	je		des	Vektors	dag
cveag	"	"	"	"	"	"	"	"	"	eag
cvxag	"	"	"	"	"	"	"	"	"	xag
cvxp	"	"	bedingt zur.	"	"	"	"	"	"	xp
cvnd	"	"	nicht	"	"	"	"	"	"	nd
cvp	"	"	"	"	"	"	"	"	"	pl
Cvh	Kostensatz		"	"	"	"	"	"	"	
cdvzzw	Kostensätze		direkt	"	"	"	"	"	"	zzw
cdvzw	"		"	"	"	"	"	"	"	zw
cdvzl	"		"	"	"	"	"	"	"	zl
cdvae	"		"	"	"	"	"	"	"	ae
cdvewb	"		"	"	"	"	"	"	"	ewb
cdvxw	"		"	"	"	"	"	"	"	xw
cdvzag	"		"	"	"	"	"	"	"	zag

Cvy,Cvzzw,Cvzw,Cvzl,Cvae,Cvewb,Cvew,Cvxw,Cvzag,Cvdag,Cveag,Cvxag,Cvxp,cvh,Cvp

wie

cvy,cvzzw,cvzw,cvzl,cvae,cvewb,cvew,cvxw,cvzag,cvdag,cveag,cvxag,cvxp,Cvh,cvp ,

jedoch gegliedert nach Verarbeitungskosten v bei Bewertung mit Dpv

2.Einsatzkosten

ceewb	Kostensätze der Einsatzstoffe e	je Komp. des Vektors	ewb
ceew	" " " "	" " " "	ew
cexp	" " " "	" " " "	xp

Ceewb,Ceew,Cexp   wie   ceewb,ceew,cexp ,

jedoch gegliedert nach Einsatzstoffen e bei Bewertung mit Dpe

3.Gutschriften

ckxw	Gutschriftensätze der Rest-und Ausfallstoffe k	je Komp. des Vektors	xw
ckxp	" " " " "	" " " "	xp

Ckxw,Ckxp wie ckxw,ckxp ,

jedoch gegliedert nach Rest-und Ausfallstoffen k bei Bewertung mit Dpk

4.Werkstoffkosten

cekxp	Kostensätze der Werkstoffe e,k	je Komp. des Vektors	xp

5.Gesamte zurechenbare Kosten (bei Annahme voller Walzenausnutzung)

cxp	Kostensätze der bedingt zurechenbaren Kosten	je Komp. des Vektors	xp

Schema III   **Konzentrierte Betriebsstruktur**

- Vorgabe- und abhg. Größen wie in Schema I nach Elimination der Zwischengrößen und
  Komposition der Vektoren $\underline{pl}$, h, $\underline{nd}$ zu $\underline{pnh}$.

Schema IV   -   **Konzentrierte Betriebsstruktur**
                  (mit zugerechneten Kostenarten,
                  Einsatz-, Rest- und Ausfallstoffen)

- Vorgabe- und abhg. Größen wie in Schema III
- Kostensätze wie in Schema II
  bei Komposition der Vektoren $\underline{pl}$, h, $\underline{nd}$ zu $\underline{pnh}$

Schema V   -   **Konzentrierte Betriebsstruktur**
                 (mit Kostenanalyse)

- Vorgabe- und abhg. Größen wie in Schema IV
- Kostensätze wie in Schema II

$\underline{bq}$*   "Beschäftigungsgrade" der Betriebsanlagen, Sortenwechsel und Walzenausnutzung

$\underline{\text{Kostensätze}}$ (zusätzlich)

$\underline{cdaqvxp}$	Kostensätze der	$\underline{daq}$-abhg.	Verarb.kosten	$\underline{v}$	je Komp.	des Vektors	$\underline{xp}$	
$\underline{czaqvxp}$	"	" $\underline{zaq}$	"	"	" "	"	"	"
$\underline{cxwvxp}$	"	" $\underline{xw}$	"	"	" "	"	"	"
$\underline{cewbvxp}$	"	" $\underline{ewb}$	"	"	" "	"	"	"
$\underline{cacvxp}$	"	" $\underline{ac}$	"	"	" "	"	"	"
$\underline{czlvxp}$	"	" $\underline{zl}$	"	"	" "	"	"	"
$\underline{czwvxp}$	"	" $\underline{zw}$	"	"	" "	"	"	"
$\underline{czzwvxp}$	"	" $\underline{zzw}$	"	"	" "	"	"	"
$\underline{cpvxp}$	"	" zugeschlüss.	"	" "	"	"	"	"
$\underline{ctvxp}$	"	" zurechenbaren und zugeschl.	"	" "	"	"	"	"
$\underline{ctxp}$	Vollkostensätze							

Schema VI   -   **Konzentrierte Betriebsstruktur**
                  ($\underline{pnh}$ ersetzt)

- Vorgabe- und abhg. Größen wie in Schema V nach Ersetzen von $\underline{pnh}$ durch $\underline{bq}$* - $\underline{db}$*

$\underline{\text{Vorgabegrößen}}$ (zusätzlich)

$\underline{db}$*   "Beschäftigungs-Abw." der Betriebsanlagen, Sortenwechsel und Walzenausnutzung

---

Schema VII   -   Vollkostensystem

- Vorgabe- und abhg. Größen wie in Schema VI bei Annahme $\underline{db}^* = \underline{0}$
- Kostensätze wie in Schema V

<u>Kostensätze</u> (zusätzlich)

<u>Ctvxp</u> wie <u>ctvxp</u>,
jedoch gegliedert nach Verarbeitungskosten <u>v</u> bei Bewertung mit <u>Dpv</u>

Schema VIII   -   <u>Teilkonzentrierte Betriebsstruktur</u>
                    (für betriebliche Abweichungsanalyse)

- Vorgabe-, teileleminierte Zwischen-, Zielgrößen wie in Schema I
  bei Komposition der Vektoren <u>pl</u>, h, <u>nd</u> zu <u>pnh</u> und <u>zl</u>, <u>zw</u>, <u>zzw</u> zu <u>zlw</u>

Schema IX   -   <u>System der betrieblichen Abweichungsanalyse</u>
                  (Richt/Ist- und Norm/Ist-Vergleich)

- Einflußgrößen wie in Schema VIII
- Indizes R = Richt, I = Ist, O = Originär, B = Beschäftigung

<u>Abweichungen</u>

1. Originäre Abweichungen (mengenmäßig)

$\underline{ddag}_0$	originäre Abw. der Arbeitsgang-Durchsatzmengen	$\underline{dag}$
$\underline{dzag}_0$	" " " " Zeiten	$\underline{zag}$
$\underline{dxw}_0$	" " " Erzeugnismengen	$\underline{xw}$
$\underline{dew}_0$	" " " Einsatzmengen	$\underline{ew}$
$\underline{dae}_0$	" " " Loshäufigkeiten	$\underline{ae}$
$\underline{dzlw}_0$	" " " Zeiten	$\underline{zlw}$
$\underline{dv}_0$	" " " Verarbeitungskosten	$\underline{v}$
$\underline{de}_0$	" " " Einsatzstoffe	$\underline{e}$
$\underline{dk}_0$	" " " Rest- und Ausfallstoffe	$\underline{k}$

2. Verarbeitungskosten-Abw. (Richt- und Zwischen-Abw.)

$\underline{dkdv}_R$	direkte Abw. der Verarb.kosten <u>v</u> je Komp. des Vektors	$\underline{v}$
$\underline{dkzlwv}_R$	Leistungs- " " " "" " " "	$\underline{v}$
$\underline{dkvzlw}_R$	" " " " "" " " "	$\underline{zlw}$
$\underline{dkaev}_R$	Losgrößen " " " "" " " "	$\underline{v}$
$\underline{dkvae}_R$	" " " " "" " " "	$\underline{ae}$
$\underline{dkewv}_R$	Ausbringens-" " " "" " " "	$\underline{v}$
$\underline{dkvew}_R$	" " " " "" " " "	$\underline{ew}$
$\underline{dkxwv}_R$	" " " " "" " " "	$\underline{v}$
$\underline{dkvxw}_R$	" " " " "" " " "	$\underline{xw}$
$\underline{dkzagv}_R$	Leistungs- " " " "" " " "	$\underline{v}$
$\underline{dkvzag}_R$	" " " " "" " " "	$\underline{zag}$
$\underline{dkdagv}_R$	Durchsatz- " " " "" " " "	$\underline{v}$
$\underline{dkvdag}_R$	" " " " "" " " "	$\underline{dag}$
$\underline{dkv}_R$	Richtkosten-" " " " "	$\underline{v}$

3. Beschäftigungs-Abw. (Norm-Abw.)

$\underline{db^*}_R$ Besch.Abw. (mengenmäßig) der Verarb.kosten $\underline{v}$ je Komp. des Vektors $\underline{pnh}$
$\underline{dkv}_B$ "   (wertmäßig)   "   "   " "   "   "   " $\underline{v}$
$\underline{dkvpnh}_B$ "   "   "   "   " "   "   "   " $\underline{pnh}$

4. Einsatzkosten-Abw. (Richt- und Zwischen-Abw.)

$\underline{dkde}_R$ direkte   Abw. der Einsatzstoffe $\underline{e}$ je Komp. des Vektors $\underline{e}$
$\underline{dkxwe}_R$ Ausbringens "   "   "   " "   "   "   " $\underline{e}$
$\underline{dkexw}_R$ "   "   "   "   " "   "   "   " $\underline{xw}$

5. Gutschriften-Abw. (Richt- und Zwischen-Abw.)

$\underline{dtdk}_R$ direkte   Abw. der Rest- und Ausfallstoffe $\underline{k}$ je Komp. des Vektors $\underline{k}$
$\underline{dtxwk}_R$ Ausbringens "   "   "   "   "   " "   "   "   " $\underline{k}$
$\underline{dtkxw}_R$ "   "   "   "   "   "   " "   "   "   " $\underline{xw}$

Schema X   –   Originäre Absatzstruktur

Vorgabegrößen

$\underline{xad}$ Absatzmengenvorgaben
$\underline{oe}$ Gesamtwirtschaftliche (exogene) Einflußgrößen
$\underline{pa}$ Preise bzw. Nettoerlöse der Erzeugnisse

Zwischengrößen (abhg. Größen)

$\underline{x\bullet e}$ Absatzmengen je Gesamtmarkt
$\underline{xa}$ "   " Teilmarkt

Schema XI   –   Konzentrierte Absatzstruktur

- Vorgabe- und abhg. Größen wie in Schema X nach Elimination der Zwischengrößen

---

Schema XII   –   System der absatzorientierten Abweichungsanalyse
                      (Richt/Ist-Vergleich)

- Einflußgrößen wie in Schema X
- Indizes R = Richt, I = Ist, o = originär

Abweichungen

1. Originäre Abw. (mengenmäßig)

$\underline{dx\bullet e}_o$ originäre Abw. der Absatzmengen je Gesamtmarkt $\underline{x\bullet e}$
$\underline{dxa}_o$ "   "   "   "   " Teilmarkt $\underline{xa}$

2. Erlös-Abw. (Richt- und Zwischen-Abw.)

$\underline{dudxa}_R$ direkte Abw. der Absatzmengen $\underline{xa}$ je Komp. des Vektors $\underline{xa}$
$\underline{dux\bullet exa}_R$ Prognose-   "   "   "   " " "   "   " $\underline{xa}$
$\underline{duxax\bullet e}_R$ "   "   "   "   " " "   "   " $\underline{x\bullet e}$
$\underline{du}_R$ Richterlös- "   "   "   " " "   "   " $\underline{xa}$

Schema XIIIa   -   Integrierte Betriebs- und Absatzstruktur

- Vorgabe-, Zwischen- und abhg. Größen wie in Schemata I und X

Schema XIIIb   -   Integrierte Betriebs- und Absatzstruktur
                     (mit zugerechneten Kostenarten, Einsatz-,
                     Rest- und Ausfallstoffen unter Berücksichti-
                     gung ganzzahliger Walzlose)

- Einfluß- und Zielgrößen wie in Schema XIIIa nach teilweiser Elimination der Zwischengrößen und unter Berücksichtigung ganzzahliger Walzlose $\underline{ae}$
- Kostensätze wie in Schema II

Kostensätze (zusätzlich)

$\underline{clxp}$ Kostensätze der zurechenbaren Kosten je Komp. des Vektors $\underline{xp}$
$\underline{clxa}$ "   "   "   "   "   "   " $\underline{xa}$
Clvh   Kostensatz   "   Verarbeitungskosten $\underline{v}$

Deckungsbeitragssätze

$\underline{glxa}$ Deckungsbeitragssätze der zurechenbaren Erlöse und Kosten je Komp. des Vektors $\underline{xa}$

Schema XIIIc   -   Integrierte Betriebs- und Absatzstruktur

- Vorgabe-, Zwischen- und Zielgrößen wie in Schema XIIIb nach Elimination der Vorgabegrößen $\underline{ae}$ und Komposition der Vektoren $\underline{pl}$, h, $\underline{nd}$ zu $\underline{pnh}$.

Schema XIV   -   Integrierte Betriebs- und Absatzstruktur
                   (mit Erfolgsanalyse)

- Einfluß- und Zielgrößen wie in Schema XIIIc
- Kostensätze wie in Schemata IV oder V

Kostensätze (zusätzlich)

$\underline{cxa}$ Kostensätze der "bedingt" zurechenbaren Kosten   je Komp. des Vektors $\underline{xa}$
$\underline{cpvxa}$ "   "   zugeschlüsselten Verarb.kosten $\underline{v}$ "   "   "   "   "
$\underline{ctvxa}$ "   "   zurechenbaren und   "   "   "   "   "   "
                                 zugeschlüsselten

Deckungsbeitragssätze

$\underline{gxa}$ Deckungs-   der zurechenbaren Erlöse und   je Komp. des Vektors $\underline{xa}$
                     beitragssätze   bedingt zurechenbaren Kosten

Fabrikateerfolgssätze

$\underline{gtxa}$ Fabrikate-   je Komp. des Vektors $\underline{xa}$
                      erfolgssätze

<u>Schema XV</u> - <u>Fabrikateerfolgssystem</u>

- Einfluß- und Zielgrößen wie in Schemata XIIIc nach Ersetzen von <u>pnh</u> durch <u>bq</u>* - <u>db</u>*
  und Annahme <u>db</u>* = <u>o</u> (vgl. auch Schema VII)
- Fabrikateerfolgssätze wie in Schema XIV

<u>Kostensätze</u>

<u>ctxa</u>   Vollkostensätze   je Komp. des Vektors <u>xa</u>

<u>Schema XVI</u> - <u>Strukturmatrix für Optimierungsrechnungen</u>
                    (ohne Losgrößenbedingungen)

- Variable wie Einfluß- bzw. Zielgrößen in Schema XIV
- Koeffizienten der Zielfunktion wie   "   "   ʼ:

<u>Schema XVII</u> - <u>Strukturmatrix für Optimierungsrechnungen</u>
                    (mit Losgrößenbedingungen)

- Variable wie Einfluß- bzw. Zielgrößen in Schema XIIb
- Koeffizienten der Zielfunktion wie ·   "   ʟ   "

<u>Schema XVIII</u> - <u>Strukturmatrix für Optimierungsrechnungen</u>
                     <u>bei Mehrperiodenplanung</u>
                     (mit Losgrößen- und Lagerbedingungen)

- Variable wie in Schema XVII für jede Periode einschließlich variabler Größen für den
  Lageranfangs- und Lagerendbestand <u>la</u> bzw. <u>le</u> je Erzeugnis und Periode

- Koeffizienten der Zielfunktion wie in Schema XVII für jede Periode einschließlich variabler
  Verrechnungspreise <u>cla</u> und <u>cle</u> für die Bewertung des Lageranfangs- und Lagerendbestandes
  je Erzeugnis und Periode

Erläuterungen

Bilder 9 - 14:   Verarbeitungskostenmatrizen

(Herleitung der Kosteneinflußgrößen $\underline{y}$ als Summengrößen der in der Werkstoff- und Leistungsrechnung ermittelten Größen)

I. Definitionen

$\underline{B}_{y/dag}$ Bündelmatrix der Arbeitsgang-mengen des Adjustagebetr. m.d.Sum. ü. Profil(P), Abm.gr.(AG) "Arb.gang"(ABG)

$\underline{B}_{y/zag}$ " " Arbeitsgang-zeiten " " " " " " "

$\underline{B}_{y/xw}$ " " Walzerzeug-nismengen " Walzbetriebes Profil(P), Abm.gr.(AG), Qual.gr.(QG)

$\underline{B}_{y/zl}$ " " losgrößenabhg. Zeiten " "

$\underline{B}_{y/zw}$ " " Walzzeiten " " " " " " "

$\underline{B}_{y/zzw}$ " " Unterbre-chungszeiten " " " " " " "

$\underline{R}_{y/pl}$ Koeffizienten " Vorgabezeiten " Feinstahlwalzwerkes i.d.Dim. (h/PL)

$\underline{R}_{y/ewb}$ " " leistungsabhg. Walzstromverbr. " Walzbetriebes " " " (Kwh/t)

$\underline{R}_{y/ae}$ " " einbaufixen Walzenkosten " " " " " (DM/EB)

II. Umformungen

$$\underline{y} = \underline{R}_{y/pl}\,\underline{pl} + \underline{B}_{y/dag}\,\underline{dag} + \underline{B}_{y/zag}\,\underline{zag} + \underline{B}_{y/xw}\,\underline{xw}$$

$$+ \underline{R}_{y/ewb}\,\underline{ewb} + \underline{R}_{y/ae}\,\underline{ae} + \underline{B}_{y/zl}\,\underline{zl} + \underline{B}_{y/zw}\,\underline{zw}$$

$$+ \underline{B}_{y/zzw}\,\underline{zzw}$$

mit

$$y_{(\underline{dagb})} = \frac{B}{y/dag}\ \underline{dag} \qquad \text{AB-Durchsatzmengen} \qquad y_{1\ldots 6}$$

$$y_{(XW)} = \frac{B}{y/xw}\ \underline{\underline{xw}} \qquad \text{WB-Erzeugnismenge} \qquad y_7$$

$$y_{(XWH)} = \frac{B}{y/xw}\ \underline{xw} \qquad \text{WB-Haspelerzeugnismenge} \qquad y_8$$

$$y_{(EW)} = \frac{R}{y/ewb}\ \underline{ewb} \qquad \text{WB-Einsatzmenge} \qquad y_9$$

$$*\quad y_{(WSTR)} = \frac{R}{y/ewb}\ \underline{ewb} \qquad \text{leistungsabh. Walzstrom} \qquad y_{10}$$
$$= \frac{r'}{v}_{(18,WS)}/ewb$$

$$**\quad y_{(WK)} = \frac{R}{y/ae}\ \underline{ae} \qquad \text{einbaufixe Walzenkosten} \qquad y_{11}$$
$$= \frac{pv'}{v}_{(23,WS)}/ae$$

$$y_{(\underline{zagb})} = \frac{B}{y/zag}\ \underline{zag} \qquad \text{AB-Arbeitsgangzeiten} \qquad y_{12\ldots 17}$$

$$y_{(ZW)} = \frac{B}{y/zw}\ \underline{zw} \qquad \text{Walzzeit} \qquad y_{18}$$

$$y_{(ZZW)} = \frac{B}{y/zzw}\ \underline{zzw} \qquad \text{Unterbrechungszeit} \qquad y_{19}$$

$$y_{(\underline{zlb})} = \frac{B}{y/zl}\ \underline{zl} \qquad \text{losabhängige Zeiten:} \qquad y_{20\ldots 23}$$

losabhängige Zeiten:
Einbauzeit (EBZ)
Umbauzeit (UBZ)
Umstellzeit (USZ)

---

* Vgl. S.75/76, Text.
** Vgl. S.78, Text.

$$\underline{Y}_{(BZWB)} = \underline{\frac{B}{y/zl}}\ \underline{zl} + \underline{\frac{B}{y/zw}}\ \underline{zw} \qquad \text{Betriebszeit} \qquad\qquad y_{24}$$
$$+ \underline{\frac{B}{y/zzw}}\ \underline{zzw} \qquad\qquad \text{Walzbetrieb}$$

$$* \ \underline{Y}_{(KZ)} \quad = \underline{\frac{R}{y/pl}}\ \underline{pl} \qquad\qquad \text{Kalenderzeit} \qquad\qquad y_{25}$$

$$* \ \underline{Y}_{(GRZ)} \quad = \underline{\frac{R}{y/pl}}\ \underline{pl} \qquad\qquad \text{Gesetzliche Ruhezeit} \qquad y_{26}$$

$$* \ \underline{Y}_{(CZ)} \quad = \underline{\frac{R}{y/pl}}\ \underline{pl} \qquad\qquad \text{Reparaturzeiten} \qquad\qquad y_{27}$$

$$* \ \underline{Y}_{(PSZ)} \quad = \underline{\frac{R}{y/pl}}\ \underline{pl} \qquad\qquad \text{Stillstandzeit} \qquad\qquad y_{28}$$

$$* \ \underline{Y}_{(AZ)} \quad = \underline{\frac{R}{y/pl}}\ \underline{pl} \qquad\qquad \text{Betriebszeit} \qquad\qquad y_{29}$$
$$\textbf{Arm. Werkstatt}$$

$$* \ \underline{Y}_{(MK)} \quad = \underline{\frac{R}{y/pl}}\ \underline{pl} \qquad\qquad \text{Monatskosinus} \qquad\qquad y_{30}$$

---

* Vgl. S.72, Text, Fußnote 150) / $\underline{Y}_{(zv)} = \underline{\frac{R}{y/pl}}\ \underline{pl}$

<u>Zahlenbeispiel zur Erläuterung der EVOP-Methode</u>

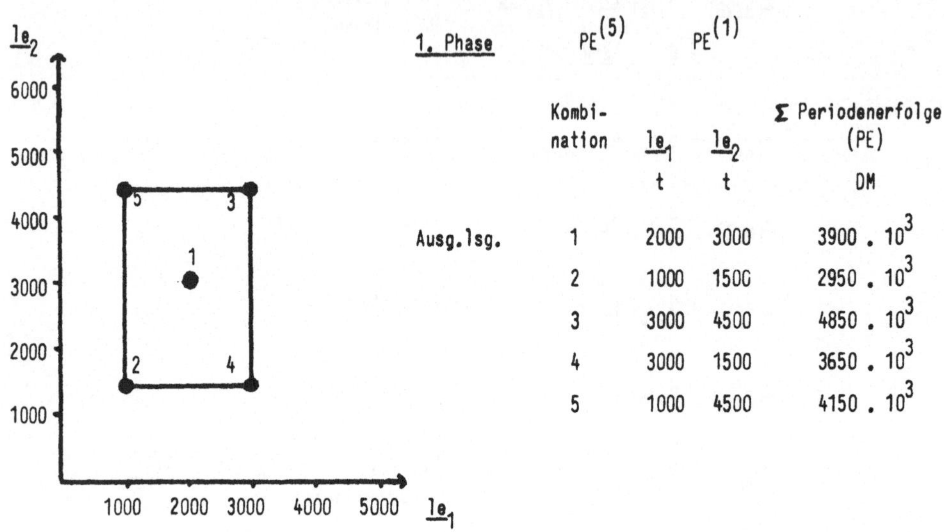

1. Phase $PE^{(5)}$ $PE^{(1)}$

Kombi-nation	$\underline{le}_1$	$\underline{le}_2$	Σ Periodenerfolge (PE)
	t	t	DM
Ausg.lsg. 1	2000	3000	$3900 \cdot 10^3$
2	1000	1500	$2950 \cdot 10^3$
3	3000	4500	$4850 \cdot 10^3$
4	3000	1500	$3650 \cdot 10^3$
5	1000	4500	$4150 \cdot 10^3$

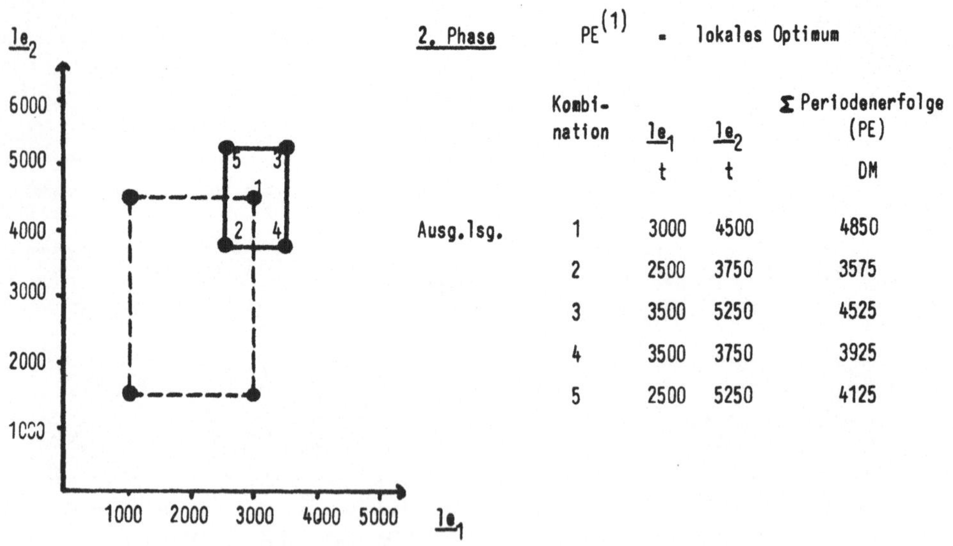

2. Phase $PE^{(1)}$ = lokales Optimum

Kombi-nation	$\underline{le}_1$	$\underline{le}_2$	Σ Periodenerfolge (PE)
	t	t	DM
Ausg.lsg. 1	3000	4500	4850
2	2500	3750	3575
3	3500	5250	4525
4	3500	3750	3925
5	2500	5250	4125

218

Anhang II

Abbildungen

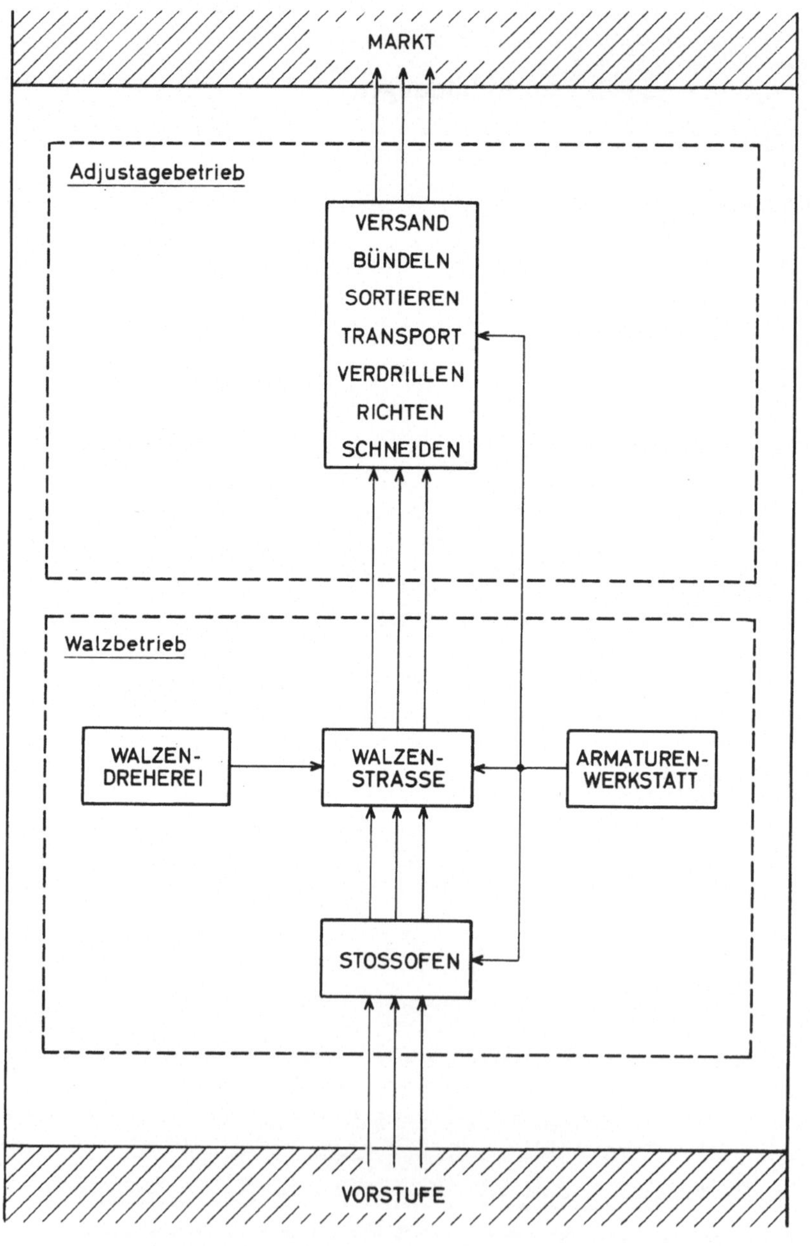

Bild 1

Stofffluß des Feinstahlwalzwerkes

MARKT

Adjustagebetrieb

VERSAND
BÜNDELN
SORTIEREN
TRANSPORT
VERDRILLEN
RICHTEN
SCHNEIDEN

Walzbetrieb

WALZEN-
DREHEREI

WALZEN-
STRASSE

ARMATUREN-
WERKSTATT

STOSSOFEN

VORSTUFE

Bild 2
Bauplan und Kaliberaufteilung der Walzen für Kaliberfolge 32,7–40mm Rundstahl

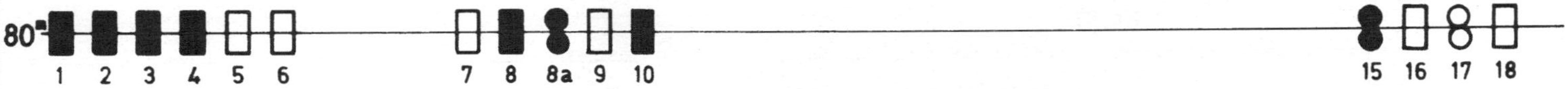

Walz-gerüst	Kal.-Form	Walz-spalt	32 7	33 2	34	35	35 7	37	38	39	40	Kal.-Zahl
							Abgang Vorstraße 45°					
7												
8		4	2 Kal. 64 · 47				2 Kal. 72 · 53,4			ausbauen		4
8a		4	2 Kal. 39°				2 Kal. 42°			ausbauen		4
9												
10		2,5	1 Kal. 48,5·29,4	1 Kal. 50,0·29,4	1 Kal. 49,6·31,8		2 Kal. 51,5·32,4			2 Kal. 53,6·34,3	1 Kal. 55,6·36,2	8
15		2,5	1 Kal. 33,1	1 Kal. 33,7	1 Kal. 34,5	1 Kal. 35,5	1 Kal. 36,2	1 Kal. 37,6	1 Kal. 38,6	1 Kal. 39,6	1 Kal. 40,6	9

Bild 3

xp
(111) (112) · · · (411) (412) (413) · · · · · (947)
xw
(111) (112) (411) (412) (413) (947)
1
1
1.025
1.023
1.026
1
R xw/xp
AB/Einsatzmatrix
xw
(111) (112) (113) (114) (115) · · · · · · · (947)
ew
(111) (112) (113) (114) (115) (947)
1.054
1.043
1.043
1.054
1.054
1.05
R ew/xw
WB/Einsatzmatrix

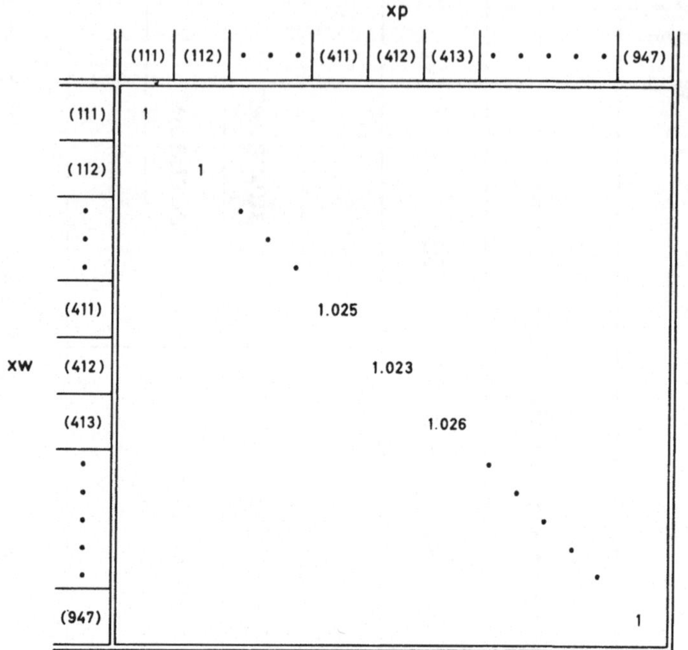

Bild 4

xp
(111) (112) (113) (114) • • • (611) (612) • • (947)
k
(1) • • • 0.015 0.015 • •
(2) • • • 0.007 0.007 • •
(3) • • • • •
(4) • • • 0.005 0.005 • •
(5) • • • • •
R k/xp
AB/Rest-und Ausfall-stoffmatrix
xw
(111) (112) (113) (114) • • • (611) (612) • • (947)
k
(1) 0.004 0.004 0.004 0.004 • • • 0.003 0.003 • •
(2) • • • 0.005 0.005 • •
(3) 0.013 0.013 0.013 0.013 • • • 0.013 0.013 • •
(4) • • • 0.029 0.043 • • 0.036
(5) • • • • •
R k/xw
WB/Rest-und Ausfall-stoffmatrix

Bild 5

dag
(111) (121) (131) • • • (1 15 1) (112) (122) (132) • • • (9 10 6)
zag
(111) 0.294
(121) 0.250
(131) 0.276
(1 15 1) 0.265
(112) 0.555
(122) 0.833
(132) 1.1
(9 10 6) 0.77
R zag/dag
AB / Arbeitsgangzeit-matrix

ewb
(11) (12) (13) (14) (15) (16) (17) • • (94)
zw
(11) 0.0250
(12) 0.0208
(13) 0.0175
(14) 0.0133
(15) 0.0318
(16) 0.0262
(17) 0.0213
(94) 0.0163
R zw/ewb
Walzzeitmatrix

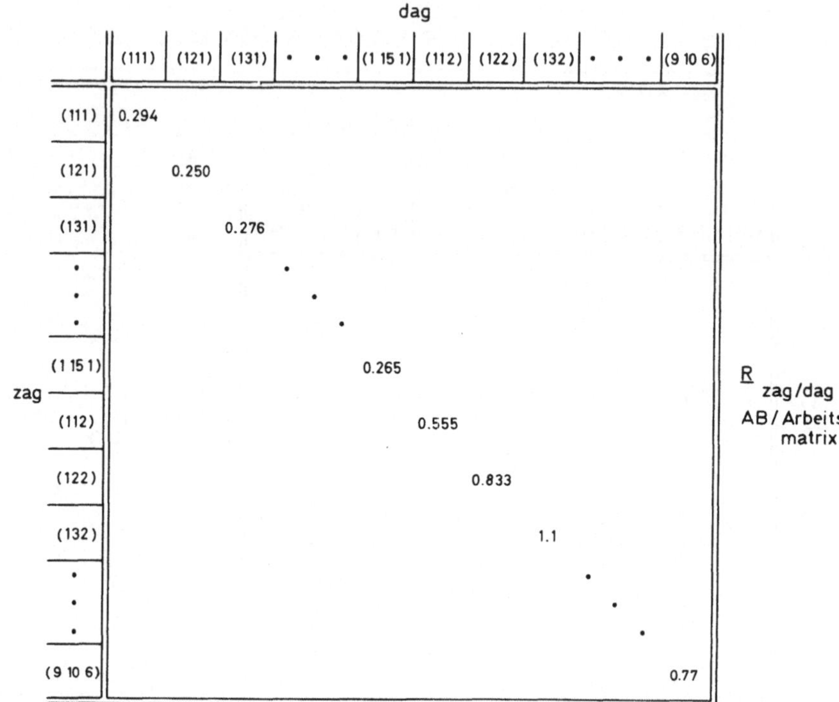

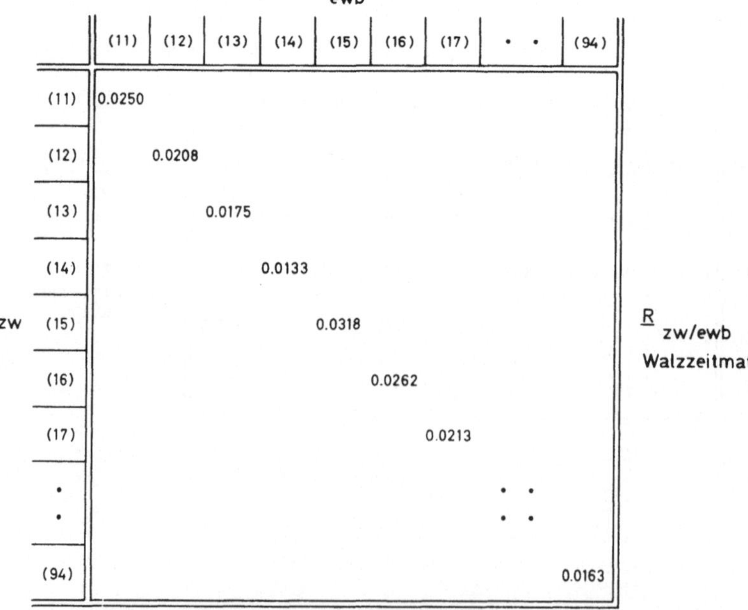

Bild 6

xl
(1) (2) (34) (40)
h
(1)
(101) 2.94 2.94 2.94
(112) 10.9
(113) 14.5 14.5
(117) 20.1
(118) 68.5
(118) 0.3
(218) 55.0
(218) 0.3
ae
(3109) 13.9
(3110) 13.9
(3115) 37.8
(3116) 37.8
(3117) 37.8
(3118) 39.2
(3118) 0.5
(4018) 37.5
(4018) 0.4
(101)
(112)
(113)
(117)
(118)
(218)
(3109)
(3110)
(3115)
(3116)
(3117)
(3118)
(4018)
Skalierung der Koeffizienten mit 10^{-5}
$\underline{R}_{ae/xl}$
Verschleißmatrix
$\underline{r}_{ae/h}$
Walzenausnutzungsvektor

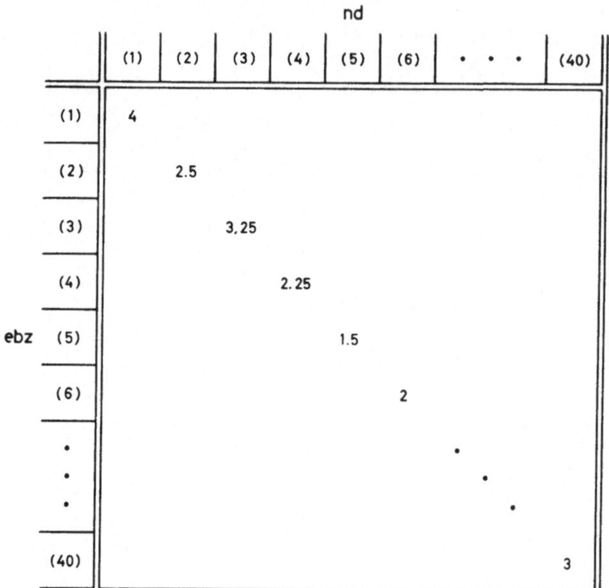

Bild 7
nd
(1) (2) (3) (4) (5) (6) · · · (40)
ebz
(1) 4
(2) 2.5
(3) 3,25
(4) 2.25
(5) 1.5
(6) 2
(40) 3
R ebz/nd
Einbauzeitmatrix
ae
(101) · · (118) · · (218) (318) (428) · · (3018) · · (4018)
ubz
(1) 1.733 1.733
(2) 1.215 1.215
(3) 1.650 · ·
(40) 0.405
R ubz/ae
Umbauzeitmatrix
h
(1)
(1) -1.733
(2) -1.215
(3) -1.650
(40) 0.405
r ubz/h
Korrektur-Umbauzeitmatrix

Bild 8

Bild 8
ae
(101) · · (118) · · (218) (318) (428) · · (30 18) · · (40 18)
usz
(1) 0.5 0.5
(2) 0.75 0.75
(3) 0.45
(40) 0.75
$\underline{R}_{usz/ae}$ Umstellzeitmatrix
ae
(101) · · (118) · · (218) (318) (428) · · (30 18) · · (40 18)
dz
(101) 9
(118) 20
(218) 20
(318) 16
(428) 15
(30 18) 14
(40 18) 12.5
$\underline{R}_{dz/ae}$ Drehzeitmatrix
ae
(101) · · (118) · · (218) (318) (428) · · (30 18) · · (40 18)
WK (1) 1350 · · 435 · · 435 435 450 · · 330 · · 1240
$\underline{pv}'_{WK/ae}$ Preisvektor Walzenkosten

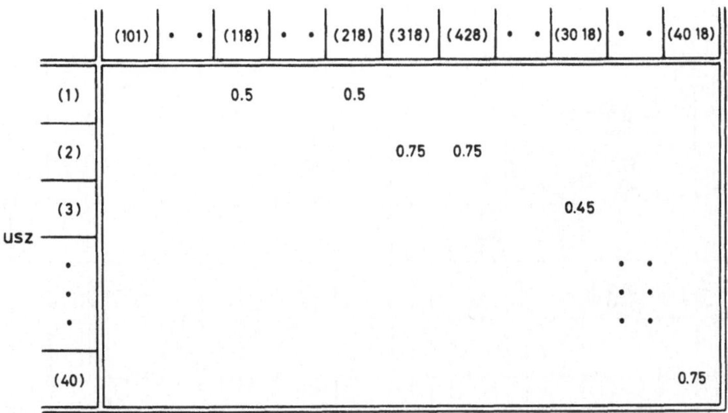

Verarbeitungskostenmatrix

Bild 9

Betrieb: Feinstahlwalzwerk

Kostenstelle: Stoßofen (SO)

Einflußgrößen — Mengen | Zeiten (abhängige Zeiten | Vorgabezeiten)

Gruppe	Preise DM	V	Kostenarten	Dim.	dagb $y_{1...6}$ (t)	XW y_7 (t)	XWH y_8 (t)	EW y_9 (t)	WSTR y_{10} (Kwh)	WK y_{11} (DM)	zagb $y_{12...17}$ (Lh)	ZW y_{18} (h)	ZZW y_{19} (h)	zlb $y_{20...23}$ (h)	BZWB y_{24} (h)	KZ y_{25} (h)	GRZ y_{26} (h)	CZ y_{27} (h)	PSZ y_{28} (h)	AZ y_{29} (h)	MK y_{30} (1)	PL (1)
Personalkosten	5.70	1	Betr. Löhne eig. Betrieb.	Lh											9.95		1.48		1.48			
	5.70	2	Mehrarbeitszuschl. " "	Lh											0.403			1.976				
	4.20	3	Sonst. Zuschl. Tariflohn " "	Lh											1.535		0.0561	0.985	0.0561			
	5.70	4	Sonst. Zusohl. Ecklohn " "	Lh											0.086		0.00122		0.00122			
	5.20	5	Betr. Löhne and. Betrieb.	Lh											1.27							
	5.20	6	Mehrarbeitszuschl. " "	Lh											0.145							
	4.20	7	Sonst. Zuschl. Tariflohn " "	Lh											0.505							
	5.20	8	Sonst. Zuschl. Ecklohn " "	Lh											0.0289							
	5.70	9	Reparaturlöhne	Lh														6.59				
	1	10	Urlaub-u. Arbeitsverhinderung	DM											8.86		1.321	5.89	1.321			
	1	11	Lohnähnl. Aufwendungen	DM											6.45		0.959	4.285	0.959			
	1	12	Ges. Soz. Abg. für Lohnempfänger	DM											9.98		1.465	6.661	1.465			
	1	13	Gehälter	DM																		
	1	14	Gehaltähnl. Aufwendungen	DM																		
	1	15	Ges. Soz. Abg. für Gehaltsempfänger	DM																		
	1	16	Sonst. soz. Aufwendungen	DM											1.33		0.198	0.863	0.198			
Brennstoffe u. Energie	12.-	17	Hochofengas	10^3 Nm³				0.3298						r'		1.4279						
	0.073	18	Kraftstrom	Kwh				0.4799								109.24						
	0.073	19	Lichtstrom	Kwh																		
	311.-	20	Reinwasser	10^3 Nm³																		
	111.-	21	Brauchwasser	10^3 Nm³																		
	9.50	22	Druckluft	10^3 Nm³																		
Werks- u. geräte	1	23	Werksgeräte-Verbrauch	DM																		
	1	24	Werksgeräte-Bearbeitung	DM																		
	1	25	Werkzeuge	DM																		
Hilfs-u. Betr. stoffe	1	26	Betriebsstoffe allg.	DM																		
	1	27	Betriebsstoffe spez.	DM											0.552							650
	1	28	Verpackungsstoffe	DM																		
Andere Betriebskosten	1	29	Betr. u. Geschäfts-Ausstattung	DM																		
	1	30	Werksbahn	DM																		600
	1	31	Sonst. i.w. Transportkosten	DM											1.56							
	1	32	Transportnebenkosten	DM																		
	1	33	Betriebssammelkosten	DM																		
	1	34	Proben, Analysen, Abnahmen	DM																		
Kosten der Erhaltung	1	35	Fremdleistungen	DM																		
	16.-	36	Elektrotechn. Erhaltung	Lh											0.52							800
	15.-	37	Bautechn. "	Lh											0.75							
	18.-	38	Mechanische "	Lh											0.69							
	1	39	Reserveteile	DM											6.15							
	1	40	Reparaturstoffe	DM											2.94							
Kap.-dienst	1	41	Kalk. Abschreibungen	DM																		
	1	42	Kalk. Zinsen	DM																		18800
Überbetr. Kosten	1	43	Werksdienst	DM																		34300
	1	44	Sozialdienst	DM																		
	1	45	Verwaltungsdienst	DM																		
	1	46	Betr. Steuern und Abg.	DM																		
	1	47	Montanunionumlage	DM																		

Betrieb: Feinstahlwalzwerk
Kostenstelle: Walzenstraße (WS)

Einflußgrößen — Mengen / Zeiten (abhängige Zeiten, Vorgabezeiten)

Gruppe	Preise DM	V	Kostenarten	Dim.	dagb	XW	XWH	EW	WSTR	WK	zagb	ZW	ZZW	zlb	BZWB	KZ	GRZ	CZ	PSZ	AZ	MK	PL
					$y_{1\ldots6}$	y_7	y_8	y_9	y_{10}	y_{11}	$y_{12\ldots17}$	y_{18}	y_{19}	$y_{20\ldots23}$	y_{24}	y_{25}	y_{26}	y_{27}	y_{28}	y_{29}	y_{30}	
					t	t	t	t	Kwh	DM	Lh	h	h	h	h	h	h	h	h	h	1.	1
Personalkosten	5.70	1	Betr. Löhne eig. Betrieb.	Lh											19.85							
	5.70	2	Mehrarbeitszuschl. " "	Lh											1.085			4.045				
	4.20	3	Sonst. Zuschl. Tariflohn " "	Lh											4.125			2.121				
	5.70	4	Sonst. Zuschl. Ecklohn " "	Lh											0.216							
	5.20	5	Betr. Löhne and. Betrieb.	Lh											6.65							
	5.20	6	Mehrarbeitszuschl. " "	Lh											0.385							
	4.20	7	Sonst. Zuschl. Tariflohn " "	Lh											0.0061							
	5.20	8	Sonst. Zuschl. Ecklohn " "	Lh											1.075							
	5.70	9	Reparaturlöhne	Lh														13.51				
	1	10	Urlaub u. Arbeitsverhinderung	DM											22.02			14.92				
	1	11	Lohnähnl. Aufwendungen	DM											15.67			10.65				
	1	12	Ges. Soz. Abg. für Lohnempfänger	DM											19.06			12.99				
	1	13	Gehälter	DM																		
	1	14	Gehaltähnl. Aufwendungen	DM																		
	1	15	Ges. Soz. Abg. für Gehaltsempfänger	DM																		
	1	16	Sonst. soz. Aufwendungen	DM											2.46			1.675				
Brennstoffe u. Energie	12.-	17	Hochofengas	10³ Nm³																		
	0.073	18	Kraftstrom	Kwh			2.899		1					r'		43.85		110.23				
	0.073	19	Lichtstrom	Kwh																		
	311.-	20	Reinwasser	10³ Nm³																		
	111.-	21	Brauchwasser	10³ Nm³																		
	9.50	22	Druckluft	10³ Nm³																		
Werks-geräte	1	23	Werksgeräte-Verbrauch	DM						1												
	1	24	Werksgeräte-Bearbeitung	DM																		
	1	25	Werkzeuge	DM											1.39							
Hilfs-u. Betr. stoffe	1	26	Betriebsstoffe allg.	DM																		10050
	1	27	Betriebsstoffe spez.	DM											3.83							
	1	28	Verpackungsstoffe	DM																		
Andere Betriebskosten	1	29	Betr. u. Geschäfts-Ausstattung	DM																		3500
	1	30	Werksbahn	DM				0.2163														
	1	31	Sonst. i.w. Transportkosten	DM											3.95							
	1	32	Transportnebenkoster	DM																		
	1	33	Betriebssammelkosten	DM																		
	1	34	Proben, Analysen, Abnahmen	DM																		
Kosten der Erhaltung	1	35	Fremdleistungen	DM																		1500
	16.-	36	Elektrotechn. Erhaltung	Lh											1.551							
	15.-	37	Bautechn. "	Lh											0.054							
	18.-	38	Mechanische "	Lh											0.121							
	1	39	Reserveteile	DM											35.22							
	1	40	Reparaturstoffe	DM											26.03							
Kap.-dienst	1	41	Kalk. Abschreibungen	DM																		188300
	1	42	Kalk. Zinsen	DM																		142150
Überbetr. Kosten	1	43	Werksdienst	DM																		
	1	44	Sozialdienst	DM																		
	1	45	Verwaltungsdienst	DM																		
	1	46	Betr. Steuern und Abg.	DM																		
	1	47	Montanunionumlage	DM		0.344																

Verarbeitungskostenmatrix

Betrieb: Feinstahlwalzwerk

Kostenstelle: Scherenanlage (SA)

Gruppe	Preise DM	V	Kostenarten	Dim.	dagb $y_{1..6}$ (t)	XW y_7 (t)	XWH y_8 (t)	EW y_9 (t)	WSTR y_{10} (Kwh)	WK y_{11} (DM)	zagb $y_{12..17}$ (Lh)	ZW y_{18} (h)	ZZW y_{19} (h)	zlb $y_{20..23}$ (h)	BZWB y_{24} (h)	KZ y_{25} (h)	GRZ y_{26} (h)	CZ y_{27} (h)	PSZ y_{28} (h)	AZ y_{29} (h)	MK y_{30} (1)	PL
Personalkosten	5.70	1	Betr. Löhne eig. Betrieb.	L'h							r'										1	1
	5.70	2	Mehrarbeitszuschl. „ „	Lh							r'											
	4.20	3	Sonst. Zuschl. Tariflohn „ „	Lh							r'											
	5.70	4	Sonst. Zuschl. Ecklohn „ „	Lh							r'											
	5.20	5	Betr. Löhne and. Betrieb.	Lh																		
	5.20	6	Mehrarbeitszuschl. „ „	Lh																		
	4.20	7	Sonst. Zuschl. Tariflohn „ „	Lh																		
	5.20	8	Sonst. Zuschl. Ecklohn „ „	Lh																		
	5.70	9	Reparaturlöhne	Lh																		
	1	10	Urlaub u. Arbeitsverhinderung	DM							r'											
	1	11	Lohnähnl. Aufwendungen	DM							r'											
	1	12	Ges. Soz. Abg. für Lohnempfänger	DM							r'											
	1	13	Gehälter	DM																		
	1	14	Gehaltähnl. Aufwendungen	DM																		
	1	15	Ges. Soz. Abg. für Gehaltsempfänger	DM																		
	1	16	Sonst. soz. Aufwendungen	DM							r'											
Brennstoffe u. Energie	12.–	17	Hochofengas	10^3 Nm³																		
	0.073	18	Kraftstrom	Kwh	r'																	
	0.073	19	Lichtstrom	Kwh																		
	311.–	20	Reinwasser	10^3 Nm³																		
	111.–	21	Brauchwasser	10^3 Nm³																		
	9.50	22	Druckluft	10^3 Nm³																		
Werks-geräte	1	23	Werksgeräte-Verbrauch	DM																		
	1	24	Werksgeräte-Bearbeitung	DM																		
	1	25	Werkzeuge	DM																		
Hilfs-u. Betr. stoffe	1	26	Betriebsstoffe allg.	DM																		
	1	27	Betriebsstoffe spez.	DM	r'																	6700
	1	28	Verpackungsstoffe	DM	r'																	
Andere Betriebskosten	1	29	Betr. u. Geschäfts-Ausstattung	DM																		
	1	30	Werksbahn	DM																		1250
	1	31	Sonst. i.w. Transportkosten	DM																		
	1	32	Transportnebenkosten	DM																		
	1	33	Betriebssammelkosten	DM																		
	1	34	Proben, Analysen, Abnahmen	DM																		
	1	35	Fremdleistungen	DM																		
Kosten der Erhaltung	16.–	36	Elektrotechn. Erhaltung	Lh																		
	15.–	37	Bautechn. „	Lh																		100
	18.–	38	Mechanische „	Lh																		
	1	39	Reserveteile	DM																		55
	1	40	Reparaturstoffe	DM																		1300
Kap.-dienst	1	41	Kalk. Abschreibungen	DM																		700
	1	42	Kalk. Zinsen	DM																		10400
Überbetr. Kosten	1	43	Werksdienst	DM																		4300
	1	44	Sozialdienst	DM																		
	1	45	Verwaltungsdienst	DM																		
	1	46	Betr. Steuern und Abg.	DM																		
	1	47	Montanunionumlage	DM																		

Verarbeitungskostenmatrix

Betrieb: Feinstahlwalzwerk
Kostenstelle: Walzendreherei (WD)

Preise DM	V	Kostenarten	Dim.	Mengen dagb y_1	XW y_7	XWH y_8	EW y_9	WSTR y_{10}	WK y_{11}	zagb $y_{12..17}$	ZW y_{18}	ZZW y_{19}	zlb $y_{20...23}$	BZWB y_{24}	KZ y_{25}	GRZ y_{26}	CZ y_{27}	PSZ y_{28}	AZ y_{29}	MK y_{30}	PL
				t	t	t	t	Kwh	DM	Lh	h	h	h	h	h	h	h	h	h	1	1
5.70	1	Betr. Löhne eig. Betrieb.	Lh										r'								
5.70.	2	Mehrarbeitszuschl. " "	Lh										r'								
4.20	3	Sonst. Zuschl. Tariflohr " "	Lh										r'								
5.70	4	Sonst. Zuschl. Ecklohn " "	Lh										r'								
5.20	5	Betr. Löhne and. Betrieb.	Lh																		
5.20	6	Mehrarbeitszuschl. " "	Lh																		
4.20	7	Sonst. Zuschl. Tariflohn " "	Lh																		
5.20	8	Sonst. Zuschl. Ecklohn " "	Lh																		
5.70	9	Reparaturlöhne	Lh																		
1	10	Urlaub u. Arbeitsverhinderung	DM										r'								
1	11	Lohnähnl. Aufwendungen	DM										r'								
1	12	Ges. Soz. Abg. für Lohnempfänger	DM										r'								
1	13	Gehälter	DM																		
1	14	Gehaltähnl. Aufwendungen	DM																		
1	15	Ges. Soz. Abg. für Gehaltsempfänger	DM																		
1	16	Sonst. soz. Aufwendungen	DM										r'								
12.–	17	Hochofengas	10^3 Nm³																		
0.073	18	Kraftstrom	Kwh										r'								
0.073	19	Lichtstrom	Kwh																		
311.–	20	Reinwasser	10^3 Nm³																		
111.–	21	Brauchwasser	10^3 Nm³																		
9.50	22	Druckluft	10^3 Nm³																		
1	23	Werksgeräte - Verbrauch	DM																		
1	24	Werksgeräte - Bearbeitung	DM																		
1	25	Werkzeuge	DM																		70
1	26	Betriebsstoffe allg.	DM																		
1	27	Betriebsstoffe spez.	DM																		
1	28	Verpackungsstoffe	DM																		50
1	29	Betr. u. Geschäfts - Ausstattung	DM																		
1	30	Werksbahn	DM																		600
1	31	Sonst. i.w. Transportkosten	DM																		
1	32	Transportnebenkosten	DM																		
1	33	Betriebssammelkosten	DM																		
1	34	Proben, Analysen, Abnahmen	DM																		
1	35	Fremdleistungen	DM																		15
16.–	36	Elektrotechn. Erhaltung	Lh																		
15.–	37	Bautechn. "	Lh																		
18.–	38	Mechanische "	Lh																		50
1	39	Reserveteile	DM																		
1	40	Reparaturstoffe	DM																		3900
1	41	Kalk. Abschreibungen	DM																		1850
1	42	Kalk. Zinsen	DM																		
1	43	Werksdienst	DM																		
1	44	Sozialdienst	DM																		
1	45	Verwaltungsdienst	DM																		
1	46	Betr. Steuern und Abg.	DM																		
1	47	Montanunionumlage	DM																		

Row groups (left margin): Personalkosten (1–16); Brennstoffe u. Energie (17–22); Werks-geräte (23–25); Hilfs- u. Betr. stoffe (26–28); Andere Betriebskosten (29–34); Kosten der Erhaltung (35–40); Kap.-dienst (41–42); Überbetr. Kosten (43–47).

Verarbeitungskostenmatrix

Bild 13

Betrieb: Feinstahlwalzwerk
Kostenstelle: Armaturenwerkstatt (AW)

	Preise DM	V	Kostenarten	Dim.	dagb y_1 6 (t)	XW y_7 (t)	XWH y_8 (t)	EW y_9 (t)	WSTR y_{10} (Kwh)	WK y_{11} (DM)	zagb $y_{12..17}$ (Lh)	ZW y_{18} (h)	ZZW y_{19} (h)	zlb $y_{20...23}$ (h)	BZWB y_{24} (h)	KZ y_{25} (h)	GRZ y_{26} (h)	CZ y_{27} (h)	PSZ y_{28} (h)	AZ y_{29} (h)	MK y_{30} (1)	PL (1)
Personalkosten	5.70	1	Betr Löhne eig. Betrieb.	Lh																		1
	5.70	2	Mehrarbeitszuschl. " "	Lh																8.75		
	4.20	3	Sonst Zuschl Tariflohn " "	Lh														0.705		0.3665		
	5.70	4	Sonst Zuschl Ecklohn " "	Lh														0.351		0.0615		
	5.20	5	Betr Löhne and. Betrieb.	Lh																0.861		
	5.20	6	Mehrarbeitszuschl. " "	Lh																		
	4.20	7	Sonst Zuschl Tariflohn " "	Lh																		
	5.20	8	Sonst Zuschl Ecklohn " "	Lh																		
	5.70	9	Reparaturlöhne	Lh																		
	1	10	Urlaub u Arbeitsverhinderung	DM														2.62				
	1	11	Lohnähnl Aufwendungen	DM														2.769		9.26		
	1	12	Ges Soz Abg für Lohnempfänger	DM														2.117		7.061		
	1	13	Gehälter	DM														2.68		8.98		
	1	14	Gehaltähnl Aufwendungen	DM																		
	1	15	Ges Soz Abg für Gehaltsempfänger	DM																		
	1	16	Sonst soz. Aufwendungen	DM														0.3495		1.168		
Brennstoffe u. Energie	12.-	17	Hochofengas	10^3 Nm³																		
	0.073	18	Kraftstrom	Kwh																		
	0.073	19	Lichtstrom	Kwh																52.15		
	311.-	20	Reinwasser	10^3 Nm³																		
	111.-	21	Brauchwasser	10^3 Nm³																		
	9.50	22	Druckluft	10^3 Nm³																		
Werks-geräte	1	23	Werksgeräte-Verbrauch	DM																		
	1	24	Werksgeräte-Bearbeitung	DM																		
	1	25	Werkzeuge	DM																1.495		
Hilfs-u. Betr. stoffe	1	26	Betriebsstoffe allg.	DM																		
	1	27	Betriebsstoffe spez.	DM																		100
	1	28	Verpackungsstoffe	DM																		
Andere Betriebskosten	1	29	Betr u. Geschäfts-Ausstattung	DM																		
	1	30	Werksbahn	DM																		60
	1	31	Sonst i w. Transportkosten	DM																		
	1	32	Transportnebenkosten	DM																		80
	1	33	Betriebssammelkosten	DM																		
	1	34	Proben, Analysen, Abnahmen	DM																		
	1	35	Fremdleistungen	DM																		
Kosten der Erhaltung	16.-	36	Elektrotechn Erhaltung	Lh																1.115		
	15.-	37	Bautechn "	Lh																		
	18.-	38	Mechanische "	Lh																		100
	1	39	Reserveteile	DM																		
	1	40	Reparaturstoffe	DM																0.48		
Kap.-dienst	1	41	Kalk Abschreibungen	DM																		950
	1	42	Kalk Zinsen	DM																		720
Überbetr Kosten	1	43	Werksdienst	DM																		
	1	44	Sozialdienst	DM																		
	1	45	Verwaltungsdienst	DM																		
	1	46	Betr Steuern und Abg.	DM																		
	1	47	Montanunionumlage	DM																		

Verarbeitungskostenmatrix

Betrieb: Feinstahlwalzwerk

Koštenstelle: Gem. Betriebskosten (GBK)

Gruppe	Preise DM	V	Kostenarten	Dim.	dagb $y_{1..6}$ t	XW y_7 t	XWH y_8 t	EW y_9 t	WSTR y_{10} Kwh	WK y_{11} DM	zagb $y_{12..17}$ Lh	ZW y_{18} h	ZZW y_{19} h	zlb $y_{20..23}$ h	BZWB y_{24} h	KZ y_{25} h	GRZ y_{26} h	CZ y_{27} h	PSZ y_{28} h	AZ y_{29} h	MK y_{30} 1	PL 1
Personalkosten	5.70	1	Betr. Löhne eig. Betrieb.	Lh																		1390
	5.70	2	Mehrarbeitszuschl. " "	Lh																		
	4.20	3	Sonst. Zuschl. Tariflohn " "	Lh																		65
	5.70	4	Sonst. Zuschl. Ecklohn " "	Lh																		50
	5.20	5	Betr. Löhne and. Betrieb.	Lh																		
	5.20	6	Mehrarbeitszuschl. " "	Lh																		
	4.20	7	Sonst. Zuschl. Tariflohn " "	Lh																		
	5.20	8	Sonst. Zuschl. Ecklohn " "	Lh																		
	5.70	9	Reparaturlöhne	Lh																		
	1	10	Urlaub u. Arbeitsverhinderung	DM																		960
	1	11	Lohnähnl. Aufwendungen	DM																		650
	1	12	Ges. Soz. Abg. für Lohnempfänger	DM																		550
	1	13	Gehälter	DM																		12000
	1	14	Gehaltähnl. Aufwendungen	DM																		1400
	1	15	Ges. Soz. Abg. für Gehaltsempfänger	DM																		2100
	1	16	Sonst. soz. Aufwendungen	DM																		
Brennstoffe u. Energie	12.-	17	Hochofengas	10^3 Nm^3																		
	0.073	18	Kraftstrom	Kwh																		
	0.073	19	Lichtstrom	Kwh												285.72					29.93	
	311.-	20	Reinwasser	10^3 Nm^3												0.0246						
	111.-	21	Brauchwasser	10^3 Nm^3								0.35002	0.5954	r'		0.6513						
	9.50	22	Druckluft	10^3 Nm^3																		1485
Werks-geräte	1	23	Werksgeräte - Verbrauch	DM																		
	1	24	Werksgeräte - Bearbeitung	DM																		
	1	25	Werkzeuge	DM																		60
Hilfs-u. Betr. stoffe	1	26	Betriebsstoffe allg.	DM																		690
	1	27	Betriebsstoffe spez.	DM																		2750
	1	28	Verpackungsstoffe	DM																		
Andere Betriebskosten	1	29	Betr. u. Geschäfts - Ausstattung	DM																		22500
	1	30	Werksbahn	DM				0.2163														
	1	31	Sonst. i.w. Transportkosten	DM																		
	1	32	Transportnebenkosten	DM																		
	1	33	Betriebssammelkosten	DM																		20000
	1	34	Proben, Analysen, Abnahmen	DM																		850
Kosten der Erhaltung	1	35	Fremdleistungen	DM																		
	16.-	36	Elektrotechn. Erhaltung	Lh																		100
	15.-	37	Bautechn. "	Lh																		60
	18.-	38	Mechanische "	Lh																		15
	1	39	Reserveteile	DM																		
	1	40	Reparaturstoffe	DM																		
Kap.-dienst	1	41	Kalk. Abschreibungen	DM																		50000
	1	42	Kalk. Zinsen	DM																		61000
Überbetr. Kosten	1	43	Werksdienst	DM																		192800
	1	44	Sozialdienst	DM																		9650
	1	45	Verwaltungsdienst	DM																		44600
	1	46	Betr. Steuern und Abg.	DM																		43350
	1	47	Montanunionumlage	DM																		

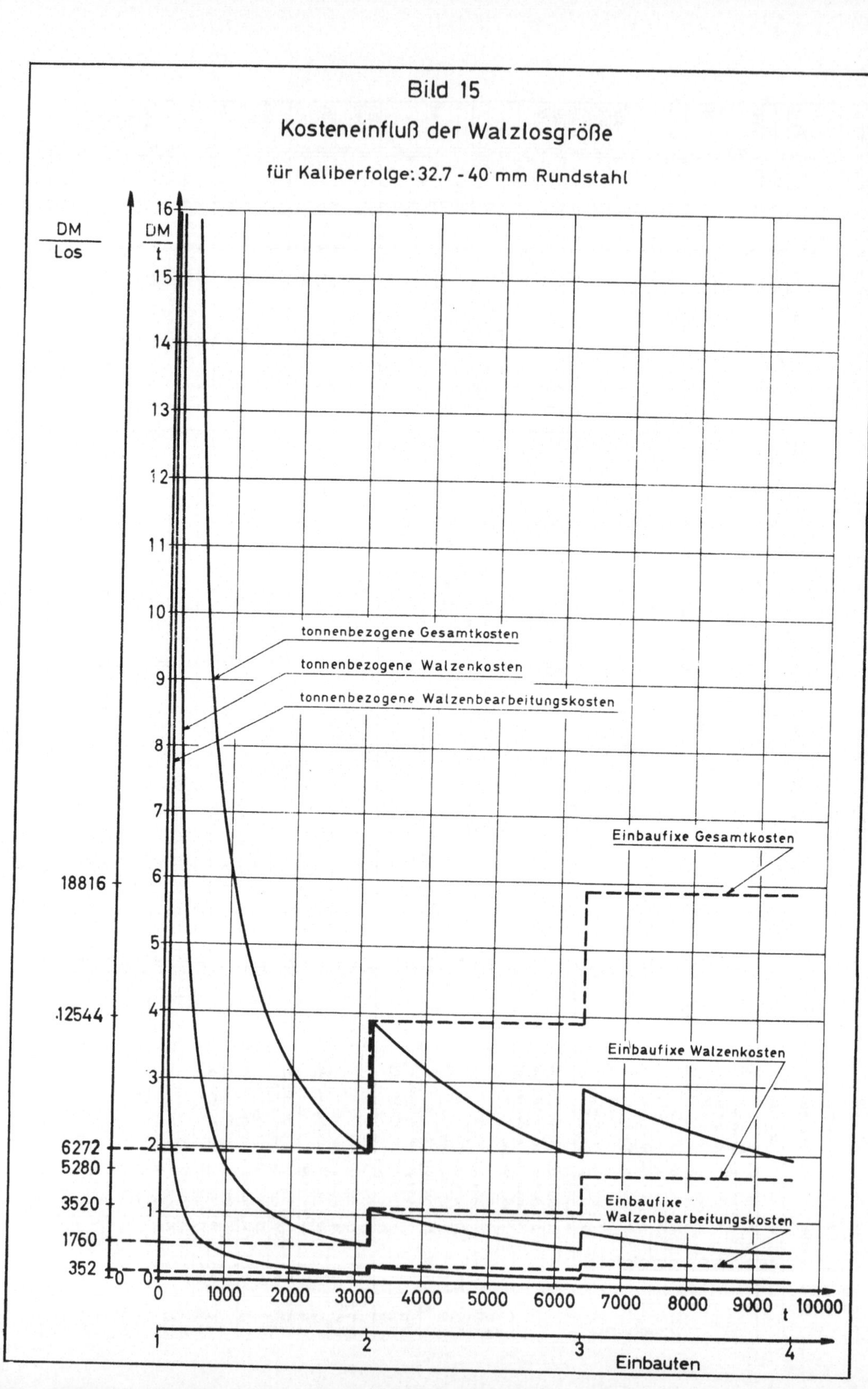

Bild 15
Kosteneinfluß der Walzlosgröße
für Kaliberfolge: 32.7 - 40 mm Rundstahl
DM/Los
DM/t
tonnenbezogene Gesamtkosten
tonnenbezogene Walzenkosten
tonnenbezogene Walzenbearbeitungskosten
Einbaufixe Gesamtkosten
Einbaufixe Walzenkosten
Einbaufixe Walzenbearbeitungskosten
18816
12544
6272
5280
3520
1760
352
t
Einbauten

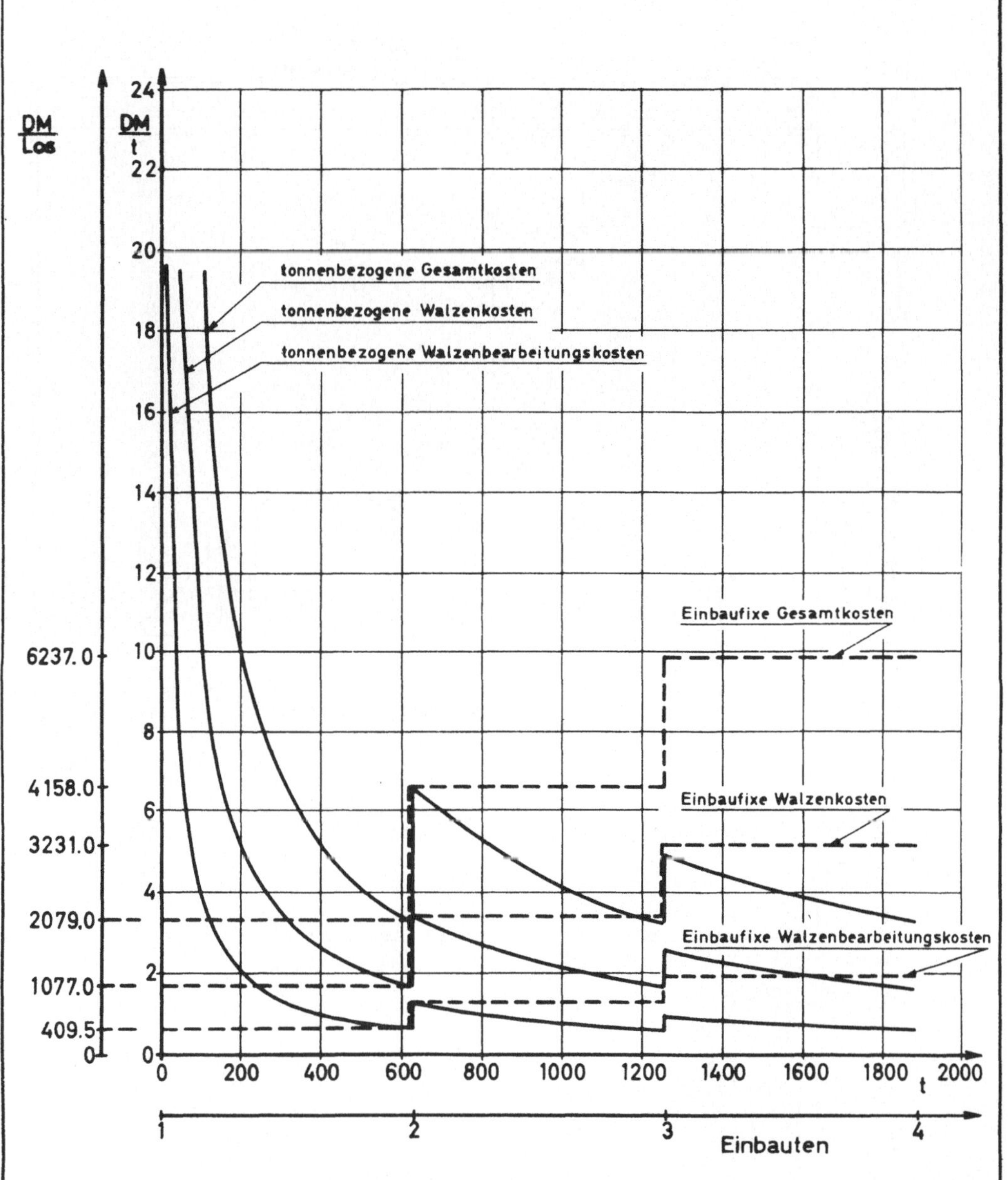

Bild 16
Kosteneinfluß der Walzlosgröße
für Kaliberfolge: 19.1×3.2 - 20×3mm Winkelstahl
DM/Los
DM/t
tonnenbezogene Gesamtkosten
tonnenbezogene Walzenkosten
tonnenbezogene Walzenbearbeitungskosten
Einbaufixe Gesamtkosten
Einbaufixe Walzenkosten
Einbaufixe Walzenbearbeitungskosten
6237.0
4158.0
3231.0
2079.0
1077.0
409.5
0
t
Einbauten

Schema I

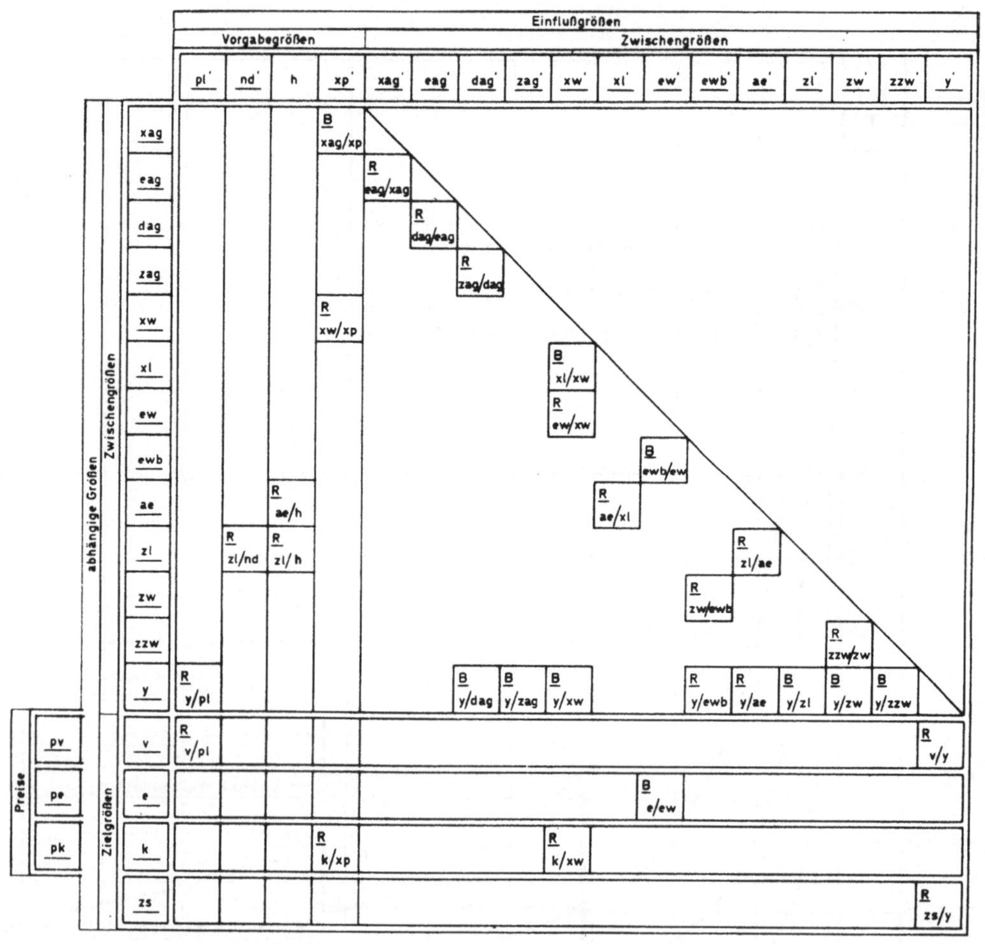

Originäre Betriebsstruktur

Schema II

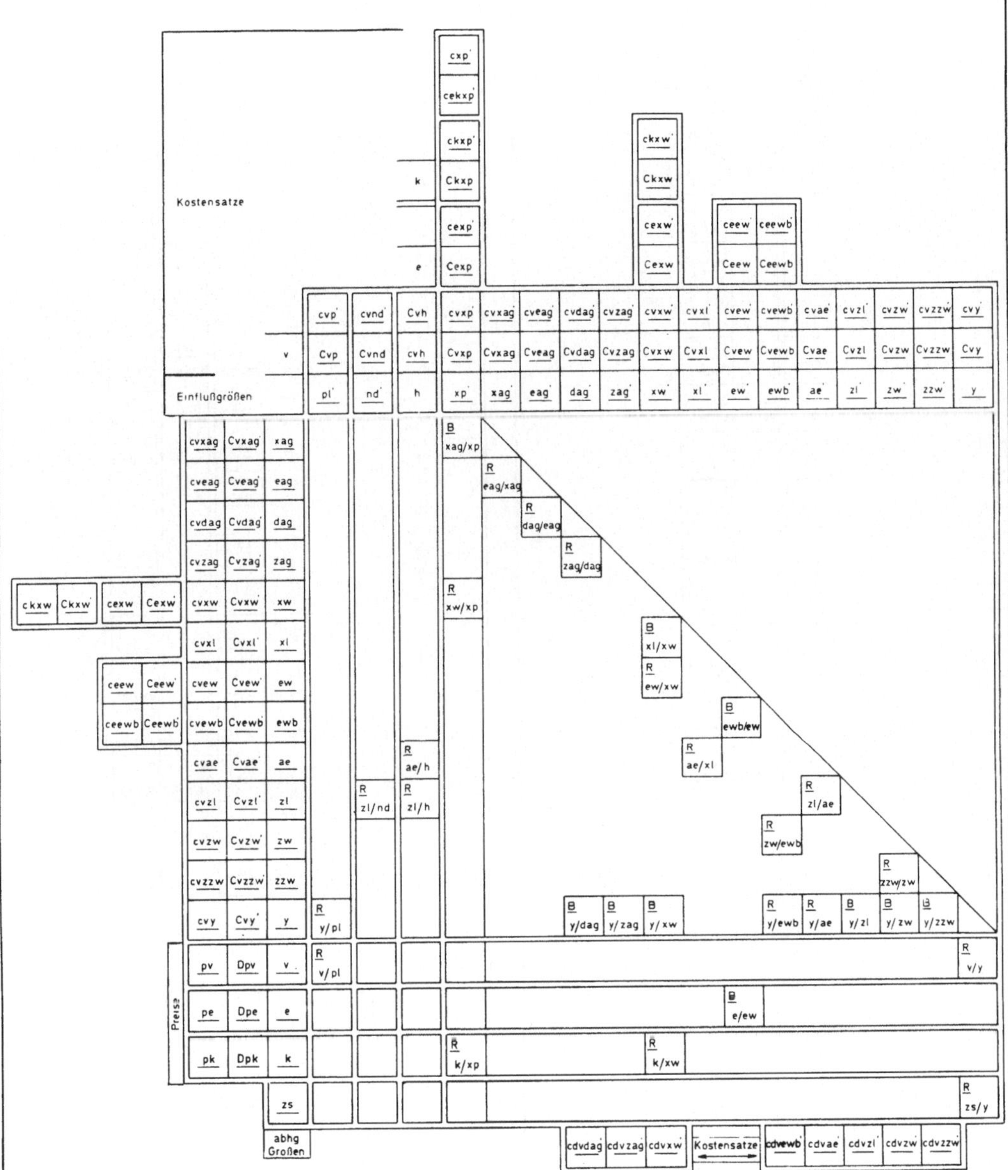

Originäre Betriebsstruktur

(mit zugerechneten Kostenarten, Einsatz-, Rest- und Ausfallstoffen)

Schema III

Konzentrierte Betriebsstruktur

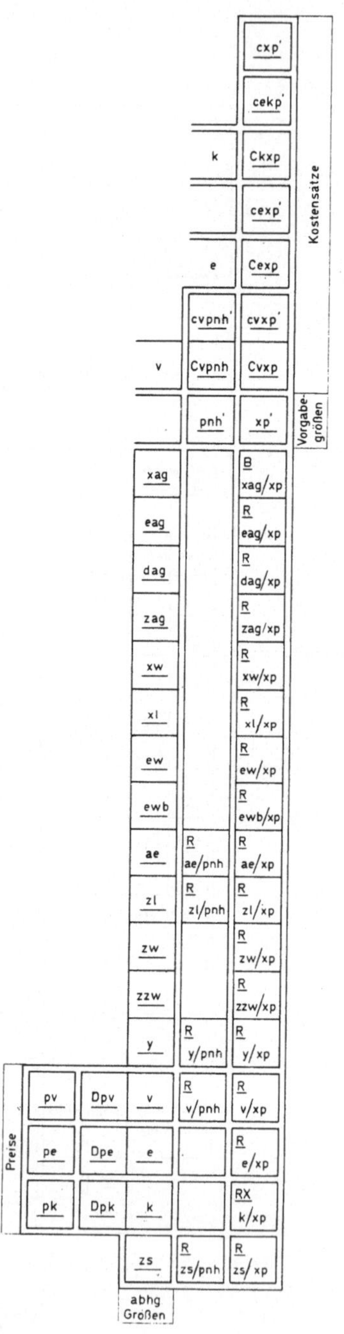

Konzentrierte Betriebsstruktur

(mit zugerechneten Kostenarten, Einsatz-, Rest- und Ausfallstoffen)

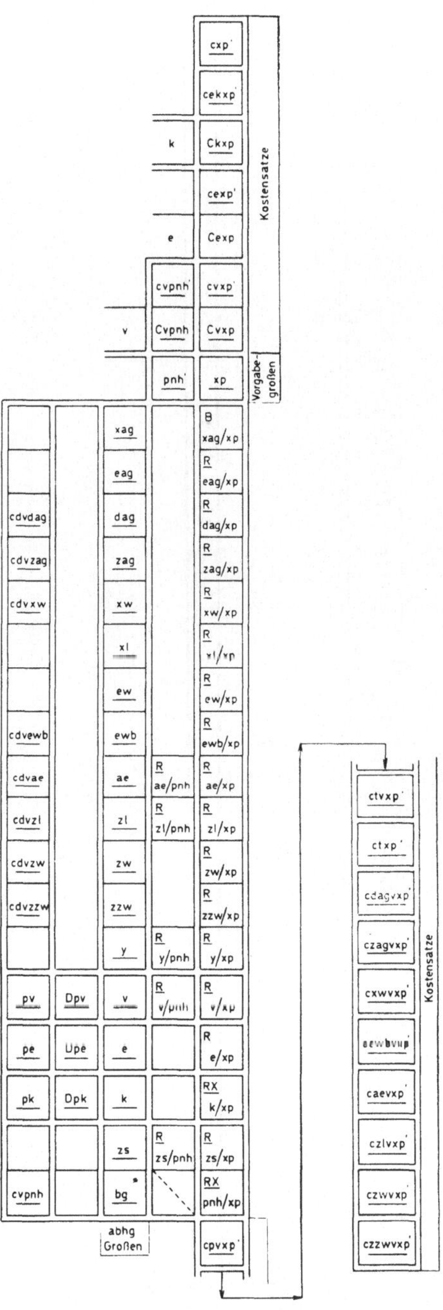

Schema V
cxp'
cekxp'
k
Ckxp
cexp'
e
Cexp
cvpnh'
cvxp'
v
Cvpnh
Cvxp
pnh'
xp
Kostensätze
Vorgabe-größen
B
xag
xag/xp
R
eag
eag/xp
R
dag
dag/xp
cdvdag
R
zag
zag/xp
cdvzag
R
xw
xw/xp
cdvxw
R
xl
xl/xp
R
ew
ew/xp
R
ewb
ewb/xp
cdvewb
R
R
ae/pnh
ae/xp
cdvae
ae
R
R
zl/pnh
zl/xp
cdvzl
zl
R
zw
zw/xp
cdvzw
R
zzw
zzw/xp
cdvzzw
R
R
y/pnh
y/xp
y
R
R
v/pnh
v/xp
pv
Dpv
v
R
e/xp
pe
Dpe
e
RX
k/xp
pk
Dpk
k
R
R
zs/pnh
zs/xp
zs
RX
pnh/xp
cvpnh
bg
cpvxp'
abhg Großen
ctvxp'
ctxp'
cdagvxp'
czagvxp'
cxwvxp'
aewbvup'
caevxp'
czlvxp'
czwvxp'
czzwvxp'
Kostensätze
Konzentrierte Betriebsstruktur
(mit Kostenanalyse)

Schema VI

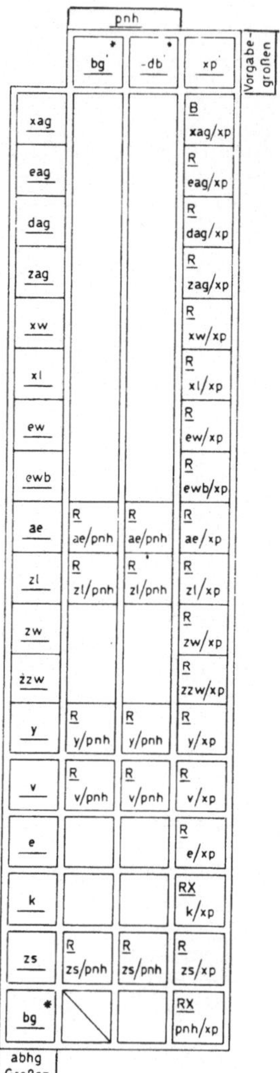

Konzentrierte Betriebsstruktur

(pnh ersetzt)

Schema VII

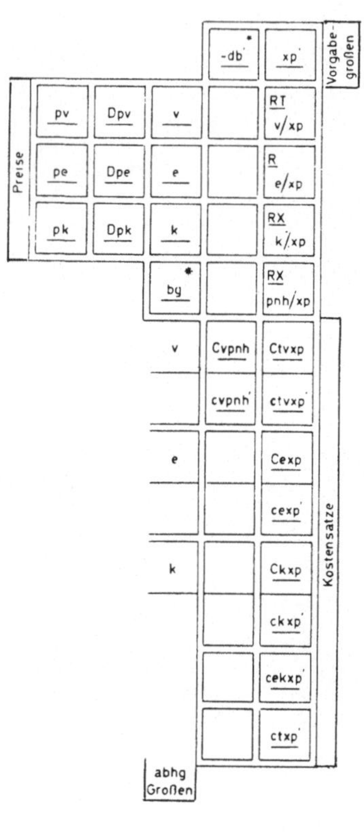

Vollkostensystem

Schema VIII

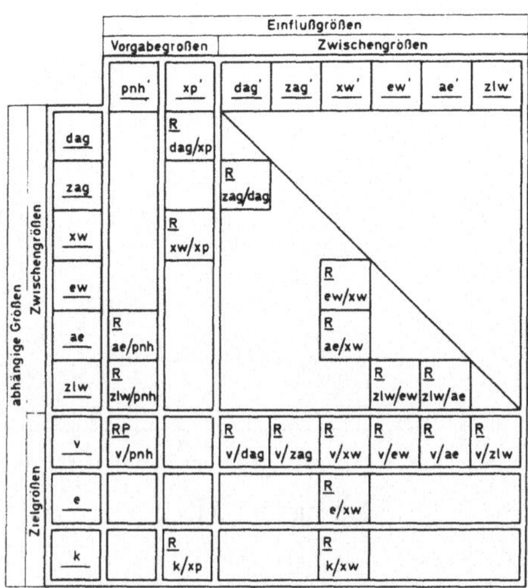

Teilkonzentrierte Betriebsstruktur

(für betriebliche Abweichungsanalyse)

Schema IX

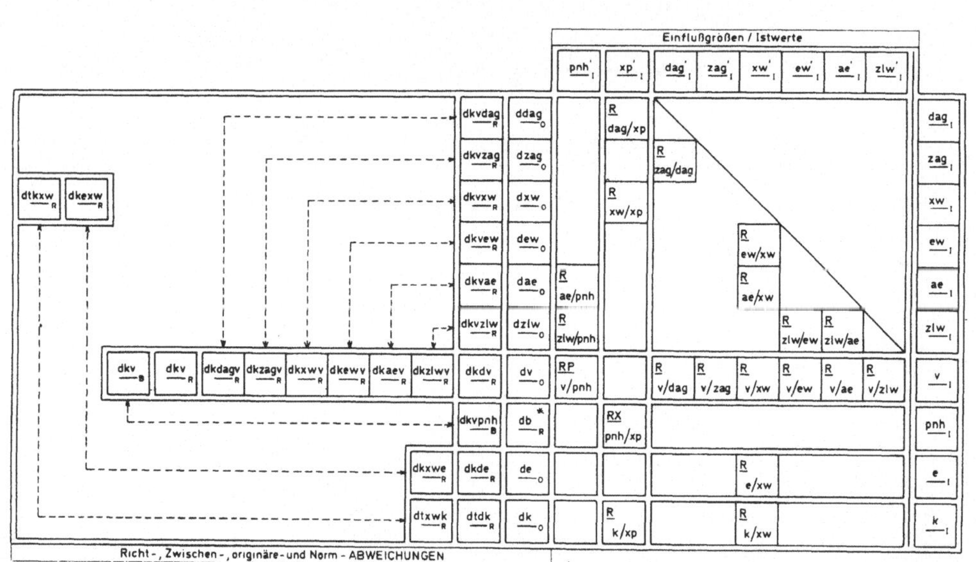

System der betrieblichen Abweichungsanalyse

(Richt / Ist- und Norm / Ist-Vergleich)

Schema X

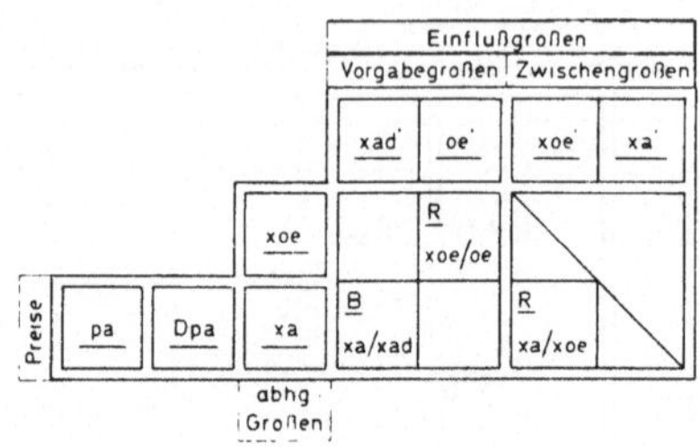

Originäre Absatzstruktur

Schema XI

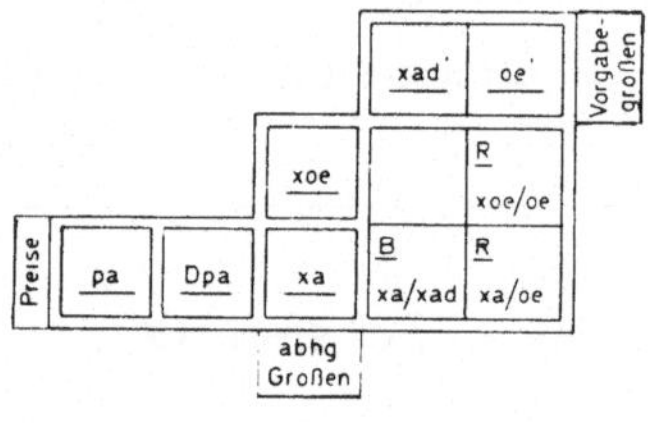

Konzentrierte Absatzstruktur

Schema XII

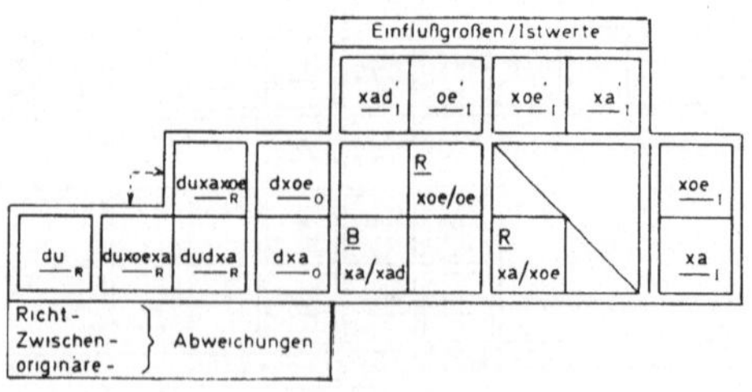

System der absatzorientierten Abweichungsanalyse

(Richt / Ist - Vergleich)

Schema XIII a

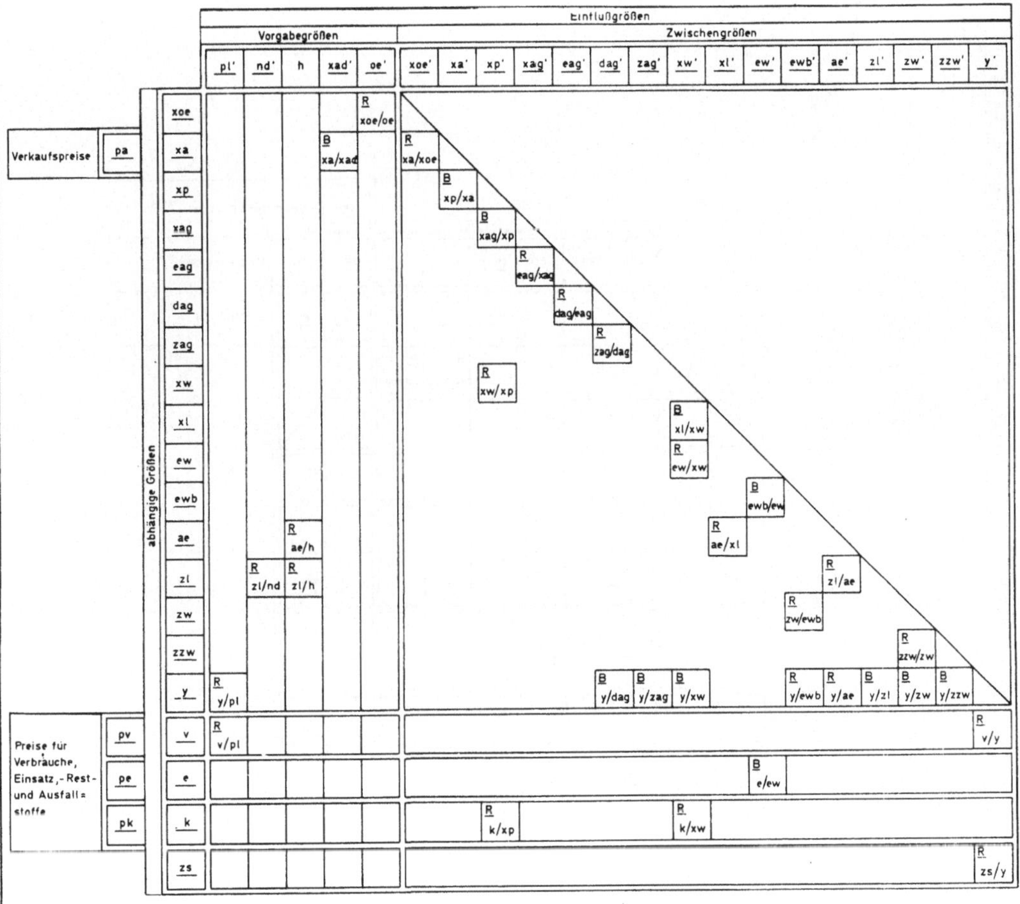

Integrierte Betriebs- und Absatzstruktur

(originär)

Schema XIII b

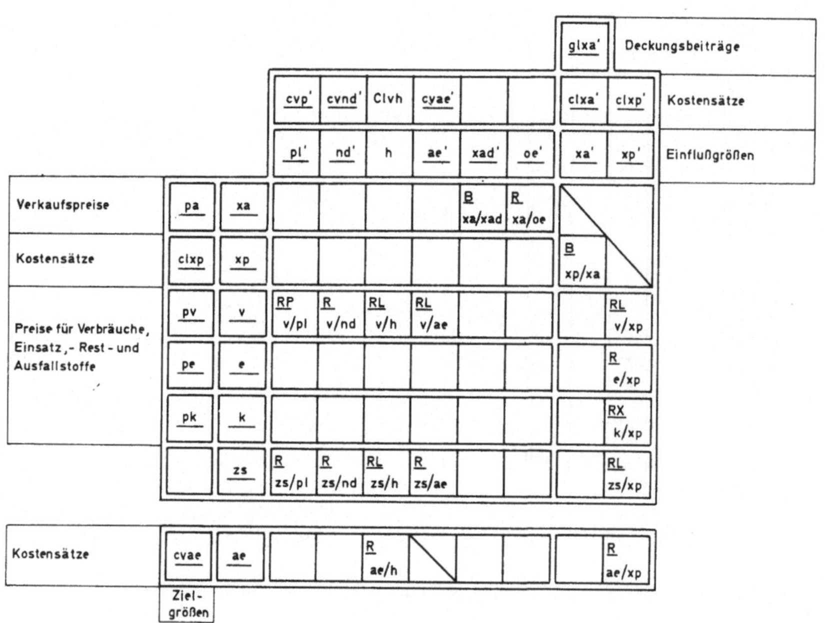

Integrierte Betriebs-und Absatzstruktur

(mit zugerechneten Kostenarten, Einsatz-, Rest-und Ausfallstoffen
unter Berücksichtigung ganzzahliger Walzlose)

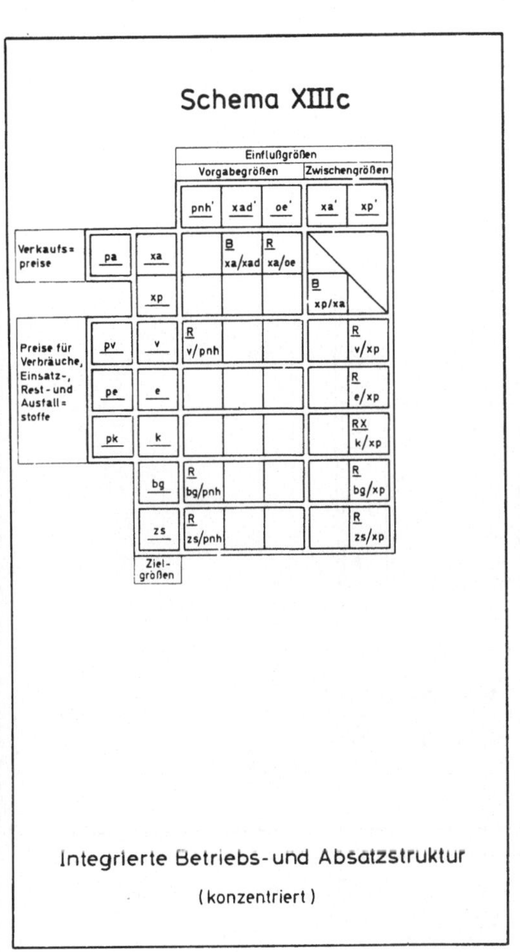

Schema XIIIc
Einflußgrößen
Vorgabegrößen
Zwischengrößen
pnh' xad' oe' xa' xp'
Verkaufs= preise
pa xa
B xa/xad
R xa/oe
xp
B xp/xa
Preise für Verbräuche, Einsatz-, Rest-und Ausfall= stoffe
pv v
R v/pnh
R v/xp
pe e
R e/xp
pk k
RX k/xp
bg
R bg/pnh
R bg/xp
zs
R zs/pnh
R zs/xp
Ziel- größen
Integrierte Betriebs- und Absatzstruktur
(konzentriert)

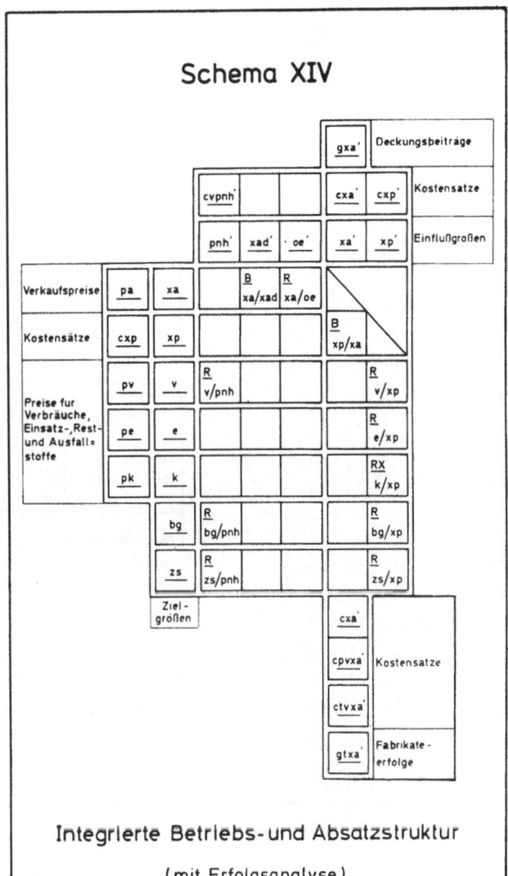

Schema XIV
gxa' Deckungsbeiträge
cvpnh' cxa' cxp' Kostensatze
pnh' xad' oe' xa' xp' Einflußgroßen
Verkaufspreise
pa xa
B xa/xad
R xa/oe
Kostensätze
cxp xp
B xp/xa
Preise fur Verbräuche, Einsatz-, Rest- und Ausfall= stoffe
pv v
R v/pnh
R v/xp
pe e
R e/xp
pk k
RX k/xp
bg
R bg/pnh
R bg/xp
zs
R zs/pnh
R zs/xp
Ziel- größen
cxa
cpvxa Kostensatze
ctvxa
gtxa Fabrikate- erfolge
Integrierte Betriebs- und Absatzstruktur
(mit Erfolgsanalyse)

Schema XV 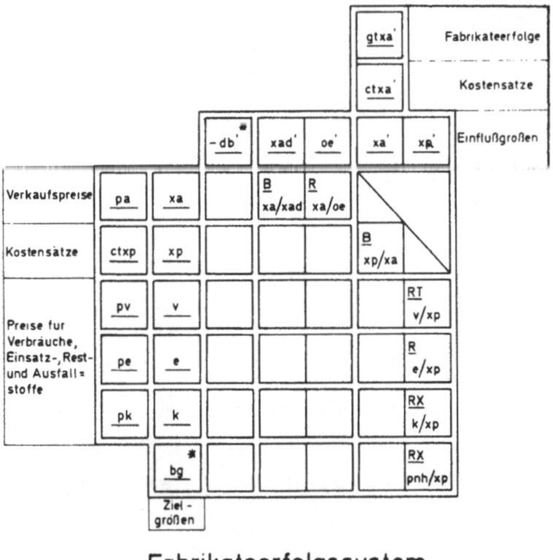
gtxa' Fabrikateerfolge
ctxa' Kostensatze
-db' xad' oe' xa' xp' Einflußgroßen
Verkaufspreise
pa xa
B xa/xad
R xa/oe
Kostensätze
ctxp xp
B xp/xa
Preise fur Verbräuche, Einsatz-, Rest- und Ausfall= stoffe
pv v
RT v/xp
pe e
R e/xp
pk k
RX k/xp
bg
RX pnh/xp
Ziel- größen
Fabrikateerfolgssystem

Schema XVI

Variable	$\underline{xa}'$	$\underline{xp}'$	$\underline{nd}'$	h	$\underline{pl}'$	RS
Zielfunktion	$\underline{pa}'$	$-\underline{cxp}'$	$-\underline{cvnd}'$	$-Cvh$	$-\underline{cvp}'$	$= G$ ⟶ max.
Kapazitäts-bedingungen		$\underline{R}$ zs/xp	$\underline{R}$ zs/nd	$\underline{r}$ zs/h	$\underline{-R}$ zs/pl	$\leq \underline{0}$
Einsatz-bedingungen		$\underline{R}$ e/xp			$\underline{-R}$ e/pl	$\leq \underline{0}$
Absatz-bedingungen	$\underline{B}$ xab/xa				$\underline{-R}^{+}$ xab/pl	$\leq \underline{0}$
	$\underline{B}$ xab/xa				$\underline{-R}^{-}$ xab/pl	$\geq \underline{0}$
Verknüpfungen	$\underline{B}$ xp/xa	$\underline{-E}$ xp/xp				$= \underline{0}$

Strukturmatrix für Optimierungsrechnungen

(ohne Losgrößenbedingungen)

Schema XVII

Variable	$\underline{xa}'$	$\underline{xp}'$	$\underline{ae}'$	$\underline{nd}'$	h	$\underline{pl}'$	RS
Zielfunktion	$\underline{pa}'$	$-\underline{clxp}'$	$-\underline{cvae}'$	$-\underline{cvnd}'$	$-Clvh$	$-\underline{cvp}'$	$= G$ ⟶ max.
Kapazitäts-bedingungen		$\underline{RL}$ zs/xp	$\underline{R}$ zs/ae	$\underline{R}$ zs/nd	$\underline{rl}$ zs/h	$\underline{-R}$ zs/pl	$\leq \underline{0}$
Einsatz-bedingungen		$\underline{R}$ e/xp				$\underline{-R}$ e/pl	$\leq \underline{0}$
Absatz-bedingungen	$\underline{B}$ xab/xa					$\underline{-R}^{+}$ xab/pl	$\leq \underline{0}$
	$\underline{B}$ xab/xa					$\underline{-R}^{-}$ xab/pl	$\geq \underline{0}$
Losgroßen-bedingungen		$\underline{B}$ xl/xp	$\underline{-RV}$ xl/ae				$\leq \underline{0}$
		$\underline{B}$ xl/xp	$\underline{-RV}$ xl/ae		$\underline{r}$ xl/h		$\geq \underline{0}$
Verknüpfungen	$\underline{B}$ xp/xa	$\underline{-E}$ xp/xp					$= \underline{0}$

Strukturmatrix für Optimierungsrechnungen

(mit Losgrößenbedingungen)

Schema XVIII

Strukturmatrix für Optimierungsrechnungen bei Mehrperiodenplanung
(mit Losgrößen- und Lagerbedingungen)

Bochumer Beiträge zur Unternehmungsführung und Unternehmensforschung

Band 1 Der Computer im Dienste der Unternehmungsführung
Herausgegeben von Walther Busse von Colbe und Richard V. Mattessich

Band 2 Unternehmerische Planung und Entscheidung
Herausgegeben von Walther Busse von Colbe und Peter Meyer-Dohm

Band 3 Robert N. Anthony
Harvard-Fälle aus der Praxis des betrieblichen Rechnungswesens
Herausgegeben von Richard V. Mattessich unter Mitarbeit von Klaus Herrnberger und Wolf Lange

Band 4 Richard V. Mattessich
Die wissenschaftlichen Grundlagen des Rechnungswesens
Eine analytische und erkenntniskritische Darstellung doppischer Informationssysteme für Betriebs- und Volkswirtschaft

Band 5 Joachim Schweim
Integrierte Unternehmungsplanung

Band 6 Das Rechnungswesen als Instrument der Unternehmungsführung
Herausgegeben von Walther Busse von Colbe

Band 7 Michel Domsch
Simultane Personal- und Investitionsplanung im Produktionsbereich

Band 8 Manfred Leunig
Die Bilanzierung von Beteiligungen
Eine bilanztheoretische Untersuchung

Band 9 Reimund Franke
Betriebsmodelle

Band 10 Hartwig Wittenbrink
Kurzfristige Erfolgsplanung und Erfolgskontrolle mit Betriebsmodellen

Band 11 Recht und Steuer der internationalen Unternehmensverbindungen
Herausgegeben von Marcus Lutter

Band 12 Helmut Niebling
Kurzfristige Finanzrechnung auf der Grundlage von Kosten- und Erlösmodellen

Band 13 Manfred Perlitz
Die Prognose des Unternehmenswachstums aus Jahresabschlüssen deutscher Aktiengesellschaften

Band 14 Walter Niggemann
Optimale Informationsprozesse in betriebswirtschaftlichen Entscheidungssituationen

Band 15 Harald Richardt
Der aktienrechtliche Abhängigkeitsbericht unter ökonomischen Aspekten

Band 16 Klaus Backhaus
Direktvertrieb in der Investitionsgüterindustrie
Eine Marketing-Entscheidung

Band 17 Wulff Plinke
Kapitalsteuerung in Filialbanken

Betriebswirtschaftlicher Verlag Dr. Th. Gabler · Wiesbaden